Mass Customization auf dem Chinesischen Automobilmarkt

Wertschöpfungsmanagement

Herausgegeben von Hans-Dietrich Haasis

Band 7

PETER LANG

Frankfurt am Main · Berlin · Bern · Bruxelles · New York · Oxford · Wien

Matthias Schmidt

Mass Customization auf dem Chinesischen Automobilmarkt

Logistische und produktionswirtschaftliche
Handlungserfordernisse für Auslandswerke

PETER LANG
Internationaler Verlag der Wissenschaften

Bibliografische Information der Deutschen Nationalbibliothek
Die Deutsche Nationalbibliothek verzeichnet diese Publikation
in der Deutschen Nationalbibliografie; detaillierte bibliografische
Daten sind im Internet über <http://www.d-nb.de> abrufbar.

Zugl.: Bremen, Univ., Diss., 2008

Umschlaggestaltung:
Olaf Glöckler, Atelier Platen, Friedberg

Textlayout:
www.kumpernatz-bromann.de

Gedruckt auf alterungsbeständigem,
säurefreiem Papier.

D 46
ISSN 1863-169X
ISBN 978-3-631-58681-5
© Peter Lang GmbH
Internationaler Verlag der Wissenschaften
Frankfurt am Main 2009
Alle Rechte vorbehalten.

Für meine Eltern

Vorwort

Die vorliegende Dissertation entstand während meiner Tätigkeit in dem Joint Venture Unternehmen BMW-Brilliance Automotive Ltd. in Shenyang (China).

Am Gelingen eines solchen Vorhabens ist immer eine Vielzahl von Personen beteiligt, ohne deren Hilfe und Unterstützung eine erfolgreiche Durchführung kaum möglich wäre. Es ist mir an dieser Stelle ein wichtiges Anliegen, einigen Personen meinen besonderen Dank für ihren geleisteten Beitrag auszusprechen.

Besonderer Dank gebührt Herrn Prof. Dr. Hans-Dietrich Haasis für seine Unterstützung sowie für die vielen wertvollen Anregungen und spannenden Diskussionen, die wir in Shenyang und Bremen geführt haben.

Daneben gilt mein Dank dem Unternehmen BMW-Brilliance Automotive Ltd. und seinen Mitarbeitern – viele davon werden für mich in unvergesslicher Erinnerung bleiben. Für die Betreuung vor Ort und eine Vielzahl motivierender Denkanstöße gebührt besonderer Dank meinem Betreuer Herrn Dr. Sandro Lang.

Ferner bedanke ich mich bei Herrn Alfred Rupp, Herrn Hans Kröpelt und Herrn Andreas Ockel für ihre Managementunterstützung, die mir wichtige Türen geöffnet hat. Herrn Dr. Andres Wendt danke ich ganz besonders für die Übernahme der Mentorenschaft stellvertretend für die BMW Group.

Ein ganz herzliches Dankeschön gilt insbesondere meinen Eltern, denen ich diese Arbeit widme, und meinen beiden Schwestern Silke und Simone. Ebenfalls möchte ich mich bei meinen Freunden bedanken, deren Unterstützung im wahrsten Sinne des Wortes grenzenlos war: Christiane Baier, Agnes Coghen, Dr. Sascha Hunner, Gerhard Kunkel, Holger Okruch, Florian Plenk, Joachim Schaber, Volker Seitz, Markus Tischner und Christian Trösch.

Nicht zuletzt danke ich in besonderer Weise meiner Frau Sun Yan für ihr Verständnis und ihre liebevolle Unterstützung.

Shenyang und Bremen, im August 2008   *Matthias Schmidt*

Inhaltsübersicht

Inhaltsverzeichnis

Abbildungsverzeichnis

Tabellenverzeichnis

Abkürzungsverzeichnis

AAPOR	American Association for Public Opinion Research
Abb.	Abbildung
ABC	Activity-Based-Costing
ABS	Antiblockiersystem
AG	Aktiengesellschaft
Anm.	Anmerkung
AT	Arbeitstage
Aufl.	Auflage
Auftragspos.	Auftragsposition
BAIC	Beijing Automotive Industrie Company
BBA	BMW-Brilliance Automotive Ltd.
BMI	Bundesministerium des Inneren
BMW	Bayerische Motoren Werke
BSC	Balanced Scorecard
BTO	Build-to-Order
bzgl.	bezüglich
bzw.	beziehungsweise
ca.	circa
CIF	Cost, Insurance, Freight (Kosten, Versicherung, Fracht)
CKD	Completely-Knocked-Down (vollständige Zerlegung)
CNNIC	China Internet Network Information Center
Corp.	Cooperation
CRM	Customer-Relationship-Management
d.h.	das heißt
Diss.	Dissertation
DMC	Dongfeng Motor Corp
DPCA	Dongfeng Peugeot Citroën Automobiles
Dr.	Doktor
Dr. Ing. h.c.	Ehrendoktor der Ingenieurswissenschaften (honoris causa)
Dr. rer. pol.	Doktor der Wirtschaftswissenschaften (rerum politicarum)
ebd.	ebenda
EDI	Elektronic Data Interchange
ERP	Enterprise Resource Planning

erw.	erweitert(e)
et. al	und andere
etc.	et cetera
evtl.	eventuell
f.	folgend
FAW	First Automotive Works
ff.	fortfolgend
FIFO	First-in-First-out
FMEA	Fehler-Möglichkeits- und Einflussanalyse
FTL	Full Truck Load
GAIC	Guangzhou Automobile Industry Corporation
ggf.	gegebenenfalls
GM	General Motors
H.	Heft
Hg.	Herausgeber
Hrsg.	Herausgeber
i.S.	im Sinne
inkl.	Inklusiv(e)
IT	Informationstechnologie
IuK	Information und Kommunikation
Jg.	Jahrgang
JIS	Just-in-Sequence
JIT	Just-in-Time
JV	Joint Venture
Kfz	Kraftfahrzeug
Kg	Kilogramm
Km	Kilometer
Km^2	Quadratkilometer
KMU	Kleine und mittlere Unternehmen
KMV	Kleinstmengenversorgung
KTL	Kathodische Tauchlakierung
KVP	Kontinuierlicher-Verbessernungs-Prozess
LC	Local Content

Lkw	Lastkraftwagen
lmi	leistungsmengeninduziert
lmn	leistungsmengenneutral
LOI	Letter of Intent (Absichtserklärung)
LSP	Logistics Service Provider
Ltd.	Limited

MA	Mitarbeiter
MC	Mass Customization
Mio.	Millionen
MIT	Massachusetts Institute of Technology
MPV	Multi-Purpose-Vehicle
Mrd.	Milliarden
MRP	Material Requirement Planning

No.	Number (Nummer)
Nr.	Nummer

o.g.	oben genannt
o.V.	ohne Verweis
OEM	Original Equipment Manufacturer (Originalhersteller)
OLAP	Online Analytical Processing
OTD	Order-to-Delivery

PDM	Produktdatenmanagement
Pkw	Personenkraftwagen
Pos.	Position
PPS	Produktions-Planungs-System
Prof.	Professor

R&D	Research & Development (Forschung und Entwicklung)
RMS	Risikomanagementsystem
ROCE	Return on Capital Employed
ROI	Return on Investment
RPK	Ressourcenorientierte Prozesskostenrechnung
RPZ	Risiko-Prioritäts-Zahl

s.	siehe
S.	Seite
SA	Sonderausstattung

SAIC	Shanghai Automotive Industry Cooperation
SAW	Second Automotive Works
SEM	South East Motor Corporation
SKD	Semi-Knocked-Down
sog.	sogenannt
Sp.	Spalte
SPS	speicherprogrammierbare Steuerung
SUV	Sports Utility Vehicle
SVW	Shanghai Volkswagen
u.	und
u.a.	unter anderem
u.U.	unter Umständen
USA	United States of America (Vereinigte Staaten von Amerika)
v.a.	vor allem
vgl.	vergleiche
Vol.	Volume (Ausgabe)
VR	Volksrepublik
VW	Volkswagen
WCPC	World Conference on Mass Customization & Personalization
WFOE	Wholly Foreign Owned Enterprise
WiFi	Wireless Fidelity
WTO	World Trade Organization
z.B.	zum Beispiel

1. Problemstellung

Die rasante Entwicklung auf dem chinesischen Automobilmarkt hat mit dem Verweis Deutschlands auf den vierten Rang der automobilproduzierenden Länder einen neuen Höhepunkt erreicht. Dabei wird das Wachstum nicht nur von der einheimischen Industrie getragen, sondern überwiegend von ausländischen Produzenten, die China in ihr globales Produktionsnetzwerk integriert haben. Mit Ausnahme einiger Weniger haben in der Volksrepublik China mittlerweile alle namhaften Automobilhersteller Stellung bezogen. Anreize für ausländische Firmen bieten Chinas günstige Lohnstruktur, sowie die Aussicht auf steigende Absätze in einem aufstrebenden Land. Damit aus den Investitionen in China kostendeckende Erträge entstehen, müssen die Hersteller viele Hürden überwinden. Neben kulturellen Unterschieden erschweren Qualitätsdefizite, Regulierungen des Staates und die Unstetigkeit des Marktes die Aussicht auf Erfolg.

Viele Hersteller setzen deshalb zunächst auf eine CKD-Fertigung[1] als Mittel zum Markteinstieg. Die Verschiffung von Teilesätzen ist aus logistischer Sicht relativ einfach darstellbar, birgt jedoch auch Nachteile, was die Reaktionszeit auf geänderte Marktanforderungen betrifft.

Welche logistischen und produktionswirtschaftlichen Erkenntnisse kann eine Arbeit über Mass Customization auf dem chinesischen Automobilmarkt in diesem Zusammenhang also bringen?

1.1 Motivation

Motiviert war diese Arbeit durch eigene Erfahrungen im Logistikbereich eines global agierenden Automobilherstellers im Nordosten Chinas. Dort wurden in immer kürzeren Abständen Vertriebsanforderungen in sogenannten „Letters of Intent" (LOI) formuliert und an das Fahrzeugwerk herangetragen. Durch LOIs wurde den beteiligten Technologien der Auftrag erteilt, zu untersuchen, ob und wie geänderten Marktanforderungen Tribut gezollt werden konnte. Es war bemerkenswert, wie sich die Thematik der LOIs – weg von ausschließlichen Volumenfragen – vermehrt hin zu mehr Flexibilität gegenüber dem Kunden bewegte. Bei der Analyse der Anforderungen erwies sich die starre CKD-Pipeline des Öfteren als KO-Kriterium. Als Reaktion erschien die Erhöhung der Varianten mit vordefiniertem Profil als die einzige probate Alternative. Die Betrach-

---

1 Der Begriff CKD steht für „Completely Knocked Down". Er beschreibt den Zerlegungsgrad von Maschinen, Anlagen oder Bauelemente in ihre Einzelteile. Diese werden zumeist an ein Montagewerk in Übersee verschifft und dort zusammengesetzt. Durch das CKD-Prinzip lassen sich Einfuhrbeschränkungen oder hohe Zölle sparen.

tung anderer Marktteilnehmer zeigte ein ähnliches Bild: mit jedem Jahr erhöhte sich das Angebot vorkonfigurierter Varianten. Diese werden nach Montageende in einem Distributionslager zwischengelagert und anschließend auf die einzelnen Vertriebshändler im Land verteilt. Die Strategie dahinter erscheint plausibel. Es wird ein Satz an Fahrzeugteilen im Heimatland verpackt, nach China verschifft, dort entpackt und verbaut. Das Risiko von Fehlteilen ist gering und komplizierte Teileabrufe, wie zum Beispiel bei Just in Time (JIT)-Anlieferungen, entfallen.

Ein wesentlicher Nachteil dieser Strategie ist der lange Zeitraum zwischen Bestellung und Montage im Werk, der kaum Änderungen am Fahrzeugprogramm zulässt. Dadurch wird Flexibilität unterbunden. Trends, die der Händler aus Anfragen oder Bestellungen ableitet und an den Hersteller meldet, können erst mit enormem Zeitversatz in die Produktion einfließen. Ferner wird durch eine steigende Variantenzahl die Chance, dass ein Kunde sein Wunschfahrzeug beim Händler vorfindet, nicht erheblich gesteigert. Bei einer hohen Variantenzahl ist die Wahrscheinlichkeit, die am passendste Konfiguration aus allen vorrätig zu haben, gering. Und Abhilfe ist teuer: die Ortung des passenden Fahrzeugs und der Transport von einem anderen Händler verschlingt IT-Ressourcen und kostet Geld für den Transport innerhalb Chinas.

Ferner ist fraglich, inwieweit die Betrachtung des im Vertriebslager gebundenen Kapitals in die Kalkulation der Unternehmen einfließt. Vor dem Hintergrund, dass mit Überschreiten des letzten Zählpunktes in der Montage das fertig montierte Fahrzeug oftmals bereits in den Bestand einer Vertriebsgesellschaft übergeht, welche zudem meistens unter dem Dach des chinesischen Joint-Venture Partners angesiedelt ist, entrücken die Bestandsmillionen möglicherweise der ansonsten akribischen Kostenbetrachtung der OEMs. Dabei spricht man hier über Bestandsreichweiten von oft mehreren Monaten mit einem Wert von hunderten Millionen Euros. Auf das Jahr gerechnet bindet sich selbst bei einer gering angenommenen Verzinsung Kapital in Millionenhöhe.

1.2   Zielsetzung der Arbeit

Vor diesem Hintergrund ist die *Problemstellung* dieser Arbeit, unter dem Aspekt des Mass Customization auf dem chinesischen Automobilmarkt, logistische und produktionswirtschaftliche Konsequenzen für ausländische Automobilhersteller in der Volksrepublik China zu begründen und zu analysieren. Diese Problemstellung ist auch mit der Frage verbunden, inwieweit die Hersteller in der Lage sind, unter den Prämissen des CKD-Versorgungskonzepts, auf eine orderbezogene Fertigung umzustellen. Für diese Frage wird ein strategischer Handlungsrahmen für ausländische Automobilbauer entwickelt.

22

Eine Bestandsaufnahme der wissenschaftlichen Literatur ergab, dass die Theorie in diesem Bereich kaum Hilfen zur Lösung der Praxisprobleme anbietet. Dabei weisen Marktstudien seit Anfang 2000 klar auf die Notwendigkeit hin, sich durch kundenindividuelle Fertigung vom Wettbewerber abzugrenzen.[2]

Durch die Restriktionen der CKD-Pipeline werden der Kundenindividualität deutliche Grenzen aufgezeigt. Diese konzeptionelle Lücke wurde trotz der ersichtlichen Problematik bisher nicht durch theoretische Vorgaben und entsprechende Forschungsprojekte ausgefüllt. Das Konzept der *Mass Customization* bzw. der kundenindividuellen Massenproduktion, kann hier als Ansatzpunkt zur Problemlösung dienen. Der Begriff Mass Customization ist bezeichnend für die Kombination aus Massenfertigung und der Berücksichtigung individueller Kundenwünsche[3]. Dieses mündet unter anderem in einer Bündelung kundenspezifischer Wünsche und deren Abbildung durch ein modulares Baukastensystem in der Fertigung.

Das Ziel der Untersuchung soll nicht sein, bereits entwickelte Build-to-Order Konzepte des deutschen Marktes auf den chinesischen Markt zu übertragen, sondern die speziellen Anforderungen der CKD-Pipeline zu berücksichtigen und in einen Lösungsansatz zu integrieren. Dadurch soll ein wesentliches Problem der rein orderbezogenen Fertigung umgangen werden: die Ausuferung der Variantenanzahl bedingt durch eine scheinbar grenzenlose Wahlfreiheit. Dabei gilt es, die Standardisierung eines Produkts oder Produktionsprozesses aus Gründen der Komplexitätsvermeidung, so weit wie möglich voranzutreiben, ohne dabei Einschränkungen bei der Individualisierbarkeit für den Kunden erkennen zu lassen[4]. Als Konsequenz für die zu behandelnde Problemstellung ergibt sich die Aufsplittung des Versorgungsweges, beispielsweise in einen unflexiblen Teil für Standardkomponenten und in einen flexiblen Teil für auftragsspezifische Komponenten, welche die individuellen Eigenschaften des Produktes prägen.

Für die Ergänzung der CKD-Pipeline um ein Pull-Versorgungskonzept zur auftragsbezogenen Erstellung von Personenkraftwagen in China besteht ein großes Forschungsdefizit im Rahmen empirischer Untersuchungen der kundenindividuellen Massenproduktion.[5]

Ein Aspekt der Arbeit richtet sich auch auf die Anwendbarkeit bestehender Logistikkonzepte in der chinesischen Automobilindustrie im Rahmen eines globalen Supply Chain Konzeptes. Hierbei kann es aus produktions- und marktwirt-

---

2   Vgl. Anderson: Build-to-Order & Mass Customization (2004), S. 11.
3   Vgl. Piller: Mass Customization (2003), S. 183.
4   Vgl. Jiang / Lee / Seifert: Satisfying customer preferences via mass customization and mass production (2006), S. 2-8.
5   Siehe Franke / Piller: Key Research Issues in User Interaction with Configuration Toolkits (2003), S. 578-599 und Piller / Tseng: New Directions (2003), S. 519-533.

schaftlicher Sicht nicht zu einer direkten Übertragung angewendeter Prozesse aus Produktionsstätten etablierter Märkte kommen. Somit wird ein Beitrag zur wissenschaftlich begründeten Potentialentfaltung der Automobillogistik Chinas geleistet. Detailaspekte betreffen:

- Eine Analyse von Fahrzeugausstattungen hinsichtlich derer Nachfrage gibt Aufschluss über die Möglichkeit zur Standardisierung von Fahrzeugkomponenten im Rahmen eines Mass Customization-Konzepts.
- Komponenten mit unregelmäßiger Nachfrage werden als Sonderausstattung (SA) behandelt und können vom Endabnehmer beim Fahrzeugkauf wahlfrei bestellt werden. Für die Hersteller bedeutet dies eine Abkehr vom Konzept der Lagerfertigung.
- Die Anbindung des Kunden und die Supply Chain wird im Rahmen eines Order-to-Deliver-Konzepts behandelt.
- Es wird beschrieben, welchen Einfluss der Orderbezug auf die Prämissen der Produktionsprogrammplanung nimmt.
- Der Bezug von Fahrzeugteilen wird nach deren Vereinzelungsfähigkeit bestimmt. Darin sind Risiken, wie Fehlteile oder obsolete Teile, zu berücksichtigen.
- Es erfolgt eine Betrachtung der Inbound- und Outbound-Logistikprozesse aufgeteilt nach Seefracht und lokaler Versorgung.
- Es wird ein IT-Konzept dargestellt, das den Informationsfluss für eine orderbezogene Fertigung unterstützt.
- Die Betrachtung beschränkt sich auf die chinesische Automobilindustrie und fokussiert auf ausländische Hersteller mit CKD-Versorgung.

1.3   Vorgehensweise und Aufbau der Arbeit

Zur Bearbeitung der Problemstellung erfolgt – neben der Betrachtung theoretischer Konzepte – eine Ergebnisanalyse aus praxisnahen Fallstudien. In diesem Zusammenhang erhält man unter anderem einen strategischen Handlungsrahmen, welcher unter der Prämisse Mass Customization, den Übergang von CKD-Fahrzeugwerken in China, von der Lagerfertigung hin zu einer orderbezogenen Fertigung, beschreibt. Im Rahmen der kundenindividuellen Massenfertigung wird abgebildet, an welcher Stelle Individualität für den chinesischen Fahrzeugkunden wichtig ist und wie diese Anforderungen durch ein globales Logistikkonzept realisiert werden können.

Kapitel 2 beschreibt einleitend den chinesischen Markt für Personenwagen. Durch die Auflistung relevanter Marktdaten und deren Inbezugsetzung zu internationalen Vergleichswerten soll ein prägnantes Bild der gegenwärtigen Lage auf dem

Automobilmarkt in China entstehen. Das Kapitel endet mit einer Prognose der künftig zu erwartenden Entwicklung des Marktes.

In Kapitel 3 werden die theoretischen Grundlagen des Mass Customization dargelegt. Als Übergang in das nächste Kapitel dient die Aussage, dass die kundenindividuelle Massenproduktion eine Erfolg versprechende Strategie für die gegenwärtige und zu erwartende Marktsituation ist.

Mit der Formulierung der These beginnt im vierten Kapitel die empirische Analyse für die anschließende Konzeption einer umsetzbaren Mass Customization-Strategie. Dazu werden die erhobenen Daten statistisch ausgewertet und zu Fallstudien herangezogen. Die Zusammenfassung der wesentlichen Erkenntnisse aus den Fallstudien leitet in das fünfte Kapitel über.

Darin wird beschrieben, welche Schritte zu unternehmen sind, um eine Mass Customization-Strategie zu implementieren und wie die Supply Pipeline gestaltet werden sollte, um flexibel auf die Kundenwünsche reagieren zu können. Der Fokus liegt auf der Kombination des – aus Marketingsicht Notwendigen – mit dem – aus Produktions- und Logistiksicht – Machbaren.

Die besondere Bedeutung des Produktentwicklungsprozesses für individualisierbare Produkte wird in der vorliegenden Arbeit nicht behandelt. Ausländische Hersteller in China produzieren üblicherweise nur Modelle, die für und in ihrem Heimatland entwickelt wurden, bzw. auf der Plattform eines Heimatmodells aufbauen. Daher wird davon ausgegangen, dass die – für die kundenindividuelle Fertigung – modularen Anforderungen im Designprozess berücksichtigt wurden.

Der Umgang mit dem Thema Komplexität und den damit verbundenen Risiken wird nicht nur unter dem Logistik-Aspekt erläutert, sondern fließt auch in die Kostenbetrachtung des Gesamtkonzepts mit ein. Ein Exkurs zum Thema „Local Content"-Anforderungen erläutert die Problematik gesetzlicher Regulationen in China.

Kapitel 6 stellt eine kritische Zusammenfassung der erarbeiteten Ergebnisse dar und beschreibt deren Konsequenzen für den chinesischen Automobilmarkt. Abschließend werden künftige Fragestellungen für Forschung und Praxis und die Übertragbarkeit der Erkenntnisse der vorliegenden Arbeit abgeleitet.

2. Automobilproduktion in China

Chinas Automobilindustrie hat sich seit der wirtschaftlichen Öffnung des Landes für ausländische Investoren dramatisch gewandelt. Seit Anfang der 80er Jahre bringen europäische, japanische und amerikanische Hersteller ausländisches Kapital und Know-how über Produktionstechniken nach China. Das Land hat sich zu einem der attraktivsten Produktions- und Absatzmärkte für Personenkraftwagen entwickelt.[6] Bereits 2006 hat die Volksrepublik China Deutschland als drittwichtigsten Produktionsstandort der Branche und Japan als zweitgrößtes Absatzland abgelöst.[7]

Die deutschen Automobilhersteller sind derzeit, mit Ausnahme der Dr. Ing. h.c. F. Porsche AG, mit einer lokalen Produktionsstätte in China vertreten. Dieses Engagement belegt die große Bedeutung Chinas in der strategischen Planung der deutschen Hersteller. Die Prognosen sind dabei vielversprechend, doch ist der Einsatz in China auch mit einigen besonderen Risiken verbunden. Beispielsweise wird der Schutz geistigen Eigentums immer wieder missachtet. Dies kann von lokalen Herstellern dazu genutzt werden, ihre Wettbewerbsposition gegenüber ausländischen Anbietern zu stärken.

Zum Jahresende 2005 rollten rund 43 Mio. Kraftfahrzeuge auf Chinas Straßen, davon 22 Mio. Pkw. Dies entspricht bei einer Bevölkerungszahl von rund 1,3 Mrd. Menschen einem Motorisierungsgrad von 17 Pkw auf 1.000 Personen. Im internationalen Vergleich hängt China hier deutlich hinterher: in Deutschland kommen 546 Pkw auf 1.000 Personen, in den USA 950 Pkw.[8] Seit 2002 hat die chinesische Regierung 123 Mrd. Dollar in den Ausbau des Autobahnnetzes investiert und plant eine Verdoppelung der verfügbaren Verkehrsstraßen bis zum Jahr 2020.[9]

Die Richtlinien für die Automobilindustrie werden von der chinesischen Regierung in Fünfjahresplänen beschrieben[10]. Darin wurde die Automobilindustrie bereits 1991 als Säule der chinesischen Industrie bezeichnet. Infolgedessen war der wirtschaftliche Aufstieg der Volksrepublik China wesentlich mit der überdurchschnittlichen Entwicklung in diesem Sektor verbunden. Tabelle 1 stellt die Ent-

---

6   Die vorliegende Arbeite befasst sich ausschließlich mit der Kategorie Personenkraftwagen. Wenn explizit von Kraftfahrzeugen (Kfz) gesprochen wird, beinhaltet die Information ebenso die Fahrzeugkategorien Lastkraftwagen (Lkw) und Busse.
7   Vgl. Schmitt: VR China (2006), S. 1; Vgl. Heymann: Volkswirtschaftliche Perspektiven und Trends in der Automobilindustrie (2007), S. 16.
8   Vgl. Zirah: Automotive Dealerships in China (2007), S. 5.
9   Vgl. o.V.: Expansion plans for expressways mean higher costs for transportation (2007).
10 Die Fünfjahrespläne werden von der chinesischen Regierung erstellt und beinhalten nationale Wirtschaftsziele. Diese sollen als Orientierungshilfe für Industrie und Politik gelten.

wicklung in Zahlen dar und macht deutlich, wie wichtig das Pkw-Segment für China ist.[11]

Tabelle 1: Entwicklung des chinesischen Fahrzeugmarktes (in 1.000 Einheiten)

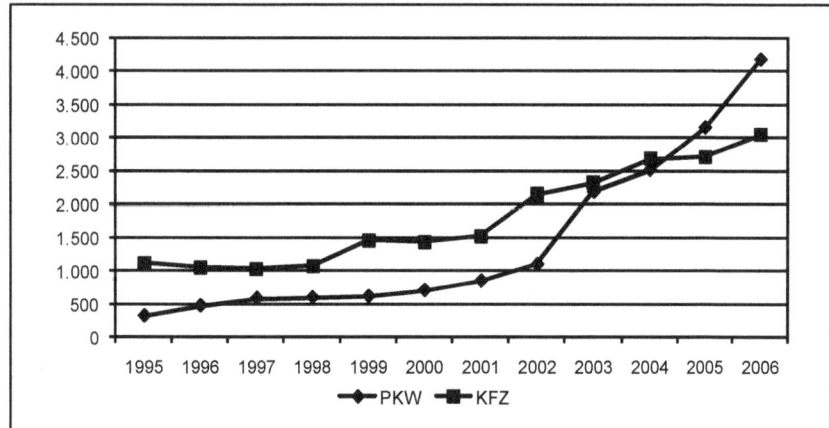

Trotz des beeindruckenden Wachstums haben es chinesische Hersteller bisher allerdings nicht geschafft, sich im Exportmarkt zu etablieren. Vor allem wegen Defiziten in Qualität und Sicherheit gelangte bisher nur rund ein Prozent des jährlichen Produktionsvolumens ins Ausland. Verstärkte Exportbemühungen chinesischer Hersteller werden jedoch in naher Zukunft zu einem Anstieg der Exporte führen.[12]

Das Ziel der Regierung im zehnten Fünfjahresplan (2001-2005) war es, die Anzahl der Hersteller für Personenkraftwagen zu konsolidieren. Damit sollte eine Restrukturierung der Industrie stattfinden, die sich auf die Herstellung von Lkw und Pkw in Rahmen von Joint Ventures (JV) konzentriert. Kurzfristig sollte so die Industrie von der Regierung im Konsolidierungsprozess und der Expansion auf dem lokalen Markt unterstützt werden, um sich mittelfristig den geänderten Rahmenbedingungen durch den Beitritt Chinas zur World Trade Organization (WTO) anzupassen. Das erklärte Langfristziel war die globale Wettbewerbsfähigkeit chinesischer Hersteller. Der zehnte Fünfjahresplan enthält neben Zielen auch eine Auflistung vorhandener Probleme im Automobilsektor[13]:

- Der Automobilsektor hat keine Kundenorientierung hervorgebracht; d.h. das Sortiment, Marketing und die Preissetzung sind nicht auf den Kunden zugeschnitten.

---

11 Vgl. o.V.: State Information Center (2007), online; o.V.: China Automobile Industrie Association (2008), online.
12 Vgl. Chan / Stanley: Driving Ahead (2007), S. 6-7.
13 Vgl. Compton / Guo: Personal Cars and China (2003), S. 1.

- Unterentwickelte Zulieferindustrie (trotz der erwähnten Zugewinne ist die chinesische Zulieferindustrie aufgespalten und international nicht wettbewerbsfähig).

Bei einer Population von 1,3 Milliarden Chinesen, von denen täglich Tausende vom Fahrrad auf den Pkw umsteigen, ist es angesichts der Rasanz der Marktentwicklung nicht verwunderlich, dass viele Probleme noch ungelöst sind. Vor allem die Missachtung von Tempolimits, Fahren im betrunkenen Zustand und eine weit verbreitete Aversion gegen die Verwendung der Sicherheitsgurte (u.a. weil die Kleidung dadurch beschmutzt werden kann) führt zu der Vielzahl tödlicher Unfälle. So wird die Anzahl der Verkehrstoten mit jährlich über 100.000 beziffert. Um dieses erschreckende Ausmaß in der Luftfahrt zu erreichen, müsste jeden Tag ein vollbesetztes Flugzeug mit 300 Insassen abstürzen.[14]

2.1 Bewertung des Marktes und der Wettbewerbssituation

Auf dem Weg zum drittgrößten Automobilmarkt der Welt, ist die Lage gegenwärtig durch *Überkapazitäten*, *Preiskämpfe* und *sinkende* Gewinne geprägt.[15] Angesichts des geringen Motorisierungsgrades von nur 17 Pkw auf je 1.000 Einwohnern erscheint dieser Wettbewerbsdruck verwunderlich. Wurde das Marktpotential von den Herstellern als zu positiv eingeschätzt? Bis zum Jahr 2004 konnte der Markt jedenfalls noch alle produzierten Einheiten absorbieren.

2.1.1 Marktumfeld

Vor dem Beitritt Chinas zur Welthandelsorganisation, war der Markt nach außen durch verschiedenste Handelsbeschränkungen abgeschottet, die darauf abzielten, die lokale Herstellung von Fahrzeugen in China für ausländische Anbieter attraktiv zu machen und den Import von Fahrzeugen aus dem Ausland zu beschränken. Durch ein multiples Protektionismussystem, bestehend aus Einfuhrtarifen, -quoten und Lizenzbestimmungen, stieg in der Volksrepublik China das Preisniveau von Importwagen und -teilen um ein Vielfaches, und begrenzte so die Einfuhren[16].

Zu dieser Zeit (in etwa bis zum Jahr 2000) war der Automobilmarkt in China ein Verkäufermarkt. Die Nachfrage war größer als das Angebot und die Hersteller konnten die Preise diktieren. Dementsprechend legten die ausländischen OEMs ihre Investitionen aus und bauten Kapazitäten auf, mit denen sie schnell in der Lage waren, von der großen Nachfrage in China zu profitieren und Einfuhrtarife

---

14 Vgl. Fong: Accidental Damage (2007), S 28.
15 Vgl. Schmitt: VR China (2006) S. 1.
16 Vgl. Song: The Boom Factor (2007), S. 10.

zu umgehen. Während dieser Anfangsphase brachten die Hersteller vor allem Modelle auf den Markt, die im Heimatland längst als technisch überaltert galten, und zum Teil schon nicht mehr produziert wurden. So konnten abgeschriebene Fertigungsanlagen schnell ins Ausland gebracht werden, auf denen Produkte erzeugt wurden, deren Prozesse bekannt waren und deren (technisch oftmals überholte) Komponenten sich relativ einfach lokalisieren ließen, um zusätzliche Einfuhrzölle zu umgehen.

Tabelle 2 zeigt einen Auszug der marktbeherrschenden Modelle im Jahr 2000.[17]

Tabelle 2: Einsatzdaten Marktbeherrschender Modelle

Modell (Hersteller)	international gefertigt	in China gefertigt
Santana (Volkswagen)	1971	1985
Jetta (Volkswagen)	1985	1992
Fukang (Citroen)	1991	1999
Alto (Suzuki)	1984	1991
Xiali (FAW)	1980	1986

In Zeiten des Verkäufermarkts, als im Jahr 2000 beispielsweise 605.000 Fahrzeuge gebaut und 617.000 Fahrzeuge abgesetzt wurden, waren die Verkaufspreise sehr hoch angesetzt. So war etwa der Preis eines Jettas in China viermal so hoch als am internationalen Markt.

Die zu erwartenden Folgen des WTO Beitritts Chinas für die einheimische Automobilindustrie skizzierte die Regierung im zehnten Fünfjahresplan u.a. wie folgt:[18]

- Die Reduzierung von Importzöllen und die Rücknahme von Quoten- und Lizenzbestimmungen werden den Druck auf die einheimische Industrie verstärken.
- Der Wegfall von Restriktionen für den automobilen Servicehandel (Vertrieb, Finance, Leasing, etc.) wird die lokalen Anbieter zusätzlich belasten.
- Die Beseitigung von Lokalisierungsauflagen für Unternehmen wird sich negativ auf die Investitionen des Auslands und den Technologietransfer auswirken.

Obwohl schon vor dem Beitritt Chinas zur Welthandelsorganisation die Einfuhrtarife von 220 Prozent auf 70 bis 80 Prozent reduziert wurden, kam es im Jahr 2001 durch weitere Reduzierungen oder kompletter Aussetzung einzelner Handelsbeschränkungen (Mehrwertsteuer, Verbrauchssteuer, etc.), zu einem dramatischen Einbruch der Verkaufspreise: in der Erwartung steigender Importe reduzierten sowohl lokale als auch ausländische Produzenten in China ihre Preise. So kam es bis heute zu einem durchschnittlichen Preisverfall um jährlich 10 Prozent.[19] Obwohl sich der Rückgang zuletzt verlangsamt hat, ist davon auszuge-

---

17 Vgl. Song: The Boom Factor (2007), S. 10-11.
18 Vgl. Compton / Guo: Personal Cars and China (2003), S. 13.
19 Vgl. Maier / Schuhmacher-Voelker: Brand Awareness (2007), S. 22-23.

hen, dass sich der Preisdruck auf die Hersteller und Zulieferer auch weiterhin erhöhen wird.

Die immer attraktiveren Preise in Kombination mit steigenden Haushaltseinkommen machten den Erwerb eines eigenen Autos für immer mehr Chinesen möglich. Heute sind ca. 50 bis 60 Millionen Chinesen in der Lage, sich ein Fahrzeug zu leisten. Das starke Wachstum am chinesischen Automobilmarkt wurde infolgedessen, vor allem durch die Herstellung und den Absatz von Kleinwagen und Fahrzeugen der Mikroklasse, getrieben. Allein diese beiden Klassen hatten im Jahr 2006 einen Anteil von zwei Drittel am Gesamtwachstum.[20] So konnten vor allem die chinesischen OEMs, die in diesen Klassen vertreten sind, außerordentlich vom Marktwachstum profitieren. Dennoch geht das zunehmende Nachfragepotential einher mit einer sich weiter verschärfenden Wettbewerbssituation unter den Anbietern.

Zum 1. Januar 2005 wurde das Importquotensystem komplett abgeschafft und die Zolleinfuhrgebühr für fertig montierte Importwagen wurde zum 1. Juli 2006 auf 25 Prozent gesenkt. Gestrichen wurde dagegen die zollfreie Lagerung von Importware in sogenannten „Bonded Areas". Fortan sind Güter sofort beim Eintreffen in der Volksrepublik China zu verzollen.

Um zu vermeiden, dass ausländische Kfz-Hersteller ihre Komponentenversorgung durch die günstigen WTO-Richtlinien auf den Import konzentrieren, und zur Sicherung ausländischer Investitionen und des Know-how-Transfers regelte die Regierung im „Decree 125", dass sich der Zollsatz der importierten Komponenten künftig nach dem Anteil lokaler Komponenten, die in dem zu bauenden Wagen montiert werden, richtet. Dabei wurden verschiedene Ebenen mit Lokalisierungsanforderungen definiert:[21]

Schlüsselsystemmontage für acht Schlüsselkomponenten: Rohkarosse, Motor, Achse mit Antrieb, Achse ohne Antrieb, Seitenrahmen, Bremssystem, Getriebe, Lenksystem.

Komponentenebene 1: Schlüsselkomponenten oder Vormontagen größerer Teile.

Komponentenebene 2: Teile, die zur Herstellung von Schlüsselkomponenten oder anderer Teile benötigt werden.

Der geforderte Anteil lokaler Komponenten, der zur Vermeidung eines höheren Importsatzes notwendig ist, liegt bei 40 Prozent. Es gilt eine Lokalisierungsstrategie zu entwickeln, die folgende Prämissen berücksichtigt:

- Das Unternehmen lokalisiert die *Motoren- und Rohkarossenmontage*, sowie *zwei* weitere der acht *Hauptmontagen*,

---

20 Vgl. Chan / Stanley: Driving Ahead (2007), S. 6-7.
21 Weitere Teileebenen sind durch entsprechendes Herunterbrechen abzuleiten.

- oder, das Unternehmen lokalisiert entweder die *Motoren- oder Rohkarossenmontage*, sowie *vier* weitere der acht *Hauptmontagen*,
- Anschließend sind Importrestriktionen für die Zusammenbauteile der Schlüsselkomponenten zu berücksichtigen.

Zur Berechnung des Lokalisierungsgrades, werden auf Komponentenebene von den Behörden folgende Formeln herangezogen:

$$\textbf{LC-Rate} \text{ (Komponente)} = 1 - \frac{\text{CIF Preis der importierten Teile}}{\begin{array}{l}\text{CIF Preis Importteile}\\+ \text{ Nettopreis lokale Teile}\\+ \text{ Inhouse-Kosten}\\+ \text{ Anlagenamortisation}\end{array}}$$

CIF als Incoterm beinhaltet dabei Kosten, Versicherung und Fracht. Unter Inhouse Kosten können z.B. Kosten für die maschinelle Bearbeitung, sowie Kosten weiterer Hauptprozesse berücksichtigt werden.

Auf der Schlüsselsystemmontage berechnet sich der Lokalisierungsgrad wie folgt:[22]

$$\textbf{LC-Rate} \text{ (Montage)} = 1 - \frac{\text{Gesamter CIF Preis aller Importteile des Produkts}}{\text{Gesamter Preis sämtlicher Teile des Produkts}}$$

Das „Decrees 125" trat erst Mitte 2008 in Kraft, nachdem die EU-Handelskommission der Volksrepublik China als Reaktion mit Strafzöllen und einer Klagewelle bei der WTO drohte.

Zum Schutz der eigenen Industrie wurden von der Regierung ebenfalls feste Regeln zur Gründung von Joint Ventures mit ausländischer Beteiligung festgelegt. So sind ausländische Automobilhersteller gezwungen, für die Herstellung von Fahrzeugen ein Gemeinschaftsunternehmen zusammen mit einem chinesischen Partner zu gründen.[23] Dabei entsteht nicht nur der Eindruck, dass sich der Protektionismus für die Automobilindustrie auf einheimische Hersteller beschränkt. Vor allem der Schutz geistigen Eigentums ist in China gegenwärtig nicht gewährleistet. Chinesen müssen daher mit der Kritik leben, westliche Marken zu kopieren.[24]

---

22 Bei der Berechnung des Lokalisierungsgrades der Schlüsselsystemmontage darf für diejenigen Komponenten, die einen Lokalisierungsgrad von 40 Prozent erreicht haben, ihr vollständiger Preis in die Berechnung einfließen.
23 Diese Beschränkung besteht mittlerweile nicht mehr für die Fahrzeugzulieferindustrie.
24 Vgl. o.V.: Gut gebrüllt, Roewe! (2006), S. 3.

Die folgenden Abbildungen zeigen exemplarisch drei Fahrzeuge von deutschen Autoherstellern und die Kopie aus der Volksrepublik China.[25]

Abb. 1: Deutsche Fahrzeuge und das Plagiat aus China

Original	Kopie

Die Regierung wird auch weiterhin aktiven Einfluss auf die langfristige Entwicklung der Automobilindustrie nehmen. Der elfte Fünfjahresplan wurde im März 2006 publiziert und enthält folgende Anmerkungen zur Automobilindustrie:[26]

- Die Automobilindustrie ist ein Schlüsselbereich für die Entwicklung.
- Die Neuausrichtung im Bereich Kraftfahrzeuge soll schneller vorangetrieben werden und sich auf den Bau von Pkw konzentrieren.
- Die Gesamtfahrzeugentwicklung soll den Fortschritt in verwandten Industriezweigen, wie der Zulieferindustrie oder dem Servicehandel, beschleunigen.

25 Von links oben nach rechts unten: Smart: Smart Fortwo (smart.com), online; Autobild: Huoyun HY B-22 (autobild.de), online; BMW: X3 (bmw.de), online; Shuanghuan CEO (eigenes Foto); Hybrid Car News: Mercedes CLK (hybridcarnews.org), online; Motortrend: BYD F8 (motortrend.com.org), online.
26 Vgl. o.V.: Beijing's 11th Five-Year Plan: Outline (2006), online.

- Innovationen, Markenbildung, die Einführung und Absorbierung von Schlüsseltechnologien soll die Wettbewerbsfähigkeit verbessern.

Der gegenwärtige Fünfjahresplan fokussiert auf den Aufbau einer eigenständigen Automobilproduktion. Forschung und Entwicklung sollen künftig im Inland und nicht länger im Ausland stattfinden. Das Ziel ist die Konzeptionierung und Produktion marktspezifischer Modellreihen. Auch das Bestreben der Regierung, die hohe Anzahl der Autoproduzenten durch gezielte Förderung auf einige wenige, dafür aber wettbewerbsfähige Unternehmen zu reduzieren, spiegelt sich in dem Fünfjahresplan wider. Diese Maßnahme dient auch dazu, die Unternehmen international wettbewerbsfähiger zu machen, um ein weiteres, großes Ziel zu erreichen: den Export von Fahrzeugen „Made in China".

Während des ersten Halbjahrs 2006 wurden aus China insgesamt 34.000 Einheiten exportiert. Im laufenden Fünfjahresplan fordert die Regierung ein jährliches Exportwachstum von 40 Prozent für die Automobilindustrie. Dies entspräche knapp 200.000 Fahrzeugen im Jahr 2010.[27] Verglichen mit den gegenwärtigen Importen von knapp 100.000 Pkw jährlich ist dies eine bedeutsame Zahl.

Importe aus Deutschland stellen knapp ein Drittel der Gesamtimporte dar. Abbildung 2 zeigt den wertmäßigen Anteil der größten Importeure nach China. Der Anteil der Importe am Gesamtmarkt beträgt allerdings nur rund drei Prozent.[28]

Abb. 2: Anteile am chinesischen Fahrzeugimportmarkt (Januar-Mai 2006)

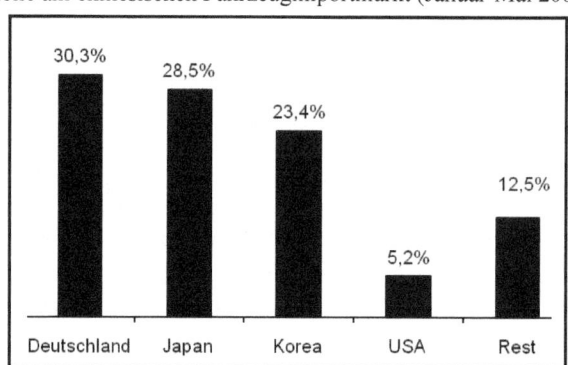

Neben den Fünfjahresplänen verabschiedet die Regierung bei Bedarf zusätzliche Vorgaben, die Automobilindustrie betreffend:[29]

---

27 Vgl. Freitag: Rote Front (2006), S. 87.
28 Vgl. Sander: Chinesischer Pkw-Markt wächst (2006), online.
29 Vgl. Chan / Stanley: Driving Ahead (2007), S. 6-7.

Neue Projekte im Bereich Automobilbau müssen ein Mindestinvestitionsvolumen von 250 Mio. Dollar aufweisen. Davon müssen wiederum mindestens 62,5 Mio. für Forschung und Entwicklung aufgewandt werden.

Um Überkapazitäten zu vermeiden, sollen Hersteller, die nicht mindestens 80 Prozent ihrer Kapazität auslasten können, keine weiteren Fabriken in Standorten aufbauen dürfen in denen sie nicht schon präsent sind.

Ein weiterer Diskussionsansatz zur Vermeidung von Überkapazitäten ist, sämtliche Hersteller (inkl. JV-Unternehmen) zu zwingen, lokale Fahrzeuge mit unausgelasteten Kapazitäten zu erzeugen.

Der Einfluss der Regierung erstreckt sich weit in die Funktionsebenen der chinesischen Hersteller und hat dadurch auch Auswirkungen auf die Geschäfte von deren ausländischen Joint Venture Partner. Das chinesische Vorzeigeunternehmen und der Volkswagen- und General Motors (GM) Partner SAIC (Shanghai Automotive Industrie Cooperation) ist beispielsweise auf das engste mit der kommunistischen Partei verwoben. „Die Zentral- und Provinzregierungen haben die Unternehmensspitzen fest im Griff. (...) In China entscheidet eine Art Personalabteilung der kommunistischen Partei darüber, wer in die Vorstände einrückt".[30] Auf der Einkaufsliste der chinesischen Regierung zu stehen, bedeutet neben Großaufträgen eine gute Werbung für den jeweiligen Produzenten. Allein die Regierungsausgaben für Autokäufe im Jahr 2006 betrugen sieben Milliarden Euro.[31]

2.1.2 Hersteller

Ein wesentlicher Teil der Marktentwicklung wird von den Herstellern bestimmt, die einen maßgeblichen Einfluss auf die wirtschaftliche Entwicklung des Landes haben. Dabei ist die Automobilindustrie Chinas ist stark fragmentiert (siehe Abb. 3). Neben ca. 50 Automobilproduzenten gibt es tausend System-, Modul- und Komponentenhersteller. Die hohe Anzahl der Fahrzeugproduzenten enthält neben den Gemeinschaftsunternehmen der internationalen Automobilhersteller auch eine Vielzahl kleiner, lokaler Betriebe.

Vor dem Beitritt Chinas zur Welthandelsorganisation dominierten die Gemeinschaftsunternehmen den Markt mit einem Anteil von 85 Prozent am Produktionsvolumen. Im Jahr 2000 gab es 13 chinesische Produzenten, von denen acht ein Joint Venture mit einem internationalen Partner betrieben und fünf ohne Partner fertigten (FAW Red Flag, Tianjin Xiali, und drei Alto Fertigungsstätten). Von den insgesamt 12 erzeugten Marken waren nur zwei chinesisch.[32] Auch heute beträgt der Marktanteil der Joint-Venture Produktion noch rund 75 Prozent.

---

30   Vgl. Freitag: Rote Front (2007), S. 86-87.
31   Vgl. Rao / Rao: 90 Euro Gewinn pro Auto (2006), S. 46.
32   Vgl. Song: The Boom Factor (2007), S. 10-11.

Trotz der notwendigen Kooperation mit einem chinesischen Partner werden die meisten Modelle von dem ausländischen Partner entwickelt. So ist auch das Markenbewusstsein stark von der internationalen Wahrnehmung beeinflusst.[33]

Die lokalen Hersteller bauen jedoch ihre Wettbewerbsposition aus und mit Chery und Geely sind bereits zwei rein chinesische Hersteller in die Top Ten der Pkw-Produzenten aufgerückt (siehe Abb. 4).[34] Dennoch konnten sich in den vergangenen Jahren die internationalen Anbieter im Vergleich zu den lokalen auf Grund ihres Technologievorsprungs sehr gut positionieren. „Jene offerieren zwar ähnliche Produkte oft erheblich preiswerter als Unternehmen mit ausländischer Kapitalbeteiligung, zeigen aber oft entscheidende Qualitätsdefizite".[35] So verloren chinesische OEMs Mitte 2006 rund 3 Prozent Marktanteil.[36]

Abb. 3: Komplexes Beziehungsgeflecht in der chinesischen Automobilindustrie

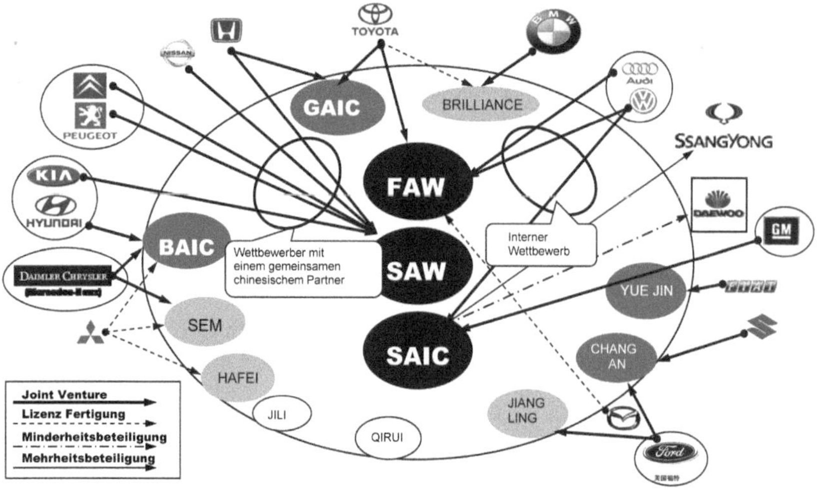

Quelle: BMW interne Präsentation

Zu den wichtigsten Automobilstandorten Chinas zählen Shanghai, Changchun, Guangzhou und Wuhan. Dort unterhalten auch die meisten Zulieferer ihre Fabriken. Zu den erfolgreichsten Herstellern gehören die beiden Joint Ventures mit Volkswagenbeteiligung Shanghai Volkswagen (SVW) und FAW Volkswagen.

---

33 Vgl. Fung / Thomson: Automotive Dealerships in China (2007), S. 10.
34 Vgl. o.V.: State Information Center (2007), online; o.V.: China Automobile Industrie Association (2008), online.
35 Schmitt: VR China (2006), S. 2.
36 Vgl. Rao: Das Geld sitzt locker (2006), S. 37.

Deutsche Unternehmen der Autoindustrie beschäftigen mittlerweile mehr als 60.000 Menschen in China, zu Lohnkosten von derzeit rund zwei Euro die Stunde.[37]

Abb. 4: Marktanteile und Zuwachsraten der Automobilproduzenten

	Absatzvolumen 2006	Marktanteil	Veränderung zum Vorjahr
Shanghai GM	409.978	9.8%	33,4%
Shanghai VW	352.908	8.5%	25,3%
FAW VW	347.073	8.3%	43,3%
Beijing Hyundai	284.612	6.8%	35,8%
Guangzhou Honda	256.805	6.2%	22,6%
Chery	231.878	5.6%	11,3%
Geely Group	203.695	4.9%	21,8%
DPCA	201.318	4.8%	25,3%
DMC Nissan	197.427	4.7%	22,9%
FAW Toyota	196.710	4.7%	26,2%

■ Internationales JV   □ Chinesischer Hersteller

Volkswagen startete sein China Engagement bereits in den siebziger Jahren und galt lange als Marktführer. Am Standort Anting, in der Nähe Shanghais fertigt VW mit fast 13.000 Mitarbeitern die Modelle Polo, Gol, Santana, Touran und Passat. Volkswagen betreibt sein Joint Venture dort seit 1985 mit der Shanghai Automotive Industry Corp. (SAIC). Insgesamt umfasst der Standort fünf Betriebsteile, davon drei zur Fertigung von Gesamtfahrzeugen und zwei zur Herstellung von Motoren.[38] Bis zum Jahr 2004 kannte der Erfolg von Volkswagen in China keine Grenzen. Das Stadtbild war geprägt von der Wolfsburger Automarke und das JV erzielte Marktanteile von weit über 50 Prozent. Rückläufiger Absatz und der damit verbundene Einbruch im operativen Ergebnis veranlassten den Konzern jedoch zur Kurskorrektur. Als Gründe für die schwierige Lage wurden verfehlte Modellpolitik und unterschätzte Aktivitäten der Wettbewerber genannt. Mit dem „Olympic Program" will der neue SVW Manager Vahland den Konzern aus der Krise führen. Darin sollen bis zur Olympiade in China im Jahr 2008 verschiedene Ziele erreicht werden, die den Konzern zu alter Stärke zurückverhelfen. Unter anderem will VW zehn bis zwölf Modelle einführen, die exakt den Kundenwünschen entsprechen.[39]

Die Präsenz der *AUDI* AG ist in China an die Aktivitäten der deutschen Konzernmutter Volkswagen angeschlossen. So wurde Ende der neunziger Jahre ein

---

37 Vgl. o.V.: Deutsche Rekordbeteiligung auf der ‚Auto Shanghai 2005' (2005), online.
38 Vgl. o.V.: Volkswagen Standorte Asien (2006), online.
39 Vgl. Schlott: Mit olympischen Elan aus der Krise (2006), S. 46.

Kooperationsvertrag mit der chinesischen First Automobile Works (FAW) beschlossen. FAW und Volkswagen gründeten zunächst ein Gemeinschaftsunternehmen mit dem Namen FAW-Volkswagen in das die AUDI AG Ende 1995 als dritter Partner integriert wurde.[40] Die Beteiligung der AUDI AG an FAW-Volkswagen beträgt 10 Prozent (Volkswagen 30 Prozent, FAW 60 Prozent).[41] Das Gemeinschaftsunternehmen ist in der Provinz Jilin im Nordosten Chinas ansässig. Am Standort in Changchun entsteht gerade Chinas größte Autostadt.

In Changchun werden die Volkswagenmodelle Jetta, Bora, Golf und Caddy und die Audi Modelle A4 und A6 produziert. Audi baut den A6 dabei in einer speziellen Langfassung für den chinesischen Markt. Im Jahr 2005 lieferte FAW-Volkswagen rund 276.000 Fahrzeuge an chinesische Kunden aus, davon rund 45.000 Audi A6 und 11.000 Audi A4. Seit der Werkserweiterung im Jahr 2004 können die rund 9.000 Mitarbeiter jährlich 600.000 Audi und Volkswagenmodelle fertigen.[42]

BMW hat 2003 ein Joint Venture im Nordosten Chinas mit dem chinesischen Partner Brilliance Automotive gegründet. Der Name des Gemeinschaftsunternehmens lautet BMW-Brilliance Automotive Ltd. (BBA). Der offizielle Start von BMW in China erfolgte im Mai 2004. In diesem Jahr fertigte das Unternehmen 8.888 Fahrzeuge, was in China als Glückszahl betrachtet wird. BBA fertigt in Shenyang Modelle der 3er und 5er Reihe und konnte 2005 15.300 Einheiten in Kundenhand übergeben.[43] 2006 steigerte das Unternehmen ebenfalls seine Produktion auf 25.808 Einheiten und plant die Kapazitätsgrenze von gegenwärtig 33.000 Einheiten auf 41.000 auszuweiten. Die beiden Joint Venture Partner teilen sich am Werksgelände eine gemeinsame Lackiererei zur Herstellung ihrer Modelle. BMW verzichtet außerdem auf ein Presswerk vor Ort. Karosserieteile kommen per Seefracht aus Deutschland oder werden lokal bezogen. Um sich den Marktanforderungen anzupassen hat BMW im Herbst 2006 die 5er Baureihe mit verlängertem Radstand auf den Markt gebracht.

Mercedes Benz erwarb im August 2005 die Lizenz zur Produktion seiner Mercedes Fahrzeuge in China. Das Unternehmen hält eine 50 Prozent Beteiligung am Gemeinschaftsunternehmen mit der Beijing Automotive Industrie Company (BAIC). In Peking werden E-Klasse, Chrysler 300 C und als Auftragsarbeit Mitsubishi Outlander gefertigt. Ab 2007 wird auf dem 1,9 Quadratkilometer großen Gelände auch die C-Klasse von Mercedes gebaut.[44] Die Kapazität für Mercedes Fahrzeuge ist auf 25.000 Einheiten ausgelegt. In einer zweiten Montagehalle auf dem Gelände werden zudem 80.000 bis 100.000 Autos von Chrysler/Jeep und in

---

40 Vgl. o.V.: Audi im Reich der Mitte (2006), online.
41 Vgl. Schmitt: Top-down am Image feilen (2006), S. 48.
42 Vgl. o.V.: Volkswagen Standorte Asien (2006), online.
43 Vgl. o.V.: BMW Brilliance Automotive (2006), online.
44 Vgl. o.V.: Gezündet (2006), S. III.

Auftragsfertigung von Mitsubishi produziert.[45] Der späte Start von Mercedes Benz in China wurde in der Presse des Öfteren negativ bewertet.

Abbildung 5 zeigt die Wettbewerbssituation ausgewählter deutscher Automarken anhand lokal erzeugter Volumen.[46] Nach dem Jahr 2001 hat sich die Positionierung chinesischer Unternehmen am Markt grundlegend verändert. Sie verhielten sich agressiver im Wettbewerb und gingen untereinander technische Kooperationen ein. Gleichzeitig schossen neue Gemeinschaftsunternehmen wie Beijing Hyundai, Changan Ford und Tianqi-FAW Toyota aus dem Boden. Dabei konnten zwei verschiedene Marktpositionierungsansätze beobachtet werden. Während etablierte chinesische Hersteller versuchten, mit möglichst vielen ausländischen Herstellern Gemeinschaftsunternehmen zu gründen und so ein Geflecht multinationaler Verwicklungen zwischen lokalen und internationalen Marken zu schaffen, suchten neue und kleine chinesische Hersteller den Alleingang und entwickelten unabhängig mit Hilfe importierter Technologie.[47]

Abb. 5: Wettbewerbssituation deutscher Hersteller in China

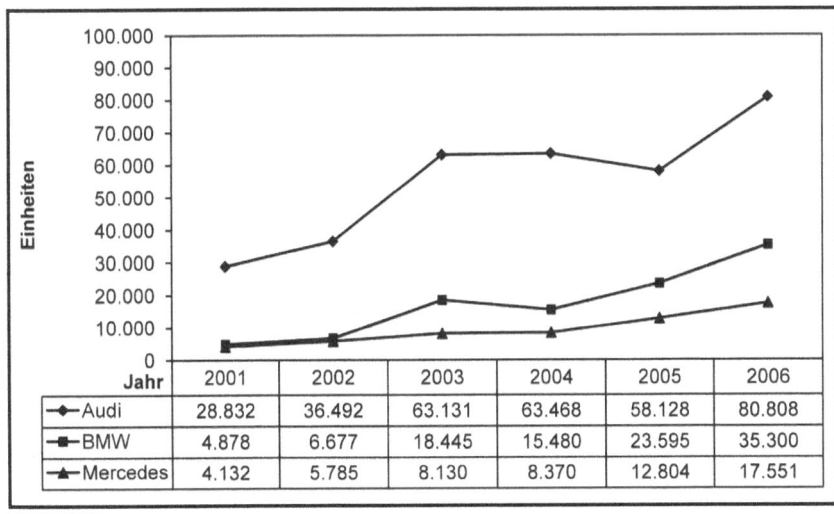

Jahr	2001	2002	2003	2004	2005	2006
◆ Audi	28.832	36.492	63.131	63.468	58.128	80.808
■ BMW	4.878	6.677	18.445	15.480	23.595	35.300
▲ Mercedes	4.132	5.785	8.130	8.370	12.804	17.551

Von den lokalen Herstellern sind vor allem Chery and Geely sehr erfolgreich darin, ihren Bekanntheitsgrad deutlich zu erhöhen.[48] Chinesische Hersteller legen den Fokus eher auf das Segment von Klein- und Kompaktfahrzeugen. Diese

---

45 Vgl. o.V.: Mercedes darf in China fertigen (2006), online.
46 Vgl. o.V.: State Information Center (2007), online; o.V.: China Automobile Industrie Association (2008), online.
47 Vgl. Song: The Boom Factor (2007), S. 11-12.
48 Vgl. Maier / Schuhmacher-Voelker: Brand Awareness (2007), S. 24.

bewegen sich preislich in einem Bereich von ca. 3.000 bis 5.000 Euro. In diesem Segment findet momentan ein besonders starkes Wachstum statt. Chery konnte so seine Absatzzahlen im Jahr 2005 verdoppeln. Getrieben war das Wachstum vor allem durch das Modell QQ (siehe Abbildung 6) von dem allein 110.000 Einheiten abgesetzt werden konnten.[49]

Dennoch tun sich kleinere lokale Hersteller schwer, die strengen Qualitätsvorschriften in der Automobilindustrie zu erfüllen. Ein Qualitätsbewusstsein, wie es sich in der deutschen oder japanischen Automobilindustrie entwickelt hat, ist bei chinesischen Herstellern noch nicht vorhanden. Dabei ist die Produktqualität prägend für eine Marke. Infolge des intensiveren Wettbewerbs sinken seit dem Jahr 2000 die durchschnittlichen Verkaufspreise der Hersteller. Der Druck wird weiter groß bleiben, da auch im Jahr 2007 weitere Preisreduzierungen angekündigt und umgesetzt wurden.

Abb. 6:   Chinesisches Kleinfahrzeug der Marke Chery[50]

2.1.3 Kunden

Die Anschaffung eines Fahrzeugs genießt eine außerordentlich hohe Priorität unter Chinesen. Das eigene Fahrzeug wird als Statussymbol betrachtet, mit dem sich die Käufer auch gerne nach außen darstellen. Dieses offene zur Schau stellen des eigenen Wohlstands mag in westlichen Ländern als aneckend empfunden werden, ist im Reich der Mitte jedoch durch die Bevölkerungsschichten hinweg akzeptiert. So stört es nur wenige Chinesen, wenn sich ein Besitzer eines Ober-

---

49   Vgl. Chan / Stanley: Driving Ahead (2007), S. 6-7.
50   Chery: QQ (cheryglobal.com), online.

klassefahrzeugs die Freiheit nimmt, direkt vor dem Eingang eines Restaurants zu parken.

Im Gegensatz zu anderen Nationen, weisen Chinesen und der Straßenverkehr im Land einige Besonderheiten auf. Ausländer können oft folgende Situationen beobachten:

- Sicherheitsgurte werden überwiegend nicht verwendet.
- Chinesen bevorzugen Fahrzeuge mit beigem Lederinterieur. Sobald das Fahrzeug in Betrieb genommen wird, ziehen sie dann jedoch oftmals billigste Stoffe oder Kunstfelle über das Leder.
- Chinesen kaufen sich Fahrzeuge mit teuren Xenon-Scheinwerfern und fahren bei Dunkelheit teilweise ohne Licht oder nur mit Standlicht.
- Vor allem Taxifahrer mögen ihre Hupe. Teilweise greift eine Hand zum Lenkrad und die andere liegt auf der Hupe bereit. Als die Regierung im Jahr 2007 Hupverbote in mehreren Städten eingeführt hat, stieß diese Maßnahme auf breites Unverständnis. Sogar Fußgänger beschwerten sich, weil ihnen kein „Warnsignal" mehr übertragen werden darf.
- Verkehrsregeln gibt es viele. Beachtet werden sie nicht immer. Ein böses Sprichwort sagt: „Ampeln haben in China Vorschlagscharakter". Die Missachtung von Verkehrsregeln führt zu einer Vielzahl von Unfällen. Die Regierung versucht, das Problem durch verschiedene Maßnahmen in den Griff zu bekommen.

Der zunehmende Wohlstand im Land hat dazu geführt, dass immer mehr Menschen die Möglichkeit haben, sich ein Fahrzeug zu leisten. So ist es nicht verwunderlich, dass die überwiegende Mehrheit der Fahrzeugkunden momentan Erstkäufer sind. Ihr Markenbewusstsein ist vor allem durch Werbung und nicht durch eigene Erfahrungen geprägt: „Branding and brand awareness are still relatively low in China, but gaining in importance both among consumers and producers".[51]

Unter Qualität verstehen Chinesen beispielsweise oft, dass ein Fahrzeug teuer, groß und am besten noch eine ausländische Marke ist. Der Qualität lokaler Marken wird im eigenen Land oftmals misstraut. Dennoch erachten Chinesen über alle Käuferschichten hinweg Qualität als wichtig. Kunden der unteren Einkommensklassen, sind vielleicht nicht in der Lage Qualität mit mehr Geld zu kaufen, könnten aber verleitet sein, die Marke zu wechseln, falls diese einen qualitativ besseren Eindruck auf sie erweckt.

Die China Brand Health and Needs Segmentation Study kommt zu dem Ergebnis, dass die attraktivsten Marken diejenigen sind, welche eine große emotionale

---

51 Maier / Schuhmacher-Voelker: Brand Awareness (2007), S. 22-23.

Anziehungskraft entwickelt haben. Dabei konnten sechs Segmente identifiziert werden, die für die Markenwahl entscheidend sind:[52]

- *Status*: Käufer wollen Ihren Erfolg offen zur Schau stellen und Selbstbewusstsein gewinnen.
- *Nutzen*: Käufer motiviert das Grundbedürfnis nach Transport.
- *Erlebnis*: Käufer sehnen sich nach Freiheit und Abenteuer.
- *Familie*: Käufer wollen ein Fahrzeug um die Familie zufriedenzustellen.
- *Zugehörigkeit*: Käufer wollen sich einer bestimmte Schicht zugehörig fühlen.
- *Anziehungskraft*: Käufer wollen attraktiv sein und Aufmerksamkeit erregen.

Ausländische Anbieter haben oft das Problem, dass ihr über Jahrzehnte im Heimatland aufgebaute Markenimage in China ganz anders wahrgenommen wird. Das Branding beginnt in China also oftmals wieder beim Anfang. Der erste Schritt dabei ist die Wahl eines anspruchsvollen Markennamens. Da VW und andere Hersteller ihre Markenkürzel nicht in chinesische Schriftzeichen übersetzen können, werden chinesische Charaktere gewählt, welche das Markenimage am besten zum Ausdruck bringen sollen. BMW wird in China „Bao Ma" genannt, was soviel bedeutet wie „wertvolles Pferd".

Die Ansprüche der Kunden wiederspiegeln das Gesellschaftsbild. Ein sehr hoher Teil der Chinesen verfügt nur über geringe Einkommen. Daraus entwickelt sich eine Mittelschicht, die nach funktionalen und preisgünstigen Fahrzeugen – also erschwinglicher Mobilität – strebt. „Diese Nachfrage wird für den Aufstieg neuer Hersteller sorgen, die diese Anforderung durch Preisvorteile oder regionale Modelle bedienen können". [53] Internationale, vor allem westliche Marken empfindet diese Bevölkerungsschicht oftmals als sehr oder zu teuer.[54] Die Oberschicht ist in China auf Grund der Größe der Gesamtbevölkerung nominal stark vertreten und zählt vor allem zu dem Clientel der ausländischen Premiumhersteller. Diese Kunden lassen sich auch nicht von hohen Importzöllen davon abhalten, ihr Wunschfahrzeug ins Land einführen zu lassen: in China sind BMW Käufer im Schnitt erst 38 Jahre alt und fast jedes vierte Modell, das verkauft wird, ist ein Modell der Oberklasse.

Laut Audi Einkaufsvorstand Schmitt sind die Ansprüche der chinesischen Premiumkunden inzwischen absolut mit denen der restlichen Welt vergleichbar.[55] Zu den speziellen Anforderungen der Chinesen zählt mehr Raumkomfort im Fond. Audi reagierte bereits vor mehreren Jahren auf diesen Trend, als ein Großteil der

---

52 Vgl. o.V.: Chinese New Car Buyers Becoming More Discerning about Brands (2006), online.
53 Soellner: Zwei Klassen Gesellschaft (2006), S. 44.
54 Vgl. Maier / Schuhmacher-Voelker: Brand Awareness (2007), S. 23.
55 Vgl. Schmitt: Top-down am Image feilen (2006), S. 48.

Kunden noch aus Regierungskreisen stammte und üblicherweise nicht zu den Selbstfahrern zählte und brachte Modelle mit verlängertem Radstand heraus. Obwohl der Anteil der Privatkunden bei Audi – und damit der Selbstfahreranteil – mittlerweile auf 70 Prozent angewachsen ist, baut das Unternehmen weiterhin, wie BMW und Volkswagen auch, spezielle Langversionen für den chinesischen Kunden.

Für das Gros der Kunden, die aus der wachsenden Mittelschicht stammen, sind solche Limousinen jedoch unerschwinglich. Die Kombination aus Mobilität und einen Hauch von Design zum günstigen Preis ist für viele Chinesen am wichtigsten. „Für die meisten Kunden geht es darum, sich den Traum vom ersten Auto zu erfüllen und viele Fahrer müssen ihre Erfahrungen mit Produktqualität und Langlebigkeit erst noch machen".[56]

Sieben bis acht von zehn Neufahrzeugen werden in der Volksrepublik China an Erstkäufer verkauft. Diese Schicht versucht, ihre Wissenslücken durch intensive Recherche und einen langwierigen Entscheidungsprozess von bis zu 15 Monaten zu kompensieren, bevor sie sich für eine Marke entscheiden. Chinesen mit einem High-School Abschluss oder niedriger, tendieren oftmals zu Chery oder einer anderen chinesischen Marke. Chinesen, die schon ein Fahrzeug besitzen oder Chinesen mit Universitätsabschluss bevorzugen ausländische Marken.[57] Im Durchschnitt kommen für Chinesen drei Marken bei einem anstehenden Fahrzeugkauf in Frage.

Eine Marktstudie von KPMG kam zu dem Ergebnis, dass das Internet für Chinesen bei der Informationsbeschaffung außerordentlich beliebt ist (siehe Abb. 7). Die chinesische Regierung behält sich zwar das Recht vor, Informationen zu zensieren, doch Informationen über Fahrzeuge sind auf chinesischen Websites reichlich zu finden. Durch das Internet ist der Markt transparenter geworden und Chinesen können Preise recherchieren oder online mit anderen Teilnehmern Diskussionen führen. FUNG und THOMSON schreiben in diesem Zusammenhang: „Only by providing comprehensive, reliable information about products and services can car manufactorers, as well as dealers benefit fully from the already advanced online behavior of consumers".[58]

Generell erachten die Hersteller in China den Ausbau des Händlernetzes als ein Kerninstrument zur Markterschließung und Absatzpotentialsteigerung. Als Vertriebsmodell haben sich in China vor allem 4S Outlets etabliert.[59] Diese bieten Verkaufsbüros, Showrooms, Serviceeinrichtungen, Follow-up-Dienstleistungen, Kundendienstleistungen und Ersatzteilvertrieb unter einem Dach. Dadurch ist es

---

56 Margetts: Im Land der einfachen Träume (2006), S. V2/4.
57 Vgl. Maier / Schuhmacher-Voelker: Brand Awareness (2007), S. 23.
58 Vgl. Fung / Thomson: Automotive Dealerships in China (2007), S. 11-13.
59 Die vier „S" stehen für Sales, Services, Systems und Spare parts.

möglich, empfänglicher für Kundenwünsche und -erwartungen zu werden, sowie die Kundenloyalität und die Absätze zu steigern. Als Vorteil für die Hersteller erweist sich dich Möglichkeit, mehr Einfluss auf die Aftermarkt Wertschöpfungskette zu gewinnen.

Nach dem Kauf eines Fahrzeugs geben sich Chinesen traditionell. Mehr als 95 Prozent der Käufe werden bar bezahlt, obwohl jeder vierte Chinese die Möglichkeit zur Finanzierung hätte. Ein Kernproblem der Finanzierung in China ist momentan noch das Fehlen verlässlicher Informationen zur Kreditfähigkeit des Kunden.[60]

Abb. 7: Informationsquellen der Kunden

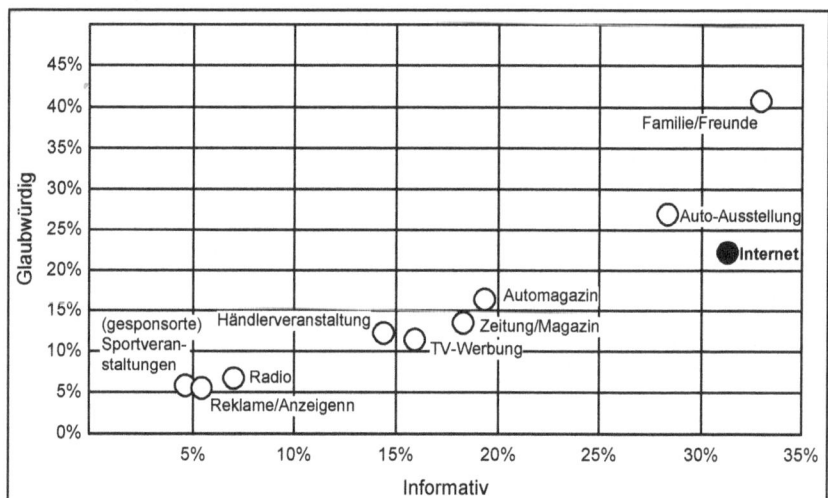

2.2 Derzeitige Produktionsverfahren am Markt

Die Erzeugung eines Automobils lässt sich bekanntlich auf folgende Produktionstechnologien aufteilen:

- Presswerk,
- Karosseriebau,
- Lackiererei,
- Endmontage.

Im *Presswerk* werden Teile für die Karosserie-Tragstruktur und die Außenhaut gestanzt. Als Rohmaterial dienen Coils, bzw. Blechzuschnitte (Platinen). Wegen hoher Rüstkosten werden zumeist komplette Tagesbedarfe einzelner Teilegrup-

---

60 Vgl. Fung / Thomson: Automotive Dealerships in China (2007), S. 14-15, 28-29.

pen gepresst und in einem Pressteilelager zwischengelagert. Der Bezug von Pressteilen durch Zulieferer komplettiert den Teilesatz der Rohkarosse. Diese wird durch Verschweißen und Kleben der einzelnen Teile im *Karosserierohbau* erzeugt (Body in White).

Anschließend durchlaufen die Karossen den *Lackierprozess*. Dieser gliedert sich in folgende Schritte:

- Vorbehandlung (Reinigung der Rohkarosse),
- Kathodische Tauchlackierung als Schutz vor Korrosion (KTL),
- Füller[61] (Egalisieren von Oberflächenunruhen, Schutz vor Steinschlag),
- Basislack (sichtbare Farbe),
- Klarlack (Schutz des Basislacks, verleiht Glanz).

Parallel dazu übernimmt die Lackiererei das Auftragen des Unterbodenschutzes und die Nahtversiegelung zur Eindämmung von Umwelteinflüssen, die Installation von Dämmmatten für den Lärmschutz und die Wachsapplikation als Schutz gegen Korrosion in Hohlräumen. Hier werden nacheinander Grund- und Decklack sowie Unterbodenschutz aufgetragen. Je nach finaler Lackschicht variiert auch die Farbe des Grundlacks. Während die Rohkarosse möglicherweise für jegliche spätere Fahrzeugvariante identisch ist, erfolgt durch die Farbgebung die erste Parametrisierung des Fahrzeugs. Dies impliziert eine zunehmende Komplexität der Fertigungssteuerung. Während im Karossenrohbau bei einer Einheitskarosse[62] das Gesamtvolumen wichtig ist, erfolgt innerhalb der Lackiererei üblicherweise eine Losbildung nach Farben, um Rüstkosten beim Farbwechsel zu minimieren.

Als Sortierpuffer zwischen Lackiererei und Montage dient generell ein Hochregallager. Es ermöglicht die Entkopplung der Technologien um die Produktionssequenz prozessoptimiert zu planen.

Im Gegensatz zur Lackiererei ist die *Endmontage* auf Grund der festen Taktung auf einen möglichst konstanten Produktmix von einfachen und umfangreich ausgestatteten Fahrzeugen angewiesen.[63] Die Endmontage beginnt mit der Einsteuerung der lackierten Karosse. Das Bandversorgungskonzept ist Aufgabe der Logistikplanung. Die Bereitstellung der Teile erfolgt üblicherweise über ein Beschaffungslager mit paralleler JIT/JIS Anlieferung von Lieferanten. Vormontagebereiche dienen zur Erzeugung komplexer Fahrzeugkomponenten (sog. Module), wie beispielsweise das Scheinwerfermodul oder die Achsen. Teilweise

---

61 Ein Fahrzeugwerk setzt bis zu vier Füller für die jeweils unterschiedlichen Basislacke ein.
62 Unter einer Einheitskarosse soll ein Rohkörper verstanden werden, der die Erzeugung sämtlicher Ausprägungen (Motor, Lackfarbe, Innenausstattung, etc.) erlaubt.
63 Vgl. Ihme: Logistik im Automobilbau (2006), S. 11.

sind komplette Module auch an externe Lieferanten outgesourced oder sie entstehen in eigens spezialisierten Werken des OEMs.

Abb. 8:   Prozessschritte der Fertigungstechnologien[64]

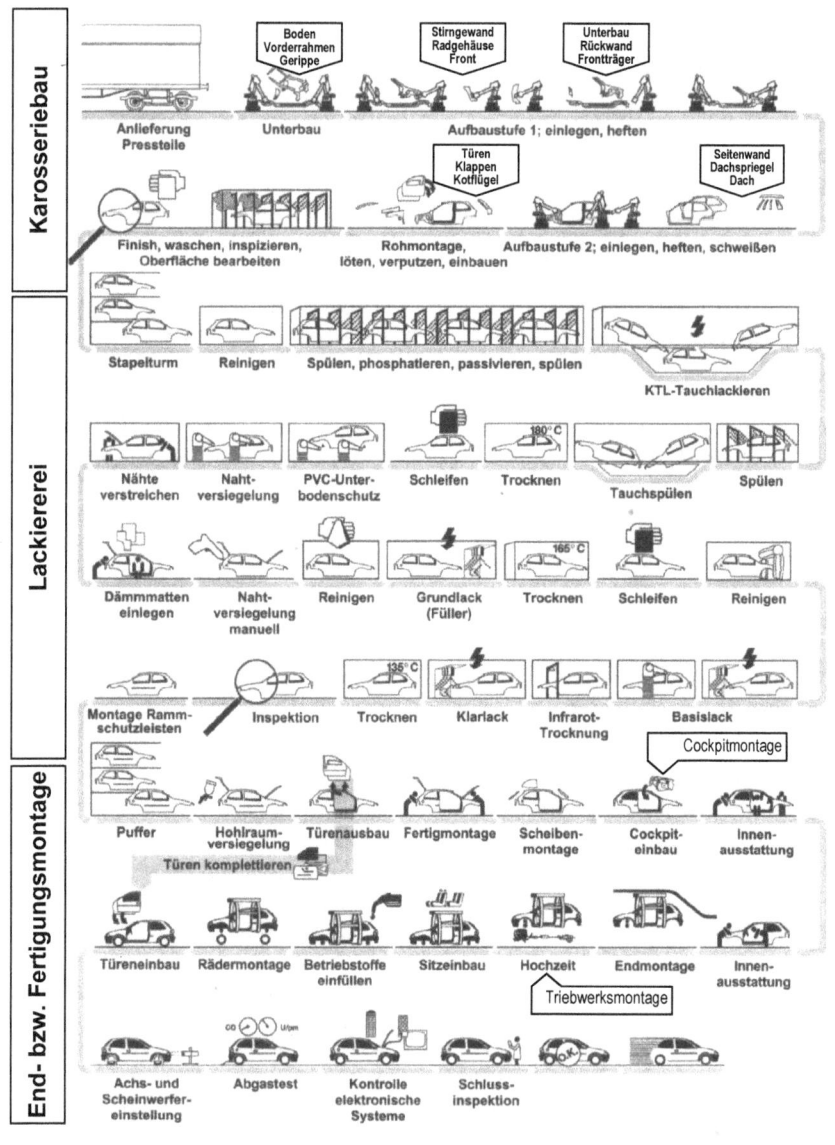

---

64   Abbildung nach Ihme: Logistik im Automobilbau (2006), S. 342.

Die Investition in ein *Presswerk* trägt sich nicht für jeden Fahrzeughersteller. Bei geringen Volumen lassen sich die Kosten der Presswerkzeuge möglicherweise nicht wirtschaftlich sinnvoll auf die zu erzeugenden Einheiten verteilen. Alternativ lassen sich Pressteile zentral erzeugen und an mehrere Montagewerke des Herstellers liefern. In diesem Fall besteht das Montagewerk aus den Bereichen Rohbau, Lackiererei und Endmontage. Auch Outsorcing an einen anderen OEM ist eine praktikable Lösung. Als Einstieg in einen neuen Absatzmarkt, kann bereits ein reines Montagewerk – ohne Presswerk und Lackiererei – dienen. Am Ende des Produktionsprozesses stehen umfangreiche Qualitätschecks auf dem Programm. Es wird u.a. geprüft, ob das Fahrzeug wasserundurchlässig ist, ob während der Fahrt unerwünschte Geräusche entstehen und der Datenspeicher wird mit der aktuellen Software bespielt.

2.2.1 CKD-Fertigung

Ausländische Hersteller in China setzen üblicherweise auf das Prinzip einer CKD-Fertigung zur Erzeugung von Personenwagen. Das bedeutet, dass ein Teilesatz aus dem Heimatland importiert wird und in China daraus das fertige Fahrzeug zusammengebaut wird. Eine CKD-Fertigungsstätte lässt sich bereits durch ein reines Montagewerk definieren. Je nach der Wichtigkeit des Marktes ergänzt das Unternehmen die Technologien Lackiererei, Rohbau und Presswerk.

Der Unterschied eines CKD-Werks zu einheimischen Produktionsstätten basiert auf dem Versorgungskonzept, das üblicherweise die Verschiffung von Teilesätzen aus dem Heimatland mit der Beistellung lokal erzeugter Komponenten kombiniert. Die Folge daraus für ausländische Produzenten ist eine – je nach Grad der Lokalisierung – reduzierte Fertigungstiefe, von deren Ausmaß die Struktur der Montage abhängig ist. Darüber hinaus unterscheidet sich die CKD-Fertigung durch eine wesentlich frühere Bedarfsterminierung der Teilesätze von der einheimischen Konkurrenz. Üblicherweise liegt zwischen der Bestellung und dem Verbau eines Teilesatzes ein Zeitraum von ca. sechs Monaten. Dieser Zeitraum wird als CKD-Pipeline bezeichnet. Kennzeichnend ist, dass Änderungen am Produktionsprogramm innerhalb dieses Zeitraums praktisch ausgeschlossen sind. Abbildung 9 stellt die ablaufenden Prozessschritte innerhalb der CKD-Pipeline beispielhaft dar.[65]

Wegen der hohen Importabgaben, werden in China rund 20 Prozent der Autos im CKD- und SKD-Verfahren (Semi-Knocked-Down) produziert.[66] Beide Verfahren unterscheiden sich deutlich voneinander:

---

65 Quelle: BMW-interne Analyse.
66 Vgl. Rao / Rao: 90 Euro Gewinn pro Auto (2006), S. 46.

Semi-Knocked-Down: Das Fahrzeug wird im Ursprungsland nur teilweise in Montagesätze zerlegt. Je nach Importbestimmung des jeweiligen Landes reicht es u.U. bereits aus, die Fahrzeugbatterie abzuklemmen und die Reifen zu demontieren um das Fahrzeug als SKD zu deklarieren.

Completely-Knocked-Down: Aus dem Stammwerk werden Karosserieteile und Einzelkomponenten im höchsten Zerlegungsgrad geliefert. Im Montagewerk wird die Karosserie geschweißt und lackiert, das Aggregat und weitere Komponenten montiert und der Wagen auf einer Standard-Montagelinie fertig gestellt.[67]

Abb. 9: Allgemeintypische CKD-Pipeline

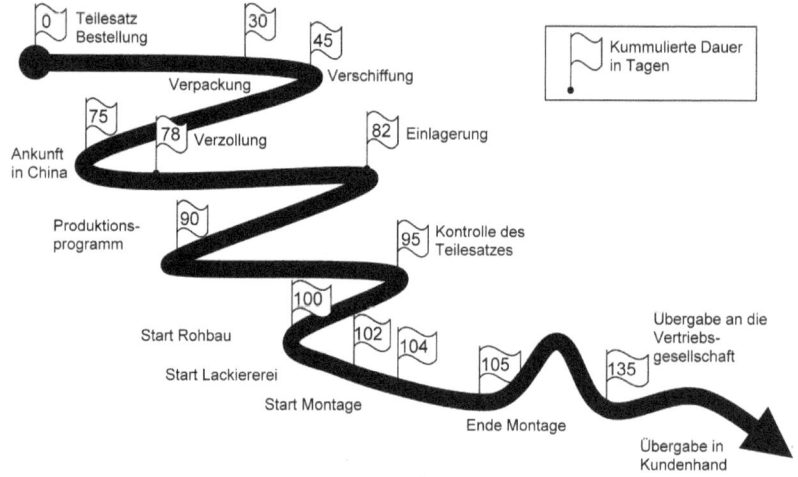

2.2.2 Kundenanonyme Variantenproduktion

Mit der Produktion des legendären T-Models hat Henry Ford im Jahr 1913 die massenhafte Fertigung von Fahrzeugen an Fließbändern eingeleitet und die Produktionskosten praktisch über Nacht halbiert.[68] Noch heute eignet sich kein anderes Produktionsmodell besser zur Fixkostendegression. Eine Standardisierung auf Teileebene ermöglicht konstante und abgestimmte Leistungsprozesse.[69] Diese

---

67 Vgl. Voigt: Skoda eröffnet neues CKD-Zentrum in der Tschechischen Republik (2006), S. 26.

68 Henry Ford begann im August 1913 mit der Fließbandproduktion seines legendären T-Models. Ford verkürzte dadurch die Produktionszeit eines Autos von 12 ½ Stunden auf 1 Stunde und 33 Minuten. Im Januar 1914 produzierte Ford mehr als 300.000 Autos, mehr als alle anderen Autohersteller zusammen.

69 Vgl. Piller: Mass Customization (2003), S. 172.

lassen sich zumeist hochgradig automatisieren und ermöglichen dadurch hohe Ausbringungsmengen. Mit jeder Steigerung des Outputs verteilen sich die fixen Kosten auf die produzierten Einheiten und führen nach Überschreiten des Break-Even Punktes zu Gewinnen für die Unternehmen.

Massenproduktion impliziert die Erzeugung fertiger Produkte auf Lager. Die Anzahl der Produktvarianten und deren genaue Eigenschaften, sowie das Produktionsvolumen werden auf Grund von Marktprognosen erstellt.[70] Unter Einsatz absatzpolitischer Maßnahmen wird versucht, die gefertigten Güter abzusetzen. Angesichts der zunehmenden Heterogenisierung der Nachfrage, einer steigenden Innovationsdynamik und neuer Wettbewerber und Konkurrenzprodukte sind solche Prognosen immer schwieriger zu treffen.[71] Das anschließende Vertriebsprinzip wird auch als „Push-Prinzip" bezeichnet, da bereits erzeugte Produkte in den Markt „geschoben" werden müssen.

Tabelle 3:   Fahrzeugausprägungen einer CKD-Produktion

Produktkomponente	Ausprägungen	Parameter
Karosse	1	Karossenform; z.B. Cabrio
Motor	3	Motorkapazität; z.B. 1.8 Liter Hubraum
Lack	8	Farbe; z.B. Silber, Schwarz, etc.
Innenausstattung	4	Vordefinierte Pakete; z.B. Luxusausstattung mit Klimaanlage, DVD-Player, Bildschirmen, etc.
Anzahl möglicher Varianten	**96**	

Um sich unter dem Prinzip der Massenfertigung näher an den individuellen Idealpunkten[72] der Kunden auszurichten, ist die Antwort der Automobilhersteller in China auf sich diversifizierende Kundenwünsche eine kundenanonyme Variantenfertigung. Der Begriff Variante beschreibt eine Version des Grundprodukts[73]. Theoretisch errechnet sich die maximale Variantenanzahl aus der Zahl der veränderbaren Produktkomponenten und deren Ausprägungen.[74] Mit jedem zusätzlichen Merkmal, dass sich von bestehenden Varianten unterscheidet, steigt die theoretische Gesamtzahl aller Fahrzeugvarianten beinahe exponentiell an. Während vor allem Automobilhersteller in Deutschland in der Lage sind, hochkomplex zu

---

70   Vgl. Jiang / Lee / Seifert: Satisfying customer preferences via mass customization and mass production (2006), S. 27.

71   Vgl. Piller: Mass Customization (2003), S. 156.

72   Idealpunkte stehen laut BROCKHOFF als Synonym für den hohen Nutzen, die der Abnehmer in seiner Vorstellung mit einer Produkteigenschaft verbindet. Liegt das Eigenschaftskombination des realen Angebots nahe an dem imaginären Idealpunktmodell des Käufers, so beeinflusst dies maßgeblich seine Kaufentscheidung.

73   Anm.: Für die weiteren Ausführungen soll als Grundprodukt eine Einheitskarosse gelten.

74   Vgl. Brockhoff: Produktpolitik (1988), S. 165-167.

fertigen, werden in China üblicherweise komplette Ausstattungspakete für ein Fahrzeugmodell definiert. Damit die Logistikprozesse beherrschbar bleiben, werden diese Varianten zudem in großen Losen gefertigt. Tabelle 3 zeigt als chinatypisches Beispiel, wie viele Gesamtvarianten sich aus vier Merkmalskategorien mit unterschiedlichen Parametern berechnen lassen.

Mit zunehmender Heterogenisierung der Nachfrage ist der klassische Variantenfertiger gezwungen, ständig neue, verfeinerte Produktvariationen auf den Markt zu bringen, aus denen jeder Abnehmer jene auswählen soll, die seinen gewünschten Produkteigenschaften möglichst nahe kommt.[75] Trotz erhöhter Anstrengungen bleiben wesentliche Probleme jedoch auch bei der Fertigung von Varianten bestehen:

- Die zunehmende Variantenvielfalt führt zu einer Zunahme der Kosten, die dem herrschenden Preisdruck entgegenläuft.[76]
- Die Allokation der Fahrzeuge zum Kunden gestaltet sich schwierig, da es unwahrscheinlich ist, dass der Händler die Variante im Showroom hat, welche dem Idealpunkt des Kunden am nächsten steht.
- Transportkosten für Tauschgeschäfte zwischen den Händlern oder für Lieferungen aus dem Distributionslager des OEMs sind die Folge.
- Für die Vertriebsplanung wird es noch schwieriger, die richtigen Absatz- und damit Produktionsprognosen zu treffen.
- Die zunehmende Anzahl von Varianten führt zu höheren Rüst- oder Wechselzeiten und steigert die Komplexität in der Programmplanung und Fertigungssteuerung
- Es besteht das Risiko von obsoleten Komponenten aus Varianten, die vom Vertrieb geplant, aber vom Markt nicht abgefragt werden.
- Händler spüren einen hohen Wettbewerbsdruck und sind eher bereit, Rabatte zu gewähren.

Diese Kritikpunkte sind überwiegend durch das Build-to-Forecast-Konzept verursacht, dessen wesentliches Manko die fehlende Anbindung des Kunden an die Wertschöpfungskette und der späte Kundenkontakt über den Fahrzeughändler ist. Die Güter werden auf Grund von Marktprognosen und Schätzungen des Vertriebs gefertigt. Ein Einbezug des Abnehmers vor Fertigungsbeginn, um dessen genaue Wünsche zu erfragen, findet (...) nicht statt.[77]

Bei ausländischen Fahrzeugproduzenten in China basiert der Vorschlag für eine neue Variante zudem oftmals auf einer strategischen Entscheidung der Konzernzentrale, die tausende Kilometer entfernt im Ausland liegt. Das Ziel ist zumeist

---

75 Vgl. Piller: Mass Customization (2003), S. 159, S. 166.
76 Vgl. ebenda, S. 159.
77 Vgl. Piller: Mass Customization (2003), S. 166.

eine Erhöhung des Umsatzes und des Ertrags durch eine Steigerung des Absatzvolumens. Grundlage der Entscheidung kann bereits eine geplante Verlagerung abgeschriebener Maschinen vom Mutterwerk in das JV-Unternehmen sein. Bei einer Erweiterung des Presswerks könnte dies dazu führen, dass die zusätzliche Variante „Schiebedach" angeboten werden kann. Die Frage, ob diese Variante für den jeweiligen Markt relevant ist, stellt sich in der entfernten Konzernzentrale oftmals nicht. Der Vertrieb hat anschließend die Aufgabe, das Absatzpotential dieser Variante zu prognostizieren. Hier wird eine Gefahr oft übersehen, dass sich die Prognose erfüllen wird, da die Fahrzeuge – möglicherweise mit Hilfe von Rabatten – in den Markt gedrückt werden. Bei der Rückmeldung der Absätze wird man feststellen, dass exakt die geplanten Umfänge von den Händlern verkauft wurden. Die genauen Umstände der Verkäufe und die exakten Kundenwünsche bleiben unbekannt. Die letztendliche Konsequenz schließt diesen Kreis: Der Vertrieb ist verleitet, bei seiner nächsten Prognose anzunehmen, dass auf Grund des erfüllten Absatzplans dieser Variante, zusätzliches Potential im Markt vorhanden ist und erhöht die Planzahl.

Abschließend lässt sich festhalten, dass bisher kaum ernsthafte Marktforschungsaktivitäten auf dem chinesischen Markt für Personenwagen stattgefunden haben, welche Rückschlüsse auf das Käuferverhalten zuließen und als Basis für ein Push-Fertigungsprogramm standhielten.

2.3 Prognose für die künftige Marktentwicklung

2.3.1 Marketing: Wettbewerb um den Kunden

Trends sagen eine Vergrößerung des chinesischen Kfz-Marktes auf 55 Millionen Einheiten bis zum Jahr 2010 und für das Jahr 2020 sogar auf 130 Mio. Fahrzeuge voraus.[78] Die Prognosen untermauern die ambitionierten Wachstumsziele der chinesischen Regierung. Abbildung 10 zeigt, dass es für China möglich ist, bereits im Jahr 2015 die japanische Fahrzeugindustrie zu überrunden.[79] Wesentliche Entwicklungstrends werden bestimmt durch:

- Vorgaben der Regierung, das anhaltende Wirtschaftswachstum, sowie steigende Realeinkommen.
- Die wachsende Mittelschicht, die nach erschwinglicher Mobilität verlangt und wachsender Wohlstand in den Städten zweiten und dritten Ranges.[80]
- Anspruchsvoller werdende Endverbraucher, die zunehmend Wert auf bestimmte Ausstattungsmerkmale legen.

---

78 Vgl. Schmitt: VR China (2006), S. 1.
79 Abbildung aus der Zeitschrift Automobil Industrie (11/2006), S. 24.
80 Zu den Städten ersten Ranges (Tier 1) lassen sich Beijing, Guangzhou, Shanghai zählen. Tier 2 Städte sind Changsha, Xiamen, Xi'An; Tier 3 Städte sind Qingdao, Harbin.

- Die Entstehung einiger chinesischer Key-Produzenten mit fortschreitender Konsolidierung des Marktes.
- Das Exportbestreben chinesischer Autobauer, welches positiven Einfluss auf die Fahrzeugqualität nimmt.
- Die Bereitschaft ausländischer Joint Venture Partner zum Wissenstransfer.
- Die zunehmende Fähigkeit chinesischer Hersteller und Zulieferer qualitativ anspruchsvolle Eigenentwicklungen hervorzubringen.
- Die Beherrschung komplexer Logistikprozesse.

Gemein ist chinesischen und ausländischen Herstellern der gegenwärtige Versuch, ihre Ausbringungsvolumen zu erhöhen. Dazu wurden und werden noch immer Investitionen in die Fertigungsstrukturen getätigt, um Kapazitäten auszubauen oder zu erweitern.

Abb. 10: Produktionsprognose China im internationalen Vergleich

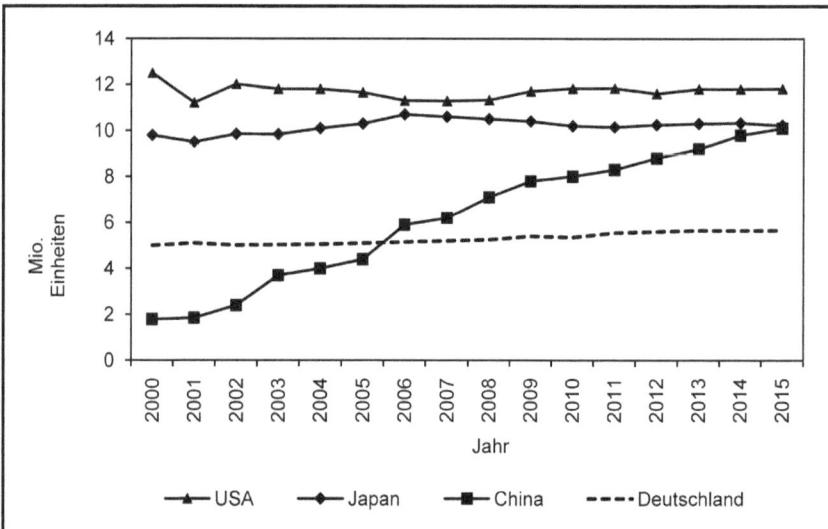

Im Jahr 2004 hatten die OEMs bereits Kapazitäten zur Produktion von sechs Millionen Einheiten installiert. Verkauft wurden jedoch nur ca. 2,3 Millionen Einheiten. Der Absatz, der zur Auslastung dieser Kapazitäten notwendig ist, wird voraussichtlich erst im Jahr 2009 erreicht. „Dann allerdings werden die Hersteller ihre Kapazitäten voraussichtlich auf knapp acht Millionen Autos erweitert haben. Import-Autos sind dabei noch gar nicht eingerechnet".[81] Zudem werden 2009 die Fahrzeuge aus den Rekordjahren 2002 und 2003 in größeren

---

81 Wyman: Automobilmarkt China 2010 (2004), online.

Mengen als Gebrauchtfahrzeuge erhältlich sein und somit die Neufahrzeugnachfrage weiter hemmen.[82] Es ist deshalb davon auszugehen, dass sich der Wettbewerbsdruck – verschärft durch das Prinzip der Lagerfertigung – weiter erhöhen wird (siehe Abbildung 11).

Künftige Trends spiegeln das Bild der Gesellschaft wider: der Abstand zwischen Reich und Arm in der Gesellschaft wird signifikant größer. Es bildet sich aber auch eine breite Mittelschicht heraus. So werden günstige Kleinwagen zunehmend von dieser Gesellschaftsklasse nachgefragt. Dieses Segment ist momentan beinahe ausschließlich von chinesischen Anbietern besetzt (Abb. 12). Diese konnten sich vor allem wegen günstiger Verkaufspreise gegenüber der ausländischen Konkurrenz positionieren. Trotzdem wird sich dieses Segment künftig nicht mehr ausschließlich durch eine Tiefpreispolitik entwickeln. Die OEMs müssen bei Qualität und Technik nachbessern, um weiter wachsen zu können. Momentan zählen diese Themen aber noch zu den Schwächen chinesischer Hersteller.

Abb. 11: Überproduktion im Wachstumsmarkt China[83]

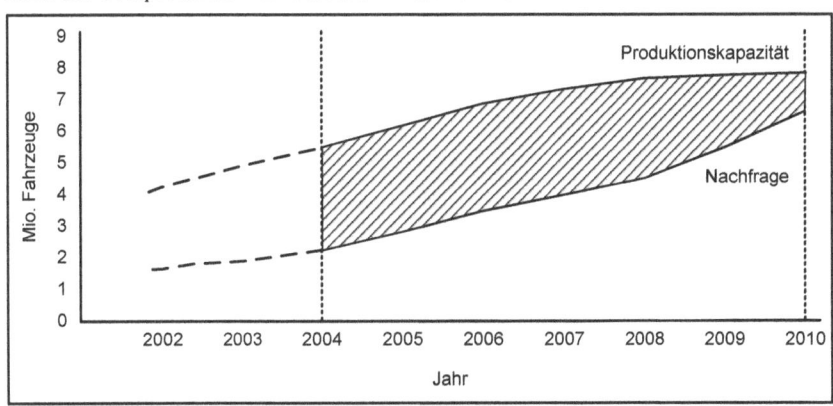

Auch der Absatz hochklassiger Fahrzeuge wird sich vermutlich weiter positiv entwickeln. Immer mehr Kunden geben gerne auch in den hochpreisigen Segmenten Geld aus. Steigende Kraftstoffpreise und Verbrauchssteuern konnten das Wachstum in der Mittel- und Oberklasse bisher nicht bremsen.[84] Deutsche Marken genießen in diesem Segment besonderes Ansehen. In höheren Klassen wird Wachstum vor allem dort erzielt, wo die Kundenwünsche am besten erfüllt werden können. *Maier* und *Schuhmacher* schreiben in diesem Zusammenhang:

---

82 Vgl. Lehne: Wachstum ja, aber gebremst (2006), S. IV.
83 Vgl. Wyman: Automobilmarkt China 2010 (2004), online.
84 Vgl. Rao: Das Geld sitzt locker (2006), S. 37.

„While consumers still instinctively believe Western products to be of a higher quality, this advantage will not hold for much longer. Domestic brands ... are much closer to the consumer and are proving quicker in reacting to demand shifts by addressing R&D, design, and even their distribution. These brands will soon be major competitors, potentially not just on the domestic market."[85]

Abb. 12: Marken-Cluster in China[86]

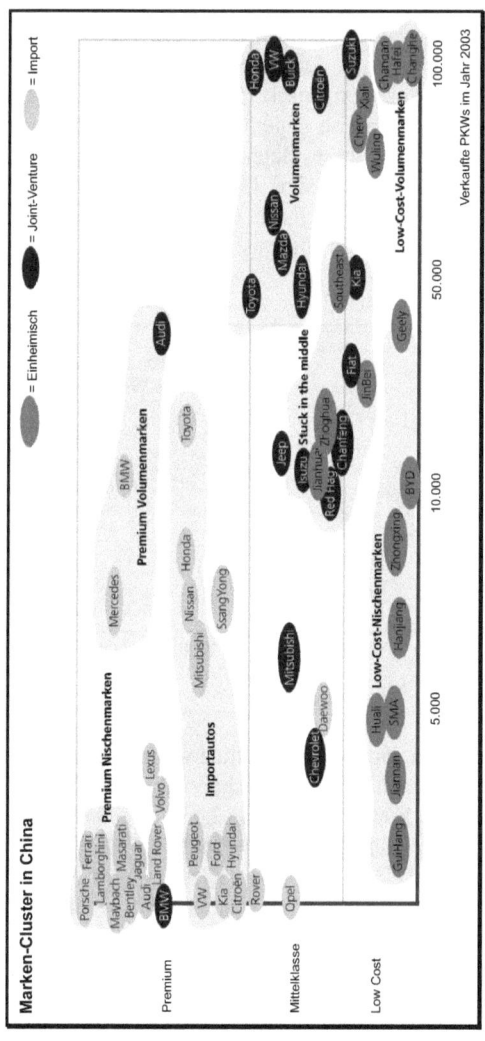

85 Maier / Schuhmacher-Voelker: Brand Awareness (2007), S. 24.
86 Vgl. Wyman: Automobilmarkt China 2010 (2004), online.

Mit zunehmendem Wettbewerb wird es immer wichtiger, zu verstehen, wie der chinesische Kunde denkt und wonach er verlangt. Die Mercer-Studie „Automobilmarkt China 2010" belegt, dass Markenbewusstsein und -loyalität in China weit weniger ausgeprägt sind als in etablierten Märkten anderer Länder. Nur 25 Prozent der Kunden kaufen ihr nächstes Auto von der gleichen Marke. Eine dauerhafte Markenprägung und Markenpositionierung wird erst über die nächsten Jahre entstehen".[87] In westlichen Märkten sind Hersteller permanent bestrebt ihre Marke zu kultivieren und ihr Bild in der Öffentlichkeit zu pflegen. Sie betreiben intensive Marktforschung, bevor sie ein neues Modell veröffentlichen. Die hohe Nachfrage hat ähnliches in China bisher unterbunden. Chinesische Hersteller können ihre Volumen über den günstigeren Preis absetzen, ausländische Hersteller scheinen zufrieden, auf dem chinesischen Markt Fuß gefasst zu haben. So hat kein Hersteller bisher erkannt, wie wichtig in Zukunft eine starke Marke und umfassendes Kundenverständnis ist. *Maier* und *Schuhmacher* schreiben dazu:

> „Those companies who realise that marketing strategies, that understand the real customer need to be developed are ultimately going to have a strategic advantage and be the the long-term winners. They will no longer have to be as concerned with lowering costs or convincing first time buyers of their products".[88]

Ausstattungsmerkmale werden die Wahl der Marke entscheidend beeinflussen. So gehören Radio und Klimaanlage in China zur Basisausstattung. Erfüllt die Ausstattung eines Fahrzeugs nicht die Erwartungen der Kunden, so bleiben diese in China sehr lange in den Lagern. „Chinesische Kunden sind inzwischen anspruchsvoller geworden. Um sie zufrieden zu stellen, muss man stärker auf ihre Wünsche eingehen. [89] Zu diesem Zweck investieren v.a. ausländische OEMs in Forschungs- und Entwicklungszentren um ihre Produkte dem Geschmack und den Vorlieben chinesischer Kunden anzupassen. So will Volkswagen die Resultate seines Entwicklungszentrums in die Erweiterung seiner Modellpalette einfließen lassen: Bis zum Jahr 2009 sollen in China zehn bis zwölf neue Fahrzeugmodelle eingeführt werden, die sich „konsequent an den Kundenwünschen in China orientieren".[90] Es ist davon auszugehen, dass sich dadurch die Anzahl verfügbarer Ausstattungspakete weiter erhöhen wird. Gleichwohl ist das Potential, das sich an der engeren Positionierung am Kunden ergäben, nach *Jin* enorm: [91]

> „• The custom-design market is thriving in China (…) More and more customers want their cars to be unique (…).

---

87 Vgl. ebenda.
88 Maier / Schuhmacher-Voelker: Brand Awareness (2007), S. 22-23.
89 Rao / Rao: Erwartungshaltung der Kunden nicht enttäuschen (2006), S. 80.
90 Schlott: Mit olympischem Elan aus der Krise (2006), S. 46.
91 Vgl. Jin: Custom-made cars drive sales in China (2007), S. 5.

- The trend for customization is also filtering down to the compact car segment, which is drawing auto parts makers to work with vehicle manufacturers to meet their needs.
- Customers also want new designs that are personally.
- Chinese consumers are increasingly demanding more compact cars equipped with state-of-the-art components at competitive prices. ‚The trends show enormous opportunity for companies that can drive their development by responding to the market changes.‘
- Chinese customers have begun to have stronger preference for the customized models, (...)."

Die Allokation der Fahrzeugvarianten auf den Kunden wird die Vertriebslogistik vor zusätzliche Herausforderungen stellen. Entscheidend für die Hersteller ist deshalb der Aufbau eines flächendeckenden Vertriebs- und Servicenetzes um die Nähe zum Kunden zu gewährleisten. Dies stellt angesichts der enormen Landfläche von 9.327.420 km² (Deutschland 348.950 km²) eine herausfordernde Aufgabe dar.[92]

2.3.2 Logistik: Beherrschung komplexer Prozesse

„Logistik" wird in China mit dem modernen Begriff „Wu Liu" bezeichnet. „Wu" bedeutet Waren oder Güter, „Liu" steht für Prozess oder Fluss.[93]

Abb. 13: Chinesische Schriftzeichen für „Logistik"

„Wu Liu"

Der Logistikmarkt befindet sich gegenwärtig in einer gigantischen Entwicklungsphase. Ein Trend ist die verstärkte Nachfrage und der Aufbau intelligenter Logistikdienstleistungen. Auch der Trend zu vermehrter Kontraktlogistik dürfte sich angesichts der aktuell hohen Wertschöpfungstiefe in chinesischen Betrieben – zu der auch die Logistik beiträgt – fortsetzen. Der Logistikmarkt ist ähnlich der Automobilindustrie stark fragmentiert und die Netze der großen Logistiker sind noch im Aufbau begriffen. Gegenwärtig existieren rund 18.000 Logistikdienstleister in China, wobei die 100 größten Anbieter gerade einmal 5 Prozent des Gesamtmarktes kontrollieren.[94] Der Beitritt Chinas zur Welthandelsorganisation sorgt dafür, dass sich der Logistikmarkt liberalisiert. Die meisten Beschränkungen werden bis zum Jahr 2008 auslaufen. Seit Ende 2004 ist es Logis-

---

92 Vgl. Wyman: Automobilmarkt China 2010 (2004), online.
93 Vgl. Schwolgin: China heute – aus der Sicht des Praktikers und des Akademikers (2006), online.
94 Vgl. Seidenstücker: Wachstum am Limit (2006), S. 29.

tikunternehmen erlaubt, unabhängige Tochtergesellschaften in China zu gründen und in Eigenregie, als sogenanntes „Wholy Foreign Owned Enterprise" (WFOE) zu führen. Dazu ist der Erwerb einer sogenannten „A-Lizenz" für jede angebotene Logistikdienstleisung (z.b. Distribution oder Lagerhaltung) pro Provinz notwendig. Die Lizenzen müssen gesondert beim Außenhandelsministerium beantragt werden – eine bürokratische Hürde für Logistikdienstleister, welche die gesamte Palette integrierter Logistiklösungen anbieten und erbringen wollen.[95]

Der Logistikbereich profitiert von der allgemeinen Zunahme der Warenströme und dem Trend, Logistikdienstleistungen wie Lagerhaltung oder Distribution auszulagern.[96] Mit den jährlichen Zuwachsraten und dem damit verbundenen Transportaufkommen, kann die Infrastruktur kaum noch mithalten. Der Staat wird die Logistik weiter durch den Ausbau der Infrastruktur unterstützen, was sich positiv für die Anlieferung lokaler Teile auswirken wird. Ende 2004 konnte China bereits ein Autobahnnetz über 34.000 km aufweisen. Es existieren Pläne, dass Autobahnnetz bis zum Jahr 2035 auf 85.000 km zu erweitern. Ziel ist es, alle Städte mit mehr als 200.000 Einwohnern zu verbinden. Der Plan trägt die Bezeichnung „7-9-18". Die Zahl Sieben steht für die Anzahl geplanter Expressways, die sich sternförmig um die Landeshauptstadt Peking verteilen sollen. Neun Autobahnen sollen von Nord nach Süd verlaufen, Achtzehn von Ost nach West. Von den 85.000 geplanten Kilometern sind 17.000 km als regionale Ringstraßen ausgelegt[97]. Die vom Staat erhobenen Straßennutzungsgebühren machen teilweise bis zu 20 Prozent der Logistikkosten aus. Für die Einfahrt in Städte sind entsprechende Genehmigungen – sogenannte Entry Permits – notwendig. Ein Ausweichen auf den Schienenverkehr scheint wegen der günstigen Preise und den festen Fahrplänen ratsam, scheitert aber allzu oft an mangelnder Flexibilität und Verspätungen der Züge.

Durch Projekte zur Entwicklung der logistischen Fähigkeit können Fahrzeugproduzenten ihre Effizienz innerhalb der Supply Chain steigern. Um die notwendigen Produktivitätssteigerungen zu erzielen, werden OEMs auch in den nächsten Jahren eine permanente Neubewertung ihrer Logistiknetzwerke durchführen. Die rasche Expansion des Logistikmarktes macht es auch erforderlich, das Personal entsprechend den Anforderungen zu qualifizieren. Vergleicht man die Fähigkeiten chinesischer und ausländischer Logistikanbieter (siehe Abb. 14), ist eine länderübergreifende Zusammenarbeit im Bereich Logistik auch künftig ratsam.[98]

---

95 Vgl. Voigt: Logistik auf Chinesisch (2006), S. 42.
96 Vgl. Seidenstücker: Wachstum am Limit (2006), S. 28.
97 Vgl. Miller: Blueprints for express transport (2006), S. 18.
98 Vgl. Schwolgin: China heute – aus der Sicht des Praktikers und des Akademikers (2006), online.

Abb. 14: Stärken und Schwächen der Logistikdienstleister

chinesische Anbieter	ausländische Anbieter
→ gute Behördenkontakte	→ internationale Netzwerke (Export)
→ vergleichsweise enges Netz	→ IT-Kompetenz
→ Vorteile der Kostendegression	→ ausgeprägtes logisitsches Know-how
→ Logistiksysteme vergleichsweise ineffizient	→ Finanzkraft
→ größere Kundennähe bei kleineren Anbietern	→ kein flächendeckendes Netz in China

Bei der Ausweitung des Angebots passen sich chinesische Logistikdienstleister (LSP) schrittweise den Leistungspaketen europäischer Anbieter an. Davon können Fahrzeugproduzenten profitieren, die vor dem Hintergrund einer höheren Besteuerung von Joint Venture-Fahrzeugen mit mehr als 60 Prozent Teilebezug aus dem Ausland, zu einer tiefergehenden Teilelokalisierung gezwungen sind. Ihr bisheriges Konzept der Teilesatzversorgung per Seefrachtcontainer kann dadurch sicherer um den Bezug von Komponenten aus chinesischer Fertigung ergänzt werden. Die Prämissen für die Inbound-Logistik ändern sich essentiell. Bereits jetzt hat sich in der chinesischen Automobilindustrie eine Lieferantenstruktur entwickelt, die ihren Kunden auch eine entsprechende logistische Struktur bieten muss.[99]

Abbildung 15 zeigt das Inbound-Konzept eines ausländischen Fahrzeugproduzenten in China. Ersichtlich ist der Containertransport per Seefracht mit anschließender Verzollung am Hafen und dem Weitertransport in das Containerdepot des Fahrzeugproduzenten.[100] Das Depot für die Seefrachtcontainer fasst mehrere Wochen Produktionsvolumen. Ergänzt wird das Versorgungskonzept durch kurzfristige Luftfrachten. Diese werden auf Grund von Fehlteilen oder Ausschussteilen mit Qualitätsdefiziten verursacht. Luftfrachten werden am Flughafen verzollt und gehen direkt in das Fahrzeugwerk. Teile im lokalen Bezug gehen vom Lieferanten in ein Zwischenlager. Dort werden die Einzelaufträge zu einen Sammeltransport an das Fahrzeugwerk zusammengeführt.

---

99 Vgl. Krokowski: Logistikkosten nicht geringer ansetzen als in Europa (2006), S. 43.
100 Anm.: Die Liberalisierung des Marktes durch den WTO-Beitritt Chinas wird den Verwaltungsaufwand, der bisher durch missverständliche Abwicklung bei chinesischen Zollbehörden entstanden ist, weiter reduzieren.

Abb. 15: Inbound-Logistikprozesse [BBA interne Darstellung]

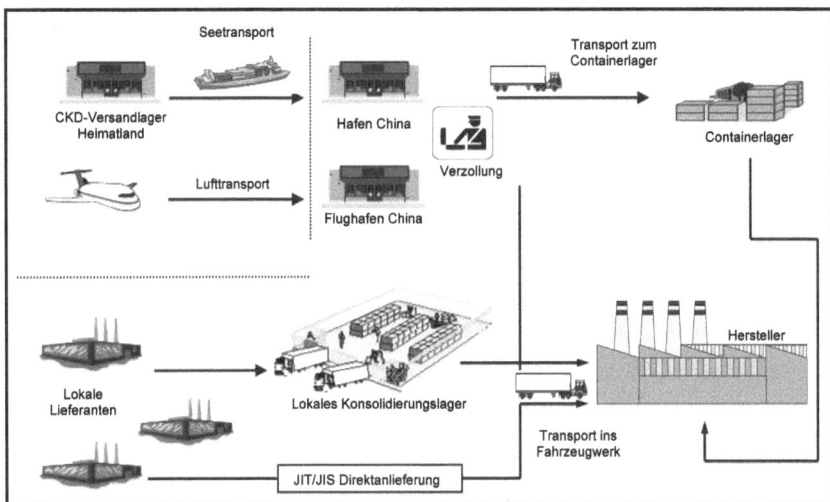

Durch „Milk-Run" und „Full Truck Load (FTL)"-Dienste können Logistik-dienstleister effizient anliefern. Beim Milk-Run Konzept steuert ein Transporter auf einer Tour verschiedene Zulieferer an und übernimmt Ware. Üblicherweise wird dafür Zeit, Menge und Route genau festgelegt. Bei FTL wird versucht, durch eine vollständige Auslastung der Lkw-Kapazität, die Wirtschaftlichkeit des Transports zu erhöhen. Ein wesentlicher Trend ist die Behälter- und Transportmittelstandardisierung, um effizienter und kostengünstiger zu arbeiten.

Desweiteren werden bei der Inbound-Logistik anspruchsvollere Wege für die Abrufübermittlung richtungsweisend sein. Faxabrufe werden zunehmend ersetzt durch EDI-Anbindungen der Lieferanten. Bei der Art des Abrufs kann „elektronisches Kanban" fehlerträchtige manuelle Tätigkeiten substituieren. Dabei wird die Bestandsüberwachung und Nachschubsteuerung automatisiert. Die Teileanlieferung erfolgt zunehmend als JIT- oder JIS-Anlieferung zeitnah zur Montage. Externe Logistikpartner werden zunehmend mit der Linienversorgung (Linefeeding) und der Warenkorbbildung beauftragt. Darunter versteht man die Zusammen- und Bereitstellung eines Teilesatzes pro Montagestation.

Dringlich notwendig sind Konzepte zur Verbesserung der Verpackungsqualität. Standardisierte Transportmittel und ein funktionierendes Behälter-Rücklauf-system gehören zu den wichtigsten Elementen einer effizienten Logistik.[101]

Im Bereich Fahrzeugdistribution wird der multimodale Transport auf Grund der Größe des Landes ein entscheidender Faktor zur weiteren Kostenreduktion sein.

---

101 Vgl. Coia: Changing step in China (2006), S. 30.

Auch vor dem Hintergrund, dass bei der Allokation der Fahrzeuge sogenannte Dealerswaps angewandt werden, bei denen ein Kunde ein Fahrzeug von einem Händler ordert, das gerade bei einem Händler in einer anderen Provinz verfügbar ist. Der Ausbau der Transportmöglichkeiten über den Seeweg (z.B. der Yangshan Tiefwasserhafen), vor allem jedoch über die chinesischen Flüsse (an vier Städten entlang des Flusses Yangtze wird die Hälfte des chinesischen Automobilvolumens produziert[102]) machen effiziente Kombinationen aus Land- und Wassertransport möglich. Innerchinesische Transportzeiten beinhalten dennoch Risiken in ihrer Kalkulation, wie beispielsweise:

- Autobahnen werden u.U. wegen starken Nebels komplett gesperrt,
- Innerstädtischer Verkehr kommt wegen Staus komplett zum erliegen,
- Verlust des Fahrzeugs oder der kompletten Ladung,
- Leergutbehälter verschwinden,
- der Bahnverkehr erfüllt den Zeitplan nicht.

Die zunehmenden Ansprüche chinesischer Kunden werden den Druck innerhalb der Supply Chain erhöhen. Logistikleistungen müssen daher ebenfalls anspruchsvoller werden.[103] Zu den wesentlichen Anforderungen, die es zu bewältigen gilt, zählen:

- Steigende Stückzahlen und Varianten,
- Flexibilisierung der gesamten Wertschöpfungskette,
- Erhöhung der Flexibilität innerhalb des Produktionsprozesses,
- Optimierung des CKD-Versorgungskonzeptes,
- Integration lokaler Lieferanten in das Versorgungskonzept,
- Entwicklung von JIT/JIS Versorgungskonzepten für lokale Teile,
- Übergang von der Losversorgung zur Einzelteilversorgung,
- IT-Anbindung lokaler Lieferanten zum Teileabruf.

Alle diese Fähigkeiten sind notwendig, um den Markt besser bedienen zu können und Kosten zu senken. Im Gegensatz zu den Logistikkosten europäischer und amerikanischer Hersteller von ca. 8 Prozent (gemessen am Vertriebsvolumen) und 5 Prozent bei japanischen Herstellern, liegt der Anteil der Logistikkosten in China generell über 15 Prozent.[104] Abbildung 16 gibt einen kurzen Überblick gegenwärtiger Transportpreise in China.[105]

---

102 Vgl. Flynn: Corridor of power (2006), S. 16.
103 Vgl. Tønjum: Opportunities abound for LSPs (2006), S. 20.
104 Vgl. Flynn: Corridor of power (2006), S. 14; Miller: Blueprints for express transport (2006), S. 19.
105 Vgl. Voigt / Krokowski: Logistik auf Chinesisch (2007), S. 44.

Abb. 16: Logistiktransportpreise

von – nach	Luftfracht ($/kg)	Straße ($/20')	Straße ($/40')	Bahn ($/20')
Yangtse Delta – Pearl Delta	0,20-0,40	180-200	200-230	150-155
Yangtse Delta – Nord-China	0,30-0,90	170-310	200-440	150-160
Pearl Delta – Nord-China	0,50-1,30	480-640	510-670	165-190
Nord-China – Mittel-China	0,50-1,00	225-385	255-410	140-155
Versicherungsprämie	0,15%	0,20-1,60%	0,20-1,60%	0,02-0,80%

2.3.3 Produktion: Volumen- und Variantenwachstum

Die wesentlichen Entwicklungen im Bereich Fahrzeugmontage in China werden bestimmt durch:

- Erhöhung der Ausbringungsmenge,
- Erhöhung der Fahrzeugvarianten,
- Qualitätsrisiken auf Grund der Erhöhung des Anteils lokaler Komponenten.

China ist vor allem wegen seiner im internationalen Vergleich niedrigen Lohnkosten als Produktionsstandort interessant. Gegenwärtig liegen die Produktionskosten jedoch um 20 Prozent (bei Kleinserien sogar bis 40 Prozent) höher als bei anderen Automobilstandorten. Verantwortlich für die hohen Produktionskosten sind unausgelastete Fertigungsstandorte, hohe Kosten für Rohmaterialien und Zukaufteile sowie eine niedrige Arbeitsproduktivität. Zusätzliche Probleme entstehen durch schwer zu steuernde Joint Ventures, durch Qualitätsmängel an lokal zugelieferten Teilen und Komponenten sowie durch die noch nicht komplett vorhandene Infrastruktur an spezialisierten Ausrüstern und Dienstleistern.[106]

Um die Kostensituation in den Griff zu bekommen, versuchen Hersteller durch Volumensteigerungen ihre Anlagen effizienter auszulasten. China beweist bereits jetzt die Fähigkeit, nach und nach auch hoch komplexe Produkte zu entwickeln und zu produzieren.[107] Als wesentlicher Trend für die Produktion lässt sich daher eine Verringerung der Taktzeiten ableiten. Diese lässt sich beispielsweise durch eine Erhöhung der Mitarbeiterkapazität, Schulungsmaßnahmen für die Mitarbeiter, verstärkten Einsatz von Maschinen oder eine Verringerung der Fertigungstiefe durch Anlieferung von Modulen erzielen. Wichtig ist ein funktionierendes Kapazitätsmanagement, das die Ausbringungsmengen der einzelnen Produktionstechnologien aufeinander abstimmt. Für die Planung von Kapazitätssteigerungen ist es erforderlich, die dazu notwendigen Maßnahmen in den einzelnen Technologien zu koordinieren. Das schwächste Glied in der Kette bestimmt dabei jeweils

---

106 Vgl. Wyman: Automobilmarkt China 2010 (2004), online.
107 Vgl. Soellner: Zwei Klassen Gesellschaft (2006), S. 44.

die maximale Ausbringungsmenge.[108] Bei ausländischen CKD-Werken ist dies auf Grund der langen Supply Pipeline eine wichtige Aufgabe der Produktionsprogrammplanung.

Volumenerhöhungen lassen sich im *Rohbau* durch Strecken der Anlagen darstellen. Das bedeutet, dass zusätzliche Arbeitsstationen in die Linie eingebaut werden, um die Arbeitsinhalte auf weitere Zwischentakte aufzuteilen. Generell muss auch innerhalb der Technologie berücksichtigt werden, welche Arbeitsstation das schwächste Glied in der Kette darstellt. Dort kann damit begonnen werden, die Taktzeit den neuen Anforderungen anzupassen. Dies ist durch den Einsatz zusätzlicher Schweißroboter oder dem Aufbau einer Parallelstation möglich, wobei die dazu notwendigen Investitionen in einem ökonomischen Verhältnis zur Ausbringungsmenge stehen sollten. In China ist der Einsatz zusätzlichen Personals zur Handfertigung u.U. eine kostengünstige Alternative zur Automatisierung. Basierend auf der Annahme, dass in ausländischen CKD-Werken in China abgeschriebene Anlagen aus dem Heimatland der Hersteller zum Einsatz kommen, spielen folgende Punkte bei der Taktzeitreduzierung eine wichtige Rolle:[109]

- Das Fügen (an die Bodengruppe werden Seitenwände innen und außen sowie Rückwand und Dach gefügt) stellt oftmals das Bottleneck innerhalb des Rohbaus dar. Der Aufbau einer Parallelanlage kann deshalb bei Volumenerhöhungen wirtschaftlich sein.
- Durch Optimierung von Zugänglichkeiten reduziert sich die Zeit zum Überfahren von Spannern.
- Sollten innerhalb der Linie Shuttles zum Einsatz kommen, welche die Rohkarosse nur langsam von einer Station zur nächsten heben, kann der Einsatz von Hubtischen bei Volumensteigerungen wirtschaftlich sein.

Der Einsatz einer neuen Variante im Rohbau erfordert je nach Anzahl der Gleichteile unterschiedliche Maßnahmen. So ließe sich ein Panorama- oder Schiebedach im Vergleich zu einem Cabrio verhältnismäßig einfach darstellen. Der Änderungsaufwand von der Limousine zum Coupé oder Kombi wiegt nicht so schwer wie für ein Cabrio, erfordert jedoch auch den Einsatz neuer Fügerahmen, Spanntechnik oder ggf. Schiebeschlitten zur Aufnahme und Verarbeitung der Pressteile. Weicht die B-Säule[110] wesentlich vom Standardmodell ab, ist unter Umständen bereits eine neue Fertigungslinie im Rohbau notwendig. Grundsätzlich laufen eigene Baureihen im Rohbau auf verschiedenen Linien. Derivate der

---

108 Anm.: Ggf. kann die technologieinterne Kapazität durch Outsourcing auf das Gesamtvolumen der nächsten Fertigungstechnologie gehoben werden. Diese Möglichkeit besteht beispielsweise für Pressteile für die Karosse, Lackierumfänge von Plastikteilen (z.B. Türgriff oder Stoßfänger) oder die Fertigung von Modulen für die Montage.

109 Quelle: Interview mit Roland Achenbach, Leiter Karosseriebau bei BBA.

110 Die B-Säule ist die zweite tragende Säule zwischen den vorderen und hinteren Türen. Sie reicht vom Schweller bis zum Fahrzeugdach.

Baureihen (Cabrio, Combi oder Coupé) werden jedoch auf derselben Linie mit abgefahren. Schiebeschlitten ermöglichen dabei eine flexible Aufnahme unterschiedlicher Pressteile in den Stationen. Dadurch können z.b. spezielle Langversionen im Rohbau verwirklicht werden. Die Maximierung der Anzahl von Gleichteilen im Rohbau ist entscheidend für die Reduzierung der Gesamtkomplexität des Fahrzeugbaus.

Volumenerhöhungen führen generell zu einem anfänglichen Qualitätsverlust, da sich die Mitarbeiter bei manuellen Tätigkeiten auf neue Taktzeigen einstellen müssen und es beim Einsatz von Maschinen noch häufiger zu Anlagenstörungen kommt. Problematisch gestaltet sich zunächst vor allem die Oberflächenbehandlung, das Setzen der Schweißpunkte und das Auftragen von Kleber.

Anders als im Rohbau steht für die *Lackiererei* bereits bei der Entwicklung der Werksstrategie und der Investitionsplanung fest, wie viele Einheiten lackiert werden können.[111] Die maximal mögliche Ausbringungsmenge leitet sich aus den fixen Taktzeiten der Anlagen ab. Können in einer Anlage (beispielsweise Trockner) mehrere Karossen parallel bearbeitet werden, so ist die Länge des Fördermittels (Schlitten) als Maß zur Berechnung der maximalen Systemfüllung heranzuziehen. Die Ausbringungsmenge einer Lackiererei ist bis zur Decklackschicht relativ stabil. Danach entscheidet ein Qualitätscheck über die weiteren Prozessschritte. Einflussmöglichkeiten auf die Volumen beschränken sich üblicherweise auf Arbeitszeitmaßnahmen und ggf. kontinuierliche Prozessverbesserungen (KVP). Ist die Obergrenze erreicht, kann evtl. die Nachbehandlung nach Auftragen der Klarlackschicht ausgelagert werden. Sollte bei der Anlagenplanung ausreichend Platz berücksichtigt worden sein, so kann der Aufbau einer zweiten Linie in Betracht gezogen werden.

Varianten sind im Lackierprozess Farben und Karossenformen. Alle Karossen werden auf denselben Schlitten durch den Lackierprozess geschleust.[112] Eine neue Karosse im Prozess macht daher die Neuausrichtung der Lichtschranken notwendig. Generell sind die Ausmaße das Einzelkriterium für die Machbarkeit.[113] Zum Auftragen verschiedener Farben ist die Installation eines Farbversorgungssystems notwendig. Die Art des Versorgungssystems leitet sich aus den geplanten Volumen ab. Bei mehr als 100 Einheiten ist ein Ringleitungssystem notwendig, unter 20 Einheiten ein System zur Kleinstmengenversorgung (KMV) auf Basis Wasserlack. Die maximale Anzahl der Farben ist durch die Anzahl der Ringleitungen vorgegeben. Zu berücksichtigen ist ebenfalls der Stellflächenbedarf für den Lack.

---

111 Alle Aussagen zum Thema Lackiererei stammen aus einem Interview mit Markus Maag, Leiter Prozessplanung Lackiererei bei BMW-Brilliance Automotive Ltd.

112 Eine Traverse dient als Adapter zwischen Karosse und Schlitten. Die Art der Schlitten wechselt nach Auftragen des Decklacks im Tauchbecken.

113 U.U. erfordert die Abbildung eines Cabrios durch dessen Verstärkung im Schwellerbereich, Investitionen für den Ausbau des Trockners.

Die Frage nach der optimalen Losgröße lässt sich mit Hilfe der notwendigen Zeit für einen Farbwechsel beantworten. Dieser benötigt ca. 30 Sekunden zum Ausspülen des Sprühers und ist somit je nach notwendigem Gesamtvolumen pro Tag mit Taktesverlust verbunden. [114] Ferner leidet die Wirtschaftlichkeit bei einem Farbwechsel durch den Verlust von bis zu einem Kilogramm Farbe.[115] Der Einsatz von KMV-Systemen schafft Flexibilität vor allem bei Farben mit geringen Volumen, benötigt jedoch Platz und ist mit Investitionen von 50.000 bis 70.000 Euro verbunden. Verallgemeinernd lässt sich sagen, dass 80 Prozent der Karossen mit Lack aus Ringleitungen und 20 Prozent mit Lack aus KMVs behandelt werden. Zu Qualitätsverlusten kann es bei Farbwechseln, verursacht vor allem durch Sprühnebel der vorherigen Farbe, kommen.

Im Bereich *Endmontage* lassen sich Volumenänderungen kurzfristig durch Arbeitszeitmaßnahmen realisieren. Hier ist zwischen mitarbeitergebundenen und maschinengebundenen Arbeitstakten zu unterscheiden. Dabei ist davon auszugehen, dass Anlagen üblicherweise bereits mit einer hohen Auslastung[116] fahren und ggf. Investitionen in neue Anlagen oder – im Extremfall – auch eine Verlagerung der Fertigungslinie notwendig wird. Zu den manuellen Tätigkeiten zählen vor allem Arbeiten am Interieur. Zu beachten ist, dass die Anzahl der Mitarbeiter nicht beliebig gesteigert werden kann, da maximal drei bis vier Mitarbeiter gleichzeitig an einer Station arbeiten können. Zu den Bottlenecks in der Montage zählen der Zusammenbau von Fahrwerk und Fahrzeugkabine (sog. „Hochzeit"), Scheibenkleberoboter und Prüfzonen. Als klassische Vormontagebereiche zur Entlastung der Hauptlinie und zur Schaffung von Flexibilität zählen die Achsmontage, Frontend-Station (Stoßfänger), Cockpit, Türen, ABS sowie das Fahrwerk (Getriebe, Achse, Motor). Der Variantenumfang ist in der Montage am größten, wobei die eigentliche Herausforderung von der Logistik zu bewältigen ist.

Kommen die Teile zur rechten Zeit und in der richtigen Güte ans Band, ist der Bandmitarbeiter auf den Arbeitsschritt geschult und ist die Verbaubarkeit generell sichergestellt, so sind Varianten für die Fertigung grundsätzlich darstellbar. Bei der Absicherung von Varianten muss jedoch darauf geachtet werden, dass

---

114 Bzw. mindestens einen halben Fertigungstakt. Daraus ergäbe sich bei einer angenommenen Maximalkapazität von 300 Einheiten ein Verlust von 100 Einheiten, würde man den Lackierprozess auf Losgröße eins umstellen. Neueste Systeme ermöglichen die Wiederverwendung der Farbe und begrenzen dadurch die Kosten eines Farbwechsels.

115 Ein kompletter Farbwechsel innerhalb einer Ringleitung benötigt einen Zeitraum von ein bis zwei Wochen alleine zum leeren der Leitung. Der Ablauf ist mit einem Verlust von ca. 200 Kilogramm Farbe – entsprechend einem Wert von ca. 15 Euro pro Kilogramm – verbunden, die sich im System befinden. Ein kompletter Farbwechsel in einem KMV ist in drei bis zwölf Stunden zu bewerkstelligen. Der Verlust aus der KMV Systemfüllung sind 20 Kilogramm.

116 Üblicherweise ca. 85 Prozent.

- Falschverbau ausgeschlossen ist,
- gleiche Varianten möglichst hintereinander gefertigt werden,
- Informationssysteme für Mitarbeiter zum Einsatz kommen,
- Systeme für die Absicherung sicherheitsrelevanter Teile vorhanden sind.

Eine Zunahme von Varianten führt aus qualitativer Sicht vor allem zu einer höheren Wahrscheinlichkeit eines Falschverbaus. Sowohl für die Endmontage als auch für die anderen Technologien gilt, dass es *eine* Austaktung gibt, die sich hinsichtlich Qualität als optimal erweist. In Interviews wurde bestätigt, dass vor allem bei zu niedrigen Volumen mit langen Taktzeiten ein Rückgang der Qualität festzustellen sei, da Arbeiter keinen unmittelbaren Zwang zur Tätigkeitsausübung verspüren und Aktivitäten hinauszögern oder die Zeit mit nicht wertschöpfungssteigernden Tätigkeiten verbringen. So entstehen Fehler, wie sie auch bei zu anspruchsvollen Taktzeiten bei sehr hohen Volumen zu beobachten sind. Grundsätzlich ist ein funktionierendes Qualitätswesen notwendig, um sämtliche qualitativen Probleme in den Griff zu bekommen.

2.4 Zusammenfassende Wertung

Ließe sich der Motorisierungsgrad Chinas mit dem Rest der Welt vergleichen, wäre das Resultat eine Flottenstärke von 160 Millionen Fahrzeugen, mit jährlichen Erhaltungsinvestitionen von zehn Millionen Einheiten.[117] Der Automobilmarkt China·ist jedoch kaum mit dem Rest der Welt vergleichbar und existierende Lösungsansätze sind nur bedingt übertragbar. Die Hersteller müssen weiter daran arbeiten, den Markt und die Kunden zu verstehen. Neben dem weiterhin großen Wachstumspotential ist der Markt gekennzeichnet durch rapide Veränderungen und hohe Prognoseunsicherheit. Der Wettbewerb ist sehr stark und wird zusätzlich durch Eingriffe der Regierung zu Gunsten chinesischer Hersteller verzerrt. Hersteller stehen unter Kostendruck und leiden an rückläufigen Renditen. Sie reagieren mit der Fertigung von Varianten um ihr Produkt näher an die Präferenzen der Kunden heranzurücken und ihre Kapazitäten auszulasten.

Das vorherrschende Prinzip der Push-Strategie ist bei einem Verkäufermarkt unter Umständen sehr vorteilhaft, da der Markt die Volumen absorbiert[118]. Der chinesische Markt hat nach seiner Öffnung für ausländische Investoren zunächst diese Eigenschaft besessen und den Unternehmen hohe Gewinne beschert. Mittlerweile haben sich die Prämissen jedoch geändert und die Prognosen deuten trotz des enormen Absatzwachstums auf einen künftigen Angebotsüberhang und somit Überkapazitäten in den Unternehmen hin. Diejenigen Hersteller, die nicht das

---

117 Vgl. Compton / Guo: Personal Cars and China (2003), S. 8.
118 Vgl. Holweg / Pil: The Second Century (2004), S. 25.

Fahrzeugprofil im Angebot haben, wonach der Kunde sucht, bleiben auf ihren Produkten sitzen. Dennoch geht praktisch jeder Hersteller von einem Absatzzuwachs in den nächsten Jahren aus und erhöht entsprechend seine Kapazitäten.

Durch das Prinzip Lagerfertigung mit anschließender Allokation der Fahrzeuge über das Händlernetzwerk auf den Kunden setzen sich die Hersteller großen Risiken aus, sollten sich ihre Prognosen nicht erfüllen. Das Jahr 2004 hat gezeigt, welche Folgen für die Hersteller entstehen, falls sich die hohen Wachstumsprognosen nicht erfüllen. Das Jahr endete in einem renditezehrenden Preiskampf. Permanente Preissenkungen hatten zur Folge, dass die Kunden in Erwartung weiterer Preisnachlässe Käufe in die Zukunft verschoben. Daraus entstand sogar der Eindruck, dass Chinesen erst bei allgemeinem Preisanstieg verstärkt Käufe tätigen. Als großer Nachteil erwiesen sich die vorhandenen hohen Lagerbestände der OEMs, deren Anstieg das Krisenjahr andeutete. Reagiert wurde und wird in solchen Situationen zunächst mit steigendem Druck auf die Händler, mehr Fahrzeuge abzunehmen.[119]

Einige Hersteller versuchen durch Rationalisierungsmaßnahmen die angespannte Kostensituation in den Griff zu bekommen. Dabei stellt sich die Frage, wie solche Programme aussehen müssen. Anders als in Deutschland entfällt auf Grund der niedrigen Lohnkosten praktisch die Möglichkeit, durch Stellenabbau bedeutsame Einsparungen zu erzielen. Ein Kostensenkungsprogramm muss sich folglich auf andere Maßnahmen, z.B. die Vermeidung kostenintensiver Prozesse konzentrieren. Jedoch gilt es, neben der Ausgabenseite auch die Einnahmenseite zu untersuchen. Wären die Hersteller nicht verleitet, hohe Rabatte einzuräumen, könnten Kostensenkungsprogramme möglicherweise vermieden werden.

Durch die Aufnahme zusätzlicher Varianten und Modelle in das Angebot versuchen die Hersteller ihre Absatzrisiken zu streuen. Das Kernproblem wird dadurch nicht behoben, sondern nur verändert. War bislang die Nichtverfügbarkeit bestimmter Fahrzeugeigenschaften das Manko, so ist es nun die Nichtverfügbarkeit der gewünschten Variante. Rechnet man hoch, dass bei einem Modell mit drei Motorvarianten, acht Außenfarben, zwei Innenfarben und drei Ausstattungspaketen insgesamt 144 Varianten möglich sind, erscheint es weiterhin unwahrscheinlich, dass der Händler die erste Präferenz des Kunden gerade verfügbar hat. Das Problem muss teuer über Tausch-Transaktionen zwischen den Händlern gelöst werden. Durch den notwendigen Transport entstehen hier zusätzlich Wartezeiten für den Kunden. Ein weiterer Nachteil der Varianten in Kombination mit Lagerfertigung sind Vertriebsforderungen, die oftmals den Mindestbestand einer Variante festschreiben. Für das beschriebene Modell, das in 144 Varianten zu beziehen ist, wäre die Konsequenz, bei einer vorgeschriebenen Vorratshaltung von jeweils zehn Fahrzeugen pro Variante (was bei einer ange-

---

119 Vgl. Rao / Rao: Sommerfrische (2006), S. 46.

nommen Händlerzahl von 100 nicht zu hoch gegriffen scheint), dass 1.440 Fahrzeuge permanent auf Halde vorzuhalten sind. Geht man dabei von einem deutschen Modell der gehobenen Mittelklasse aus, das in China zu einem Preis von 60.000 Euro verkauft wird, so wird in dem Distributionslager – nur für dieses eine Modell – Kapital in Höhe von ca. 86 Mio. Euro gebunden. Eine moderate Kapitalverzinsung von 5 Prozent angenommen, könnte dieser Betrag jährlich 4,3 Millionen Euro Zinsen erwirtschaften. Diese Kosten sind für die meisten ausländischen Joint Venture Hersteller jedoch nicht zu spüren, da die Wertstellung und der buchungsmäßige Übergang eines Fahrzeugs sich oftmals mit Überschreiten des letzten Zählpunktes der Fertigungslinie vollziehen. Das Fahrzeug ist damit in der Vertriebsstatistik des Konzerns dem Markt zugeordnet und die finanziellen Risiken liegen bei der Vertriebsgesellschaft.[120]. Mit Hilfe dieses Verrechnungssystem können ggf. Absatzschwankungen in der Konzernstatistik glattgebügelt und Risiken des Push-Prinzips vernebelt werden.

Das Zwischenfazit lautet, dass das momentane Prinzip der Push-Produktion mit Risiken verbunden ist, die sich durch die zu erwartende Marktentwicklung weiter verschärfen werden. Um den Einfluss dieser Risiken möglichst gering zu halten, müssen sich die OEMs strategisch neu ausrichten. *Fung* und *Thomson* schreiben:

„For the OEMs, the strategic issue is (...) securing or consolidation profitable market share and achieving differentiation. One of the keys to future success of OEMs will be their ability to retain customers and manage effectively their distribution networks" und
„... both the OEMs and the auto dealers need to understand rapidly changing consumer needs and behaviors and act accordingly (...)."[121]

Um besser auf Kundenwüsche reagieren zu können, ist es wichtig, die Supply Chain so aufzubauen, dass flexibel auf Trends oder Änderungen reagiert werden kann. Vor allem ausländische Hersteller haben auf Grund ihrer langen CKD-Pipeline hier ein Problem, da ihre Prognosen im Prinzip die Erwartungen in einem halben Jahr treffen müssen.

Der steuerliche Zwang zu einer tiefergehenden Lokalisierung eröffnet Chancen, um den langen Versorgungsweg über See mit der kurzfristigen Anlieferung lokal produzierter Teile zu kombinieren und so kurzfristige Änderungen am Produktionsprogramm zu ermöglichen.

Allzu oft beklagen sich jedoch ausländische OEMs über die neuen Prämissen, da Qualitätsprobleme, ungewollter Technologietransfer oder der Verlust von Arbeitsplätzen im Heimatland zu befürchten sind. So scheint es schon aus Gründen der Industriespionage ausgeschlossen, dass in naher Zukunft komplette Teileum-

---

120 Vgl. Holweg / Pil: The Second Century (2004), S. 25.
121 Fung / Thomson: Automotive Dealerships in China (2007), S. 7-8.

fänge (i.S. eines Vollwerks) in China zu beziehen sind. Auf die Versorgung aus dem Heimatland kann also künftig nicht verzichtet werden.

Die Hersteller, die nicht nur möglichst teure Komponenten lokalisieren um schnellstmöglich die 40 Prozent LC-Grenze zu erreichen, können sich durch geschickte Lokalisierung Flexibilität verschaffen und den Kunden damit individueller bedienen.

Inwieweit das Konzept Mass Customization eine für ausländische Joint-Venture Hersteller geeignete Strategie darstellen könnte, um auf die aufgeführten Trends und Problem zu reagieren, wird im nächsten Kapitel aufgeführt.

3. Mass Customization in Theorie und Praxis

Beim Kauf eines Neuwagens in Deutschland erwartet den Kunden eine Vielzahl an Sonderausstattungen, aus denen er flexibel sein individuelles Fahrzeug zusammenstellen kann. Die theoretische Anzahl möglicher Varianten, welche sich durch die Kombinationen von Farben, Ausstattungen und Extras ergibt, erreicht rechnerisch oft einen Wert der höher ist, als das geplante Produktionsvolumen über den gesamten Lebenszyklus des Produkts. Bei Werksbesichtigungen weisen die Verantwortlichen daher gerne darauf hin, dass die Besucher wohl kaum zwei identische Fahrzeuge zu Gesicht bekommen werden.

Die Flexibilität, welche dem Kunden angeboten wird, impliziert eine Komplexität, die in den Logistik- und Produktionsprozessen beherrscht werden muss. Während die Hersteller in Deutschland über sehr viel Erfahrung im Automobilbau sowie ausgereifte und flexible Versorgungskonzepte verfügen, ist gerade der Wettbewerbsvorteil Individualität bei einer ausländischen CKD-Fertigung schwer zu realisieren. Die vergleichsweise starre Seefrachtversorgung der Auslandswerke engt durch die lange Vorlaufzeit den Handlungsrahmen der Werke stark ein. Das Hauptproblem ist die Flexibilität entlang der gesamten Werkkette abzubilden. Für einen Ausstattungskatalog, wie man ihn in Deutschland kennt, ist dies in einem CKD-Werk in China momentan nicht darstellbar.

Es stellt sich aber gleichfalls die Frage, ob ein solches Optionsausmaß vom Markt überhaupt gefordert wird. Selbst in Deutschland finden vermehrt Diskussionen über Kosten und Risiken statt, welche durch den dargebotenen Individualisierungsrahmen entstehen. Gegner des Konzepts behaupten, dass die Mehrkosten den zusätzlichen Gewinn aufzehren.

Die Strategie der Mass Customization (MC) bietet eine realisierbare Alternative, um dem beschriebenen Dilemma zu entkommen, indem eine Konzentration der flexiblen Produktumfänge auf die tatsächlich markt- und kundenrelevanten Umfänge stattfindet.

Dadurch wird der Spagat zwischen einer Differenzierungs- und Kostenführungsstrategie bewältigt und es findet eine effiziente Reduzierung der Komplexität statt, die auch über eine CKD-Produktion abbildbar ist.

3.1 Mass Customization in der wissenschaftlichen Diskussion

Der Begriff Mass Customization wurde erstmals 1987 von DAVIS geprägt. Dabei handelt es sich um ein Oxymoron, das die gegensätzlichen Begriffe „Mass Production" und „Customization" stilistisch verbindet. In Anlehnung an *Piller* wird Mass Customization im Folgenden ins Deutsche mit dem Begriff *kundenindividuelle*

Massenproduktion übersetzt. Es wird dadurch ein Strategieansatz beschrieben, der die Kombination aus massenhafter und individueller Fertigung ermöglicht. DAVIS und PINE haben das Konzept der kundenindividuellen Massenfertigung als Reaktion auf veränderte Marktbedingungen entwickelt. PINE hat mit seinen Arbeiten zu Beginn der neunziger Jahre den Grundstein für zahlreiche wissenschaftliche Beiträge über die theoretischen Aspekte der Mass Customization gelegt.[122]

Aus wettbewerbsstrategischer Sicht stellt Mass Customization eine hybride Strategieoption dar, welche die herrschende Alternativhypothese Porters überwindet.[123] *Porter* erklärt die Verfolgung einer der generischen Wettbewerbsstrategien Kostenführerschaft, Differenzierung oder Segmentierung als alleiniges Mittel zur Erzielung überdurchschnittlicher Erträge und postuliert die Unvereinbarkeit von Kostenführerschaft und Differenzierungsstrategie. *Porter* sagt, dass ein Unternehmen, das jeden Strategietyp verfolgt, aber keinen verwirklichen kann, zwischen den Stühlen sitzen bleibt und benachteiligt in den Wettbewerb geht, weil die Kostenführer und die Unternehmen, welche Differenzierung betreiben oder sich auf Schwerpunkte konzentrieren, in jedem Segment von besseren Wettbewerbssituationen ausgehen können".[124]

Den Weg zur Kostenführerschaft versuchen Unternehmen in der Regel durch Effekte zu realisieren, die sich aus einem hohen Produktionsausstoß und damit einer Massenfertigung ergeben. Dazu zählen Skalen- und Lerneffekte. Skaleneffekte entstehen bekanntlich durch Mengen-, Preis- und Fixkostendegression. Lerneffekte treten durch die kontinuierliche Optimierung von Arbeitsabläufen, der Reduktion von Einkaufspreisen, dem Einsatz leistungsfähiger Technologien und Verfahrensinnovationen auf.[125]

Die Differenzierungsstrategie charakterisiert sich durch einen hohen Kundennutzen und die exakte Befriedigung von Kundenwünschen, woraus überdurchschnittlich hohe Preise erzielt werden sollen.[126]

Mass Customization vereint den simultanen Strategieansatz der Realisierung von Kostenführerschaft und Differenzierung und stellt einen möglichen und Erfolg versprechenden Weg zum Aufbau eines dauerhaften Wettbewerbsvorteils dar.[127] *Wannenwetsch* und *Nicolai* erklären, dass die simultane Umsetzung von Kostenführerschaft und Differenzierung durch die intelligente Verknüpfung einer Vielzahl von Standardkomponenten, flexiblen Fertigungssystemen und modernen

---

122 Zu den wegbreitenden Arbeiten von Pine zählen: From mass production to mass customisation (1991) und: Mass Customization (1993).
123 Vgl. Piller: Mass Customization (2003), S. 211.
124 Vgl. Porter: Wettbewerbsstrategie (1999).
125 Vgl. Gräßler: Kundenindividuelle Massenproduktion (2004), S. 15.
126 Vgl. Ringlstetter / Kirsch: Varianten einer Differenzierungsstrategie (1991), S. 560-574.
127 Vgl. Corsten / Will: Wettbewerbsvorteile durch strategiegerechte Produktionsorganisation (1995), S. 1-13.

IuK-Technologien, wie Online-Produktkonfiguratoren, ermöglicht wird.[128] Laut *Pfaff* wird durch ein Angebot von Kombinationsmöglichkeiten aus verschiedenen Modulen oder Bausteinen, aus denen das gewünschte Produkt zusammengestellt werden kann, die kundenindividuelle Massenfertigung umgesetzt.[129] *Zobel* ergänzt, dass durch das Modularprinzip eine sehr hohe Anzahl an Produktvarianten ermöglicht wird, wobei allerdings nur unterproportionale Differenzierungskosten entstehen.[130]

Piller definiert die kundenindividuelle Massenfertigung als die Produktion von Gütern und Dienstleistungen für einen (relativ) großen Absatzmarkt, welche die unterschiedlichen Bedürfnisse jedes einzelnen Nachfragers dieser Produkte treffen und zu Preisen angeboten werden können, die der Zahlungsbereitschaft von Käufern vergleichbarer massenhafter Standardprodukte entsprechen.

Im Rahmen des Individualisierungsprozesses werden Informationen gesammelt, die als Basis zum Aufbau einer dauerhaften Beziehung zum Kunden genutzt werden.[131] *Jäger* erklärt, dass die Erschaffung von Leistungsindividualität eine Integration des „externen Faktors" Kunde, bzw. der kundenspezifischen Informationen in den Leistungserstellungsprozess, verlangt. So bildet Interaktion die Grundlage wechselseitiger Beziehungen des Herstellers mit dem Kunden.[132] *Thomke* und *Hippel* beschreiben die Gewinnung von kundenspezifischen, und individualisierungsrelevanten Informationen als ein zentraler Vorgang der Leistungsindividualisierung.[133] *Graessler* sagt, das Ziel der Mass Customization ist ein kundenindividuelles Produkt zum Preis eines vergleichbaren Standardprodukts hervorzubringen und dauerhafte, individuelle Hersteller-Abnehmer-Beziehungen aufzubauen.[134]

Wirtz sagt, dass Mass Customization nicht mit einer Variantenfertigung gleichzusetzen ist und beschreibt, dass die Individualisierung der Produkte an einigen wenigen, aus Kundensicht jedoch entscheidenden Produktmerkmalen ansetzt.[135] *Westbrook* versteht die kundenindividuelle Massenproduktion als die nächste Stufe der Variantenfertigung.[136]

Piller bezeichnet die klassische Form der Variantenfertigung als Stufe zwischen Standardisierung und Individualisierung und grenzt die kundenindividuelle

---

128 Vgl. Wannenwetsch / Nicolai: E-Supply-Chain-Management (2004), S. 195.
129 Vgl. Pfaff: Kunden verstehen, gewinnen und begeistern (2006), S. 113.
130 Vgl. Zobel: Agilität im dynamischen Wettbewerb (2005), S. 47.
131 Vgl. Piller: Mass Customization (2003), S. 190.
132 Vgl. Jäger: Absatzsysteme für Mass Customization (2004), S. 63.
133 Vgl. Thomke / Hippel: Customers as Innovators (2002), S. 11.
134 Vgl. Gräßler: Kundenindividuelle Massenproduktion (2004), S. 9-14.
135 Vgl. *Wirtz*: Electronic Business (2001), S. 421.
136 Vgl. Westbrook / Williamson: Mass Customization (1993), S. 38-45.

Massenfertigung durch die Anbindung des Kunden an die Wertschöpfungskette davon ab.[137]

Bei der Variantenfertigung definiert sich ein Produkt aus der Analyse eines Marktsegments und der sich anschließenden Spezifikation der optimalen Produkteigenschaften für dieses Segment. Die Interaktion mit dem Abnehmer beschränkt sich auf die Darbietung einer oder einiger auf dieses Marktsegment zugeschnittener Varianten, aus denen der Kunde beim Kauf sein favorisiertes Produkt auswählen kann. Dadurch sind dem Kunden beim Erreichen seiner – durch das Idealpunktmodell beschriebenen – optimalen Präferenz verschiedener Produkteigenschaften Grenzen gesetzt. Idealpunkte stehen als Synonym für den hohen Nutzen, die der Abnehmer in seiner Vorstellung mit einer Produkteigenschaft verbindet. Liegt die Eigenschaftskombination des realen Angebots nahe an dem imaginären Idealpunktmodell des Käufers, so beeinflusst dies maßgeblich seine Kaufentscheidung.[138]

Bei der kundenindividuellen Massenproduktion formuliert der Kunde dem Lieferanten sein Idealpunktmodell noch vor der entgeltlichen Leistungserstellung. So wird bei der Auftragsannahme durch die intensive Einbindung des Kunden in die Leistungserstellung der Nutzenwert des Endprodukts für den Kunden optimiert. Dadurch wird auch eine Umkehr vom Push- zum Pull-Prinzip vollzogen, die sich auf die Prozesse entlang der Wertschöpfungskette niederschlägt. Kennzeichnend dafür ist, dass der Leistungserstellung ein Kundenauftrag zu Grunde liegt. So können Fehlprognosen auf Endproduktebene ebenso vermieden werden, wie hohe Lagerkosten. Auch produktionsseitig kann sich die Lagerhaltung auf Rohmaterialien und Bauteile beschränken, die zudem teilweise noch auftragsbezogen beschafft werden können.[139]

Doch ein solches Angebot stellt die Automobilhersteller vor Probleme, die bereits bei der Auftragsannahme beginnen. Die Anzahl der beeinflussbaren Parameter führt zu sehr vielen Kombinationsmöglichkeiten. In der Praxis sind zudem nicht alle frei wählbaren Merkmale miteinander kombinierbar oder bedingen evtl. die Auswahl einer weiteren Option. Daher muss im Vorfeld geklärt werden, ob der Wunschkatalog des Kunden überhaupt umsetzbar ist und welche Bauteile für das Wunschfahrzeug gebraucht werden.[140] *Friedli* bezeichnet als kennzeichnend für die Mass Customization, dass der klassische Trade-off zwischen Flexibilität und Effizienz nicht komplett aufgehoben, sondern durch verschiedene Maßnahmen abgeschwächt wird.[141]

---

137 Vgl. Piller: Mass Customization (2003), S. 147.
138 Vgl. Pepels: Produkt und Preismanagement im Firmenkundengeschäft (2006), S. 288.
139 Vgl. Piller: Mass Customization (2003), S. 157.
140 Vgl. Küchlin: Maßgeschneiderte Autos aus der Massenproduktion (2008), online.
141 Vgl. Friedli: Technologiemanagement (2005), S. 150.

Die chinesische Bezeichnung für Mass Customization lautet „daguimo dingzhi",
was übersetzt in etwa: „groß angelegte Spezialanfertigung", bedeutet:[142]

Abb. 17: Chinesische Schriftzeichen für „Mass Customization"

大规模定制

"daguimo dingzhi"

2005 fand an der Zhejiang Universität in Hangzhou im Rahmen der Welt Konfe-
renz zum Thema Mass Customization und Individualisierung (WCPC) eine Dis-
kussion über die kundenindividuelle Massenfertigung in China statt. Dort wurde
besprochen, dass aus Sicht des Marktes die produktbezogene Anpassung von
Kundenwünschen historisch und kulturell bedingt einen hohen Stellenwert in
China einnimmt:[143]

- Handarbeit hat eine weitreichende Tradition in China. Daraus hat sich eine
  Arbeiterschaft gebildet, die hoch spezialisiert ist und flexibel individuelle
  Wünsche umsetzen kann. Dadurch hat sich gleichzeitig der Anspruch in der
  chinesischen Bevölkerung nach individuellem Service in verschiedenen Bereichen zementiert.
- Individualität ist durch Maos Kulturrevolution unterdrückt worden, wird aber
  von jungen Nachfragern wieder stark anerkannt und erstrebt.
- Die Esskultur spielt für Chinesen eine zentrale Rolle. Sie sind es gewöhnt, aus
  einer Vielzahl von Gerichten ihre Mahlzeiten zusammenzustellen. Das könnte
  sie dazu ermutigen, auch in anderen Bereichen individuellen Service zu ver-
  langen.

Produktionsseitig hat China in der Vergangenheit bewiesen, dass es in der Lage
ist, fehlende Infrastruktur sehr schnell aufzubauen. Außerdem können Schwachstellen in der Organisation durch den Einsatz von günstigen Arbeitskräften
kompensiert werden. Für den Wandel hin zum Mass Customizer ist aber noch
interessanter, dass chinesische Manager bei der Aussicht auf Gewinnsteigerung
gerne bereit sind, alte Konzepte umzuwerfen und neue Wege zu beschreiten.
Ferner hat die zunehmende Anzahl von Varianten in vielen Industrien dazu geführt, dass die Flexibilität in den Fabriken angestiegen ist. Ebenso entstand
durch die Clusterung von Firmen in Industriebparks, möglicherweise ungewollt,
eine geeignete Basis für die Erstellung kundenindividueller Leistungen durch die
enge Nachbarschaft von Supply Chain-Partnern.

---

142 Vgl. Liang: Strategische Analyse der kundenindividuellen Massenfertigung innerhalb der
   chinesischen Automobilindustrie (2007), S. 3.
143 o.V.: Mass Customization in China (2005), online.

Die Argumentationskette für den Wandel zum Mass Customizer knüpft an veränderte Marktbedingungen an. Dazu zählen nach *Dörflinger* und *Marxt*:[144]

- eine zunehmende Individualisierung der persönlichen Lebensgestaltung,
- die Heteregonisierung der Nachfrage,
- die Fragmentierung der Absatzmärkte,
- die Sättigung von Märkten,
- zunehmender Wettbewerb,
- sich immer ähnlicher werdende Leistungen,
- zunehmende Verhandlungsmacht des Kunden.

Diese Markttrends sind auf dem Automobilmarkt in China klar erkennbar. Der anhaltende Kostendruck ist besonders signifikant, aber auch das Streben nach mehr Individualität wird durch zunehmenden Wohlstand und politische Freiheit gefördert. PINE sagt, dass unter den oben genannten Prämissen, die Massenproduktion zu Wettbewerbsnachteilen führt, welche den Absatz verringern und die Kosten erhöhen. Zudem können sich starre Produktionssysteme und hohe Lagerkosten für Fertigwaren angesichts heterogenem und unsicherem Nachfrageverhalten als nachteilig erweisen.[145]

Ebenso wird durch eine fehlende Kundenorientierung und Interaktion mit den Geschäftspartnern riskiert, dass Bedürfnisse nicht rechtzeitig erkannt und umgesetzt werden können. Dies schlägt sich viel schneller als in der Vergangenheit in Absatzeinbußen nieder.[146]

Die Herausforderung und der Erfolgsfaktor der Mass Customization liegt in der simultanen Begrenzung der Komplexität bei gleichzeitiger Erhöhung der für den Kunden wahrnehmbaren Gestaltungsfreiheit seines Produkts. Das Konzept grenzt sich dadurch von der Einzelfertigung ab, welche das Idealpunktmodell des Kunden exakt erfüllt. Durch die Standardisierung von Komponenten, denen der Kunde wenig oder kaum Nutzen zuweist und die Flexibilisierung von Produkteigenschaften mit hohem Kundennutzen ist die kundenindividuelle Massenfertigung eine wirtschaftlich sehr interessante Alternative zur orderbezogenen Einzelfertigung.

Der mögliche Umfang der Individualisierung erstreckt sich über das materielle Kernprodukt sowie ergänzende Dienstleistungen, bis hin zu Kundenbeziehungen. *Jäger* sagt, dass der Individualisierungsgrad einer Leistung den Umfang des Individualisierungspotentials bezeichnet, welches der Leistung innewohnt. Dessen Größe wird im Wesentlichen durch die Anzahl und die Gestaltungsvarietät von

---

144 Vgl. Dörflinger / Marxt: Mass Customization (2001), S. 86.
145 Vgl. Pine: Mass Customization (1993), S. 79 ff.
146 Vgl. Grassmugg / Schoder: Mass Customization im Kontext des Electronic Business (2002), S. 134.

Leistungsbestandteilen festgelegt. Der Individualisierungsgrad und die kunden-spezifische Leistung sind umso höher, je mehr dieses Potential im Rahmen einer Leistungserstellung ausgeschöpft wird.[147]

Die Literatur betrachtet häufig neben dem Individualisierungsumfang auch den Individualisierungszeitpunkt. Dieser beschreibt nach *Grässler* die Wertschöp-fungsstufe, in der das materielle Kernprodukt individualisiert wird.[148] Die kun-denindividuelle Massenfertigung setzt voraus, dass dieser Zeitpunkt vor oder spätestens während der Erzeugung des Produktes stattfindet, damit die kunden-spezifischen Anforderungen berücksichtigt und umgesetzt werden können.

Laut *Werner* bedarf die Mass Customization einer intensiven Forschung und Entwicklung, weil der „Baukasten" immer auf dem neuesten Stand der Technik gehalten werden muss. *Werner* sagt ebenfalls, dass die ohnehin schon hohen An-forderungen an die Mitarbeiter hinsichtlich einer adäquaten Qualifikation weiter steigen werden.[149]

Weitere Kritik am Konzept der Mass Customization üben *Huffmann* und *Kahn* auf Grund der Gefahr, den Kunden beim Produktionskonfigurationsprozess zu über-fordern.[150] *Pine* prägte daher den Begriff „mass confusion" in Anlehnung an die entstehende externe, d.h. vom Kunden wahrgenommene Komplexität.[151] *Zipkin* übt Kritik an der allzu optimistischen Sichtweise, dass Produzenten in Massen je-ne Produkte erzeugen können, welche Konsumenten zuvor individuell gestaltet haben.[152] Eine solche Auffassung von Mass Customization stößt in vielen Berei-chen schnell an Grenzen. Auch unter ökonomischen Gesichtspunkten ist keines-wegs unbestritten, dass sich die Strategie der Mass Customization bezahlt macht. „The false promise of Mass Customization" von *Agrawal* und *Kumaresh* beschäftigt sich daher mit dem Problem ungewisser Erträge.[153]

Eine exakte Abgrenzung der Strategie der Mass Customization zu anderen hy-briden Wettbewerbsstrategien, wie beispielsweise der Simultanitätsstrategie oder der dynamische Produktdifferenzierung, liefert u.a. *Piller*.

---

147 Vgl. Jäger: Absatzsysteme für Mass Customization (2004), S. 60.
148 Vgl. Gräßler: Kundenindividuelle Massenproduktion (2004), S. 21-21.
149 Vgl. Werner: Supply Chain Management (2008), S. 129.
150 Vgl. Huffman / Kahn: Variety for Sale (1998), S. 491-513.
151 Vgl. Teresko: Mass Customization or Mass Confusion (1994), S. 45-48.
152 Vgl. Zipkin: The limits of Mass Customization (2001), S. 81-87.
153 Vgl. Agrawal / Kumaresh / Mercer: The false promise of Mass Customization (2001), S. 62-71.

3.2 Marketing-Aspekt des Mass Customization

3.2.1 Übersicht

Aufgabe des Marketings ist bei der Implementierung einer Mass Customization-Strategie, die enge Anbindung des Kunden an das Unternehmen. Dadurch wird die Individualisierung von Servicedienstleistungen ermöglicht. *Werner* definiert diese als einen Teil der *Soft Customization*. Darunter versteht man Maßnahmen zur Individualisierung der Leistung außerhalb der Fertigung.[154]

Jäger sagt, dass die systematische Auswertung und Nutzung der während der Interaktionsprozesse erworbenen Informationen und deren Ergänzung und Erweiterung zum Aufbau von Wissen über den Kunden dient. Daraus bildet sich ein Potential zur Generierung von Wiederholungskäufen. Ferner entstehen im Falle einer existierenden Kunden-Anbieterbeziehung bei der Suche nach einer vergleichbaren Leistung und für den Wechsel zu einem alternativen Angebot höhere Wechselkosten für den Kunden. Dadurch wächst die Loyalität des Kunden gegenüber dem Anbieter.[155] *Werner* erklärt, dass ein Kundenbeziehungsmanagement auf die Intensivierung der Austauschprozesse zwischen einer Unternehmung und ihren Kunden abzielt. Es trägt zur Verbesserung der *strategischen Zielgrößen* Profitabilität, Differenzierung und Dauerhaftigkeit bei.[156]

Für den Übergang zum Mass Customizer hat die Marketingabteilung die Aufgabe zu bestimmen, in welchem Umfang Flexibilität notwendig ist.

> „Varianz soll dort angeboten werden, wo nachvollziehbarer wirtschaftlicher Kundennutzen entsteht. Im Gegenzug soll Varianz vermieden werden, wenn der Unterschied zu einer gleichwertigen standardisierten Lösung vom Kunden weder bemerkt noch honoriert wird".[157]

Dies kann durch die Erstellung eines Idealpunktmodells erfolgen, das davon ausgeht, dass jeder Käufer eine Vorstellung der Produkteigenschaften besitzt, die sein optimales Produkt kennzeichnen. Die Distanz seiner Idealpunkte zu der tatsächlichen Eigenschaftskombination des Produkts beeinflusst seine Kaufentscheidung maßgeblich. D.h. je näher ein Produkt am Idealpunktmodell des potentiellen Abnehmers liegt, desto größer ist seine Kaufwahrscheinlichkeit".[158] Problematisch ist die Erstellung eines Idealpunktmodells falls kundenbezogene Informationen nicht oder kaum vorliegen. Die Auswertung von Vertriebsdaten eines Push- oder Variantenfertigers kann ebenfalls über die tatsächlichen Marktanforderungen hinwegtäuschen. Generell empfiehlt es sich, die Analyse bisheriger Transaktionen durch unterstützende Umfragen zu ergänzen. Das Ziel ist, zur

---

154 Vgl. Werner: Supply Chain Management (2008), S. 121.
155 Vgl. Jäger: Absatzsysteme für Mass Customization (2004), S. 54, S. 80.
156 Vgl. Werner: Supply Chain Management (2008), S. 121.
157 Gräßler: Kundenindividuelle Massenproduction (2004), S. 7.
158 Vgl. Homburg / Weber: Individualisierte Produktion (1996), Sp. 656.

Bestimmung eines Idealpunktmodells für den Durchschnittskunden transparent zu machen, wie hoch der Einfluss der einzelnen Ausstattungsvarianten auf das Idealpunktmodell ist. Eigenschaften des Produkts, die für den Nachfrager besonders wichtig sind, gilt es in das Angebotsprofil zu integrieren, weil er sich dadurch seinem Idealpunktmodell stark annähern kann. Nicht markt- oder kundenrelevante Optionen, denen der Kunde so wenig Bedeutung beimisst, dass sie seine Kaufentscheidung relativ unbeeinflusst lassen, können entfallen. Dadurch wird die Komplexität in den Prozessen der Wertschöpfungskette reduziert und ein wesentliches Ziel der kundenindividuellen Massenfertigung erreicht.

Für die Neuausrichtung der Interaktion mit dem Kunden sind der Aufbau eines Kundenbeziehungsmanagements und der Einsatz von Informations- und Kommunikationstechnologien (IuK) notwendig.

3.2.2 Informations- und Kommunikations-Technologien

Durch den Übergang von der Industrie- zur Informationsgesellschaft wurden die marktseitigen und technischen Voraussetzungen für neue MC-Lösungsansätze geschaffen.[159] Laut ALBERS ist es in erster Linie die Effizienz der neuen Internettechnologien zur Erhebung und Verarbeitung der individuellen Wünsche des Kunden, die den direkten Kontakt zwischen Hersteller und Kunden in Massenmärkten ermöglicht.[160] Das Marketing ist bei der Realisierung der strategischen Potentiale der Mass Customization-Strategie wesentlich auf den Einsatz von Informations- und Kommunikations-Technologien angewiesen. Dazu zählen:[161]

- Produkt-Konfiguratoren,
- ERP-Systeme,
- CRM-Systeme.

Der Produktkonfigurator ist die Schnittstelle zum Kunden und dient als Werkzeug für die individuelle Zusammenstellung des Produkts. Abbildung 18 stellt den Konfigurationsprozess für modulare Baukastensysteme dar.[162] Der Konfigurator zeigt und erfasst alle kaufrelevanten Daten und „bildet das modulare Angebot so ab, dass die Komplexität des Angebots für den Endkunden beherrschbar wird".[163]

---

159 Vgl. Gräßler: Kundenindividuelle Massenproduktion (2004), S. 9-14.
160 Vgl. Albers: Besonderheiten des Marketing für Interaktive Medien (2001), S. 11.
161 Vgl. Dörflinger / Marxt: Mass Customization (2001), S. 93.
162 Abbildung aus *Wirtz*: Integriertes Dirketmarketing (2005), S. 103.
163 Vgl. Dörflinger, Marxt: Mass Customization (2001), S. 93.

Abb. 18: Konfigurationsprozess aus Unternehmens- und Kundensicht

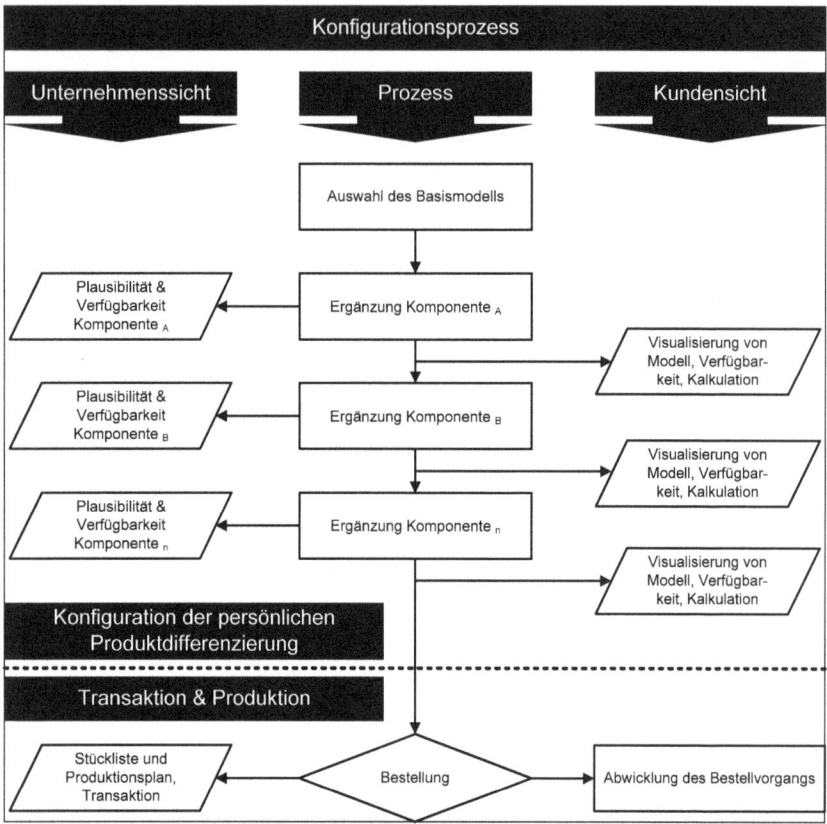

Dabei präsentiert sich dem Kunden im ersten Schritt eine Basiskonfiguration, welche er in den folgenden Schritten durch die Modifikation der Ausstattungs- parameter, seiner Wunschvorstellung anpassen kann. Der Ablauf gliedert sich in eine logische Reihenfolge und prüft mit jeder getroffenen Auswahl die Konse- quenz für den fortfolgenden Konfigurationsprozess. Neben der technischen Konfigurationsinformation für den Kunden aktualisiert der Konfigurator eben- falls das kaufmännische Angebot der gesamten Selektion. Durch die Integration des Konfigurators in die IT-Umgebung des Herstellers, kann bereits mit Beginn des Konfigurationsprozesses ein Abgleich mit weiteren relevanten Systemen, entlang der Supply Chain erfolgen. Im Idealfall wird mit Abschluss der Konfi- guration und Bestellung des individualisierten Produkts bereits Einfluss auf die Produktionsplanung des Herstellers genommen. Bei vorhandener Anbindung der Lieferanten an den Hersteller erfolgt durch einen sog. MRP-Lauf (Material- Requirement-Planning) ebenfalls bereits eine Abrufaktualisierung der benötigten

Komponenten. Solche Funktionen werden durch ERP-Systeme (Enterprise Resource Planning) unterstützt. Dabei handelt es sich um Softwarelösungen, die den betriebswirtschaftlichen Ablauf steuern und auswerten. Sie bilden softwaremäßig die Funktionen entlang der Wertschöpfungskette ab.

Für den durchgängigen Einsatz einer MC-Lösung gehören ein Produktions-Planungs-System (PPS) und die Verwaltung von Produktstrukturdaten zum Umfang des ERP-Systems.

Aufgabe der Mass Customizers ist aber auch der Aufbau, die Entwicklung und Vertiefung der Beziehung zum Kunden. Dazu kommen datenbankgestützte CRM-Systeme (Customer-Relationship-Management) zum Einsatz. Darin werden sämtliche Kunden- und Transaktionsdaten (bestenfalls) automatisch erfasst und gespeichert. So kann der Kunde auch nach der Auslieferung weiterhin optimal betreut werden. Die Daten sind so aufzubereiten und im Unternehmen zu integrieren, dass sie an jeder Stelle in der passenden Zusammenstellung zur Verfügung stehen. Im Rahmen des analytischen CRM, z.B. durch Data Warehouse Auswertungen, Data-Mining oder OLAP-Auswertungen (Online Analytical Processing), lässt sich Wissen aus den in den Kundendaten erhaltenen Informationen gewinnen, mit dem sich Eigenschaften, Verhaltensweisen und Wertschöpfungspotenziale von Kunden besser erkennen und einschätzen lassen. Dieses Wissen wird anschließend im operativen CRM eingesetzt.

Kapitel fünf enthält eine weitergehende Funktionsbeschreibung der Systeme und Funktionen, die für den Einsatz einer Mass Customization-Strategie notwendig sind.

3.2.3 Kundenbeziehungsmanagement

CRM-Systeme sind Werkzeuge, um Kundenbeziehungen zu managen. Mass Customization setzt dabei auf den Aufbau langfristiger Kundenbeziehungen auf Basis einer individuellen Leistungserstellung. Ausgehend von der anfänglichen Leistungskonfiguration des Kunden werden die dabei erhobenen Daten gespeichert, um zunächst den ersten Auftrag zu erstellen und auszuliefern.[164] Das Ziel ist, mit Hilfe der erlangten Information den Kunden enger an das Unternehmen und seine Produkte zu binden und dadurch einen Wettbewerbsvorteil zu erlangen. Dies kann durch verschiedene Methoden gelingen, die auf der Analyse vorhandener Kundendaten beruhen. Ein einfaches Beispiel ist die individuelle Ansprache des Kunden am Telefon anhand der Erkennung seiner Durchwahlnummer. Auf diese Weise beschränkt sich die Individualisierung nicht nur auf das Kernprodukt, sondern erstreckt sich auch darüber hinaus.

---

164 Vgl. Piller: Mass Customization (2003), S. 153.

Kundenbindung kann als Vorstufe von Kundenloyalität betrachtet werden. Individualisierung kann alle Einflussfaktoren von Kundenloyalität und Kundenbindung positiv beeinflussen.[165] Learning Relationships bedeutet in diesem Zusammenhang eine kontinuierliche Verbesserung der Kundenbeziehung, welche durch die Optimierung des Kundenprofils und dessen intelligente Nutzung entsteht.[166] Dieser Vorgang wird in der Literatur auch als „Profiling" bezeichnet. Durch die Aggregation und den Vergleich der Informationen über die einzelnen Kunden steigt die Informationsintensität eines Unternehmens über seinen Absatzmarkt und erlaubt eine zielgerichtetere und effizientere Marktbearbeitung.[167] So kann beispielsweise bei künftigen Geschäften auf Basis vorhandener Kundenprofile ein Neukunde effizienter und besser bedient werden, indem ihm eine individuelle Produktvariation vorgeschlagen wird, die Abnehmer mit ähnlichem Profil in der Vergangenheit erworben haben.[168] *Werner* bezeichnet die Möglichkeit, individuelle Empfehlungen auf Basis eines Präferenzvergleichs, an weitere Nutzer zu geben, als als *Collaborative Filtering*.[169]

Das Kundenbeziehungsmanagement im Rahmen der MC endet somit nicht mit der personalisierten Gestaltung der Kommunikation zwischen Anbieter und Abnehmer, sondern bindet auch durch die Bereitstellung individueller Produkte und Leistungen die Abnehmer dauerhaft an das Unternehmen.

3.3 Produktions- und Logistikkonzeption für ein Mass Customization

3.3.1 Übersicht

Die Erstellung individueller Leistungen im Bereich Fertigung wird im Rahmen des Mass Customization als *Hard Customization* beschrieben. *Werner* nennt die kundenindividuelle Einzelfertigung, die kundenindividuelle Vorfertigung, das modulare Baukastenprinzip und die massenhafte Fertigung von Unikaten als mögliche Ausprägungen für Hard Customization. Er ergänzt, dass das modulare Baukastenprinzip bei der Mass Customization recht häufig Einsatz findet.[170] Die folgenden Ausführungen konzentrieren sich auf diese Methode.

Nach *Wirtz* zeichnen sich modulare Baukastensysteme durch standardisierte Bauteile aus, die über klar definierte Schnittstellen integriert werden können. Kennzeichnend ist die hohe Flexibilität, da für eine Vielzahl von Komponenten

---

165 Vgl. Schaller / Stotko / Piller: Mit Mass Customization basiertem CRM zu loyalen Kundenbeziehungen (2004), S. 67-90.

166 Vgl. Peppers / Rogers: Enterprise one to one (1999), S. 168-194.

167 Vgl. Piller: Mass Customization (2003), S. 154.

168 Vgl. ebenda.

169 Vgl. Werner: Supply Chain Management (2008), S. 121.

170 Vgl. Werner: Supply Chain Management (2008), S. 128.

Wahlmöglichkeit bestehen und ein Splittungspunkt zwischen auftragsneutralen und kundenindividuellen Prozessen.[171]

Die Anbindung des Kunden an die Wertschöpfungskette führt zu einem radikalen Wandel innerhalb der Logistikprozesse. Neben den Standardkomponenten ist die Logistik gefordert, die individualisierbaren Bestandteile eines Produkts entsprechend dem Kundenauftrag zur Montage bereitzustellen. Durch die Möglichkeit der freien Kombination individueller Komponenten erhöht sich die theoretische Anzahl sämtlicher Produktvariationen. Dieser Zustand macht ein Komplexitätsmanagement erforderlich.

Eine weitere Herausforderung ist, den Zeitraum zwischen Kundenbestellung und Auslieferung möglichst kurz zu halten. Ansatzpunkte dazu bieten bekannterweise die Bevorratung von Komponenten in werksnahen Lägern oder die lokale Ansiedlung von Lieferanten. OEMs mit kundenindividuellem Angebot in Europa haben ihre Logistikkonzepte dahingehend optimiert, dass sie einen Kundenauftrag innerhalb von zehn bis zwanzig Tagen erfüllen können. Für ihre Lieferanten bedeutet das, dass sie in der Lage sein müssen, in diesem Zeitraum die vom Kunden benötigte Komponente bereitzustellen. Dazu muss die Bedarfsinformation zunächst an sie übermittelt werden. Anschließend gilt es, den Auftrag in das Fertigungsprogramm zu integrieren und ggf. müssen Rohstoffe oder Materialien bestellt werden, bevor die Komponente erzeugt werden kann. In der Versorgungsplanung ist ebenfalls zu berücksichtigen, dass nach erfolgter Produktion beim Lieferanten die Teile für eine sequentielle Anlieferung kommissioniert werden müssen und sich anschließend über einen gewissen Zeitraum zum Transport an den OEM auf einem Lkw befinden. Bricht man alle nachgelagerten Prozessschritte eines Kundenauftrags herunter und terminiert sie rückwärts, so ist festzustellen, dass in der Wertschöpfungskette kaum Pufferzeit für eventuelle Risiken (z.B. Stau auf der Autobahn) verbleibt.

Solche Order-to-Delivery (OTD) Konzepte sind mit den Versorgungsprämissen bei Seefracht unvereinbar. Allein der Seeweg würde etwa 20-29 Tage beanspruchen. Kapitel fünf untersucht Wege zur effizienten Vereinzelung und Bereitstellung von Teilen, im Rahmen eines auftragsgesteuerten globalen Supply Chain-Konzepts für CKD-Fahrzeugwerke im Ausland. Dies ist notwendig, um die Teileversorgung so flexibel zu gestalten, wie es das Build-to-Order (BTO) Konzept erfordert.

Eine Aussage zur Vereinzelungsfähigkeit kann auf einer Analyse des Teilecharakters bezüglich des Umschlags und der Werthaltigkeit, beispielsweise im Rahmen einer ABC-XYZ-Analyse beruhen. Dabei werden Verpackungs- und Transportkosten, sowie weitere Prämissen berücksichtigt. Durch die Einteilung von Fahrzeugkomponenten in die Analysecluster, lässt sich erstmals bewerten, welches Versorgungsszenario am ehesten zu der jeweiligen Klasse passt. In diesem

---

171 Vgl. *Wirtz*: Integriertes Dirketmarketing (2005), S. 101, 102.

Rahmen sind ebenfalls Losgrößen zu definieren, die ihr Optimum bei der minimalen Summe aus fixen und variablen Bestell- und Lagerkosten im Planungszeitraum aufweisen. Dabei ist bei der Bestellmengenermittlung zu berücksichtigen, dass im Automobilbau in regelmäßigen Abständen technische Änderungen in das Produkt einfließen. Hier besteht das Risiko, dass im Falle einer Änderung vorhandene Bestände unter Umständen nicht mehr aufgebraucht werden können. Ein wesentlicher Aspekt der MC im Bereich Logistik ist daher der Umgang mit unsicheren Prognosen. Dieses Problem wird verschärft durch die Zunahme der Komplexität der Teile und Informationen.

3.3.2 Komplexitätsmanagement

Heutzutage besteht ein typischer Mittelklassewagen aus tausenden Teilen, die von hunderten Zulieferern weltweit verteilt hergestellt werden[172]. Die zunehmende Produktkomplexität in der Automobilindustrie ist eine Herausforderung für alle Teilnehmer entlang der Wertschöpfungskette. Das Streben nach Individualität zur Befriedigung sich diversifizierender Kundenwünsche erfordert nicht alleine einen möglichst hohen Individualisierungsgrad, sondern auch das Management von Komplexität.[173]

Die Strategie der MC beinhaltet dazu das Ausschöpfen von Standardisierungsmöglichkeiten zur Beherrschung von Komplexität. *Child* schreibt

> „In order to optimize variety, a company must assess the level of variety at which consumers will still find its offerings attractive and the level of complexity that will keep the company's cost low. Key to this decision is understanding the distinction between internal complexity and external variety."[174]

Anlehnend an *Anderson* ist die interne und externe Varietät wie folgt definiert:[175]

* Die *externe Varietät* entspricht dem nachfrageseitig wahrgenommenen Variantenumfang bzw. der Komplexität des Serviceumfangs.[176]

* Die *interne Varietät* ist das unternehmensinterne Spiegelbild der externen Varietät und erfordert zur Beherrschung der Produktstrukturen, komplexe Prozesse und eine Vielzahl von Schnittstellen entlang der Wertschöpfungskette.

---

172 Vgl. Tischendorf: Weniger ist mehr (2006), S. 38.
173 Vgl. Hildebrand: Individualisierung als strategische Option der Marktbearbeitung (1997), S. 75.
174 Child: The management of complexity (1991), S. 55.
175 Vgl. Anderson: Agile Product Development for Mass Customization (1997), S. 45; Child: The management of complexity (1991), S. 52-68; Hildebrand: Individualisierung als strategische Option der Marktbearbeitung (1997), S. 75.
176 Vgl. Ebbes / Reifenhäuser: Ansätze zur Behandlung der Komplexität automatisierter Geschäftsprozesse in der Telekommunikation (2005), S. 6; Piller: Mass Customization (2003) S. 223.

Die Folge sind fast automatisch steigende Einzel- und insbesondere auch Gemeinkosten.[177]

Piller identifiziert in Anlehnung an *Wildemann, Bliss* und *Fleck* ergänzend dazu verschiedene Ursachen als Komplexitätstreiber (s. Tabelle 4) und definiert als Kennzahlen interner Komplexität die:[178]

- Variantenzahl,
- Organisationsform der Produktion,
- Kundenstruktur, bzw. Kundenzahl,
- Entwicklungs- und Fertigungstiefe,
- Zahl der Lieferanten,
- Anzahl der an der Auftragserfüllung beteiligten Mitarbeiter und Funktionen.

Tabelle 4:   Ursachen interner und externer Komplexität

extern	intern		
	strukturell	**IuK-bezogen**	**individuell**
Anforderungs-vielfalt	Zahl der Hierarchien	Informationsasymetrie	Machtstreben
Marktdynamik	Länge der Entscheidungsprozesse	Medienbrüche	Bereichsegoismen
Kundenzahl	Grad der Arbeitsteilung	Ausprägung des Formularwesens	Abschieben von Verantwortung
Länderspezifika	Produktdesign	Art der Aufgabenkoordination	Mangel an Sozial- und Fachkompetenz
Lieferantenvielfalt	Fertigungstechnologie		
technischer Fortschritt	Fertigungstiefe		Mangel an Motivation / Identifikation mit den Unternehmenszielen
	Variantenvielfalt		

Piller sagt, dass die Aufnahme zusätzlicher Varianten in das Fertigungsprogramm zur Verbreiterung der externen, d.h. vom Kunden wahrgenommenen Varietät im Allgemeinen zu einer Erhöhung der variantenspezifischen Teile führt, während der Umfang standardisierter Teile rückläufig ist.[179] *Wagner* meint, dass dabei trotz steigender Variantenvielfalt die Möglichkeiten der OEM, sich durch eine Produktvielfalt zu differenzieren, schwinden.[180] Ein wesentlicher Aspekt

---

177 Vgl. Schweiger: Mit professionellem Komplexitätsmanagement profitabel wachsen (2006), online.
178 Vgl. Piller: Mass Customization (2003), S. 161-162; Fleck: Hybride Wettbewerbsstrategien (1995), S. 179f.; Wildemann: Komplexitätsmanagement durch Prozess- und Produktgestaltung (1998), S. 47-68.
179 Vgl. Piller: Mass Customization (2003), S. 163.
180 Vgl. Wagner: Standards setzen (2006), S. 32.

der Mass Customization ist daher die Erhöhung der externen Varietät ohne die interne Komplexität in ähnlichem Maße zu strapazieren. So gelten vor allem vereinfachte Produkte und Produktionsprogramme in Form modularer Baukastensysteme als Grundstein des Komplexitätsmanagements.[181] In der Literatur sind folgende Prinzipien des Komplexitätsmanagements bekannt:

- Bottom-up: Modularisierung und Variantenreduktion in der laufenden Serie
- Top-down: strategische Portfolioplanung und Schwachläuferanalyse

Ein häufiger Top-down-Ansatz ist die Schwachläuferanalyse mit Anwendung der klassischen ABC-Methodik. *Tischendorf* sagt dazu, dass ein typisches Ergebnis einer Schwachläuferanalyse die Erkenntnis ist, das lediglich 40 bis 50 Prozent der Varianten für etwa 95 bis 99 Prozent des Volumens benötigt werden.[182]

Ziel des Bottom-up-Ansatzes ist es, für das geplante strategische Produktportfolio einen flexiblen Modulbaukasten zu entwickeln, der durch intelligente Kombination von Modulen ein attraktives Marktangebot bei eingeschränkter Komplexität zulässt. Dieser Bottom-up-Ansatz ist gleichzeitig die Säule des Komplexitätsmanagements im Rahmen der kundenindividuellen Massenfertigung und leitet in die Bestimmung des optimalen Vorfertigungsgrades über.[183] Dieser Vorfertigungsgrad besteht aus kundenunabhängigen und somit standardisierbaren Komponenten und Prozessen. Erst in den folgenden Produktionsschritten wird die Standardplattform kundenspezifisch individualisiert. Diese Zweiteilung ermöglicht eine Reduktion der Planungs- und Steuerungskomplexität, die mit einer kundenindividuellen Produktion verbunden ist.[184]

Ziel ist, durch einen höchstmöglichen Grad an Standardisierung Kostenvorteile zu erschließen, dabei aber gleichzeitig eine externe Komplexität zu wahren, die den Individualisierungsanforderungen der Kunden entspricht. Konkrete Maßnahmen des Komplexitätsmanagements können in ein Risikomanagementsystem überführt werden, das sich wie folgt gliedern lässt:[185]

181 Vgl. Adam: Produktions-Management (1998), S. 59; Rommel: Einfach überlegen (1992), S. 38f.
182 Vgl. Tischendorf: Weniger ist mehr (2006), S. 38-39.
183 Vgl. Anderson: Agile Product Development for Mass Customization; Corsten: Grundlagen der Wettbewerbsstrategie (1998), S. 233; Schnäbele: Mass Customized Marketing (1997), S. 137; Van Hoek / Peelen / Commandeur: Achieving Mass Customization through postponement (1999), S. 354; Wüpping: Produktkonfiguratoren für die kundenindividuelle Serienfertigung (1999), S. 66.
184 Piller: Mass Customization (2003), S. 231.
185 Vgl. Balazova: Methode zur Leistungsbewertung und Leistungssteigerung der Mechatronikentwicklung (2004), S. B-30.

- Vermeidung unnötiger Varianten,
- Reduktion überflüssiger Varianten,
- Beherrschung verbleibender Varianten.

Auszulegen sind diese Maßnahmen auf die Produkte, Prozesse und Kunden. Das *Vermeiden* unnötiger Varianten beginnt in der Entwicklungsphase und fokussiert auf den Einsatz von Gleichteilen und der Konzeption einer modularen Produktarchitektur. Da für die CKD-Montage in China eine Designübernahme ausländischer Modelle (zudem oftmals mit erheblichem Zeitverzug) stattfindet, wird hier nicht auf entwicklungstechnische Standardisierungspotentiale eingegangen. Lösungsansätze dazu können u.a. *Piller*, *Graessler* oder *Anderson* entnommen werden. *Komplexitätsreduktion* kann durch die Optimierung des Ausmaßes an Standardkomponenten erfolgen. Weitere Möglichkeiten bieten die Verringerung der Fertigungstiefe, beispielsweise durch Outsourcing komplexer Vorleistungen. Die *Komplexitätsbeherrschung* macht u.a. den Einsatz moderner IuK-Systeme erforderlich. Im Rahmen der Mass Customization ist aber auch der Aufbau von Learning Relationships mit den Prozesspartnern eine wichtige Maßnahme. Konkrete Maßnahmen des Komplexitätsmanagements werden in Kapitel fünf vorgestellt.

3.3.3 Modularisierung

Bliss schreibt, die Modularisierung ist der Schlüssel zur Schaffung relativ stabiler und homogener Fertigungsschritte trotz kundenspezifischer Leistungserstellung, da sie am Spannungsbogen zwischen Standardisierung und Individualisierung ansetzt.[186] *Dudenhöffer* sieht eine einheitliche Modellplattform, die für alle Varianten eines Produkts verwendet werden kann, als Anknüpfungspunkt der Modularisierung.[187] *Wirtz* unterscheidet verschiedene Grundformen des modularen Baukastensystems, bei denen die Fertigung erst nach der Mitteilung der Individualisierungsinformationen erfolgt. Die folgenden Ausführungen konzen-

---

186 Vgl. Bliss: Integriertes Komplexitätsmanagement (1998), S. 21; Boutellier / Schuh / Seghezzi: Industrielle Produktion und Kundennähe – ein Widerspruch? (1997), S. 57; Büttgen / Ludwig: Mass Customization von Dienstleistungen (1997), S. 14; Duray: Approaches to mass customization (2000), S. 611; Köster: Strategische Disposition (1998), S. 4; Mayer: Strategien erfolgreicher Produktgestaltung (1993), S. 153; McCutcheon: The customization-responsiveness squeeze (1994), S. 94; Piller: Mass Customization (2003), S. 226; Pine: Mass Customization – Die Wettbewerbsstrategie der Zukunft (1998), S. 8; Raffee / Wiedmann: Neurobasiertes Informationsmanagement als Erfolgsbasis zukunftsgerichteter Zielkundenbearbeitung (1997), S. 443; Victor / Boynton: Invented here (1998), S. 166; Wüpping: Produktkonfiguratoren für die kundenindividuelle Serienfertigung (1999), S. 66.

187 Vgl. Dudenhöffer: Outsourcing, Plattform-Strategien und Badge Engineering (1997), S. 144; Jiao: Design for mass customization by developing product family architectures (1998), S. 16f.; Robertson / Ulrich: Planning for product platforms (1998), S. 20.

trieren sich dabei auf die *quantitative Modularisierung* bei der die Anzahl der in das Komplettsystem eingebauten Module variieren kann. *Wirtz* erklärt, dass die standardisierten Einzelmodule schon vor Auftragseingang hergestellt werden können, das Komplettsystem aber erst danach (Build-to-Order) gefertigt wird.[188]

Eversheim, Schenke und *Warnke* erklären, dass sich die modulare Architektur des Produkts durch die Anzahl und Zusammensetzung unterschiedlicher, austausch- und kombinierbarer Teile und deren Schnittstellen, die sich aus dem Kundenauftrag ableiten, konkretisiert. Sie bezeichnen diese austauschbaren Teile als Module, d.h. Baugruppen, deren Vormontageumfang deutlich größer als ihr Einbauumfang in die übergeordnete Baugruppe ist.[189] *Piller* sagt, die Kombination der Module zum kundenindividuellen Endprodukt wird durch ein standardisiertes Verbindungssystem für die flexible Kombination von Modulen ermöglicht und vollzieht sich durch definierte (stabile) Fertigungsprozesse: „interchangeable units to create product variants". Er ergänzt, dass die modulare Eigenschaft dabei nicht nur die kundenspezifischen und individualisierbaren Komponenten betreffen soll, sondern auch die Standardteile. Der Schwerpunkt in der Automobilindustrie liegt hier in der Verwendung von Gleichteilen, d.h. Leistungsbestandteile eines Produktsystems, die trotz standardisierter Herstellung durch ihre Austauschbarkeit bei einer Vielzahl unterschiedlicher Absatzleistungen ohne Veränderung verwendet werden können.[190] *Schnäbele* weist darauf hin, dass durch die Unabhängigkeit der einzelnen Einheiten voneinander und deren gegenseitiger Kompatibilität, eine gemeinsame Systemarchitektur entsteht, die eine bestimmte Anzahl unterschiedlicher Kombinationsmöglichkeiten offen lässt.[191] Diese Kombinationsmöglichkeiten werden durch ein Regelwerk bestimmt, welches dem Konfigurationsprozess des Kunden zugrunde liegt und die technische Kompatibilität des zuletzt gewählten Moduls mit den vorherigen Auswahlschritten verifiziert. Dieser Prozess wird als Produktkonfiguration bezeichnet. Abbildung 19 veranschaulicht auf vereinfachte Weise den Aufbau einer Konfigurationsdatenbank am Beispiel eines Mercedes Pkw.[192] Abbildung 20 zeigt die Struktur der Baubarkeitsbedingungen.[193] Die Linien zeigen die Abhängigkeitsbeziehungen zwischen den Ausstattungsmodulen. Diese Darstellung basiert auf Code-Regeln, welche technische und vertriebspo-

---

188 Vgl. *Wirtz*: Integriertes Dirketmarketing (2005), S. 101, 102.
189 Vgl. Baldwin / Clark: Managing in the age of modularity (1997), S. 84 f.; Eversheim / Schenke / Warnke: Komplexität im Unternehmen verringern und beherrschen (1998), S. 34; Ulrich / Tung: Fundamentals of product modularity (1991), S. 73.
190 Vgl. Piller: Mass Customization (2003), S. 228; Ulrich / Tung: Fundamentals of product modularity (1991), S. 75f, S. 227.
191 Vgl. Schnäbele: Mass Customized Marketing (1997), S. 131; Tseng: Mass customization technology (1998).
192 Vgl. Gräßler: Kundenindividuelle Massenproduktion (2004), S. 153.
193 Quelle: Küchlin: Maßgeschneiderte Autos aus der Massenproduktion (2005), online.

litische Informationen zur Bestimmung von Kombinationszwängen und -ausschlüssen enthält.

Beim Konfigurationsprozess werden die Konfigurationsregeln nun auf die Konfigurationsdatenbank angewendet. Je nach Auswahltyp lässt sich zwischen Muss- (z.B Motorspezifikation) und Kannvarianten (z.B. Schiebedach) unterscheiden. Ferner wird überprüft, welche Module sich bedingen (z.B. Bordcomputer und Multifunktionslenkrad) oder ausschließen (z.B. Komfortsitz und sportliche Fahrwerksabstimmung). Das Ergebnis der modularen Verbaubarkeitsprüfung des Konfigurationsprozesses ist ein sogenanntes Produktionspapier, das die gewählten Optionen des jeweiligen Fahrzeugs zusammenfasst und in der Linienmontage als Bauanleitung im Produktionsprozess eingesetzt wird.

Abb. 19: Kategorien einer Konfigurationsdatenbank

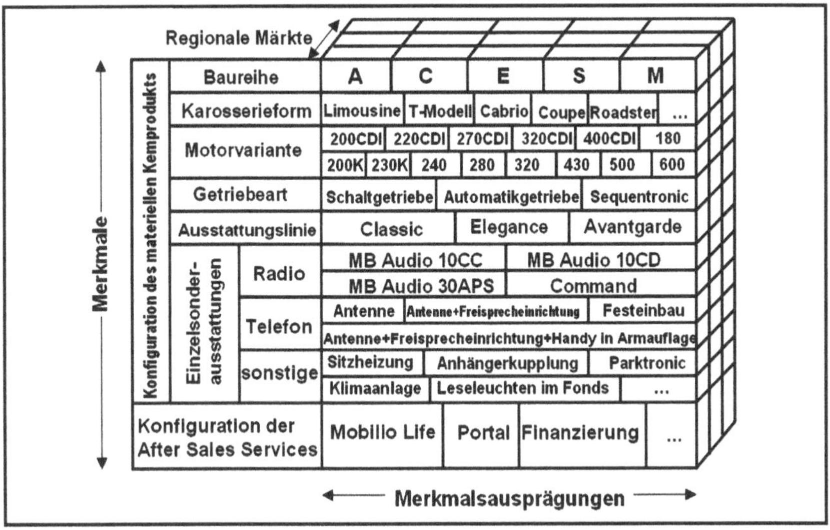

Abb. 20: Baubarkeitsbedingungen eines Pkw

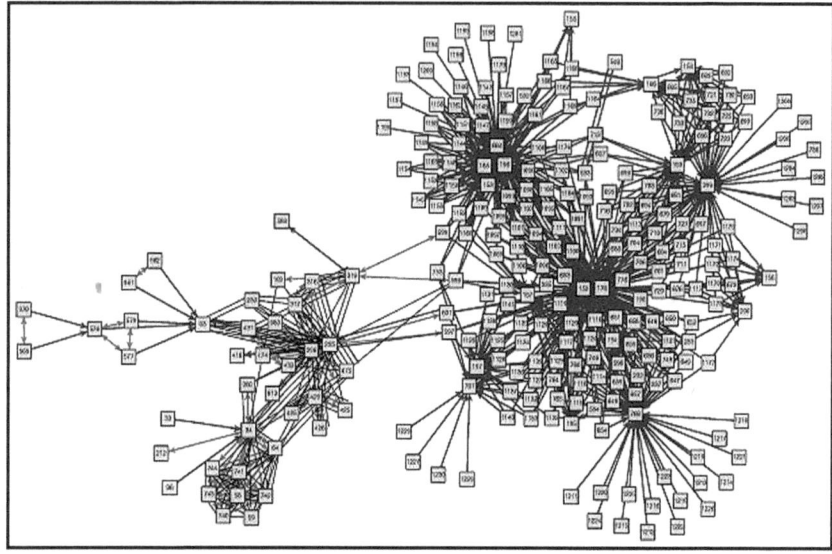

Auf der Prozessebene in der Fertigung erfolgen die Kombination von Standardmodulen im Rahmen der Vorfertigung und deren anschließende Veredelung zum kundenindividuellen Produkt, durch die Ergänzung von auftragsspezifischen Bausteinen.[194]

3.3.4 Standardplattform und Montage individueller Komponenten

Nach *Jäger* beinhaltet ein Build-to-Order-Ansatz die Verlagerung („postponement") einiger Prozesse der Leistungserstellung auf einen Zeitpunkt, an dem die konkrete Leistung durch den Kunden bereits bestellt ist. Daraus ergibt sich eine Aufspaltung des Leistungserstellungsprozess in einen kundenauftragsneutralen (standardisierten) und einen kundenspezifischen Teil. *Jäger* sagt, dass die Lage dieses „Entkoppelungspunkts" die Anzahl und Art der Wertschöpfungsabschnitte beschreibt, die erst dann erfolgen, wenn der Kunde seine individualisierte Leistung konfiguriert und bestellt hat.[195] Im Bereich der Fahrzeugmontage ist die Erzeugung individueller Produkte durch Montageprozesse, die ähnlich effizient wie in der Massenfertigung ablaufen, das Ziel. Das Mass Customization-Konzept sieht hierfür ebenfalls die Splittung des Produktionsprozesses in einen standardisierten und individualisierten Teil vor.[196]

---

194 Vgl. Piller: Mass Customization (2003), S. 230.
195 Vgl. Jäger: Absatzsysteme für Mass Customization (2004), S. 75.
196 Vgl. Reiß / Beck: Fertigung jenseits des Kosten-Flexibilitäts-Dilemmas (1994), S. 28-30.

Zur Erzeugung der Standardplattform kommen Standardprozesse zur Anwendung. Das bedeutet, dass sich die jeweiligen manuellen oder automatisierten Fertigungsschritte bei keiner Variante unterscheiden. Dadurch entfallen an den Anlagen Rüstzeiten und die fixen Kosten der Maschinen verteilen sich auf eine höhere Anzahl Produktionseinheiten. Für die effiziente Ergänzung der Standardplattform mit individuellen Bestandteilen sind aus Montagesicht verschiedene Punkte zu beachten: Es muss am Verbauort die richtige Information des zu verwendenden Teils und des dazugehörigen Montageprozesses vorliegen. Während bei der Variantenfertigung die Bildung von Losgrößen möglich und die Gesamtzahl möglicher Varianten begrenzt ist, sind die Prozesse der orderbezogenen Fertigung auf die Losgröße eins auszulegen. Das bedeutet, dass die Fertigungsstationen und Mitarbeiter in der Lage sein müssen, mit jedem neuen Fahrzeug die Verbauparameter, den Auftragsspezifikationen entsprechend zu wechseln. Ein repetitiver Verbau von Komponenten wie bei der Losfertigung, erscheint unwahrscheinlich, da auf Grund der wahlfreien Kombination von Ausstattungen und des damit verbundenen (theoretischen) Umfangs unterschiedlicher Varianten, eine Kombination gleicher Prozessschritte durch die Programmplanung kaum möglich ist. Die Verbausicherheit aller möglichen Varianten ist daher an jeder Fertigungsstation und zu jedem Zeitpunkt aus technischer und qualititativer Sicht sicherzustellen.

Ein weiteres Kriterium für die individuelle Montage ist, dass die zu verbauende Komponente überhaupt an der richtigen Station verfügbar ist. Dies ist Aufgabe der Produktionslogistik, kann aber teilweise auch auf den Bandarbeiter (z.B. durch Entnahme der benötigten Komponente aus Vorratsbehältern an der Station) übertragen werden.

Daneben ist es erforderlich, dass für den Verbau die notwendige Anlage vorhanden ist oder der Werker das notwendige Werkzeug besitzt. Anlagen sind so zu beschaffen, dass sie für den Verbau verschiedener Varianten geeignet sind und in minimaler Zeit umgerüstet werden können, bzw. sich automatisch rüsten. Bei Werkzeugen ist darauf zu achten, dass alle nicht benötigten Hilfsmittel vom Verbauort entfernt werden. Bestenfalls werden trotz Verbaus individueller Komponenten, durch die Standardisierung der Verbindungselemente (Schrauben, Kleber, etc.) keine weiteren Werkzeuge an der Arbeitsstation notwendig.

Ebenfalls ist sicherzustellen, dass an der Arbeitsstation, neben der richtigen Information, auch das entsprechende Know-how beim Mitarbeiter, für den Verbau aller Varianten vorhanden ist. Know-how wird durch Wissensträger vermittelt und durch Anwendung und Optimierung aufgebaut. Trotz Vorhandenseins entsprechenden Wissens, sind die Prozesse so zu gestalten, dass der Ausschluss eines Falschverbaus sichergestellt ist. Der Begriff „Poka Yoke" stammt aus dem Japanischen und beschreibt einen fehlersicheren Prozess. Poka bedeutet: der zufällige, unbeabsichtigte Fehler. Yoke bedeutet: Vermeidung, Verhinderung von Fehlern.[197]

---

197 Kwoka: Fehlervermeidung mit einfachen Mitteln (2005), S. 3.

Poka Yoke Maßnahmen können konstruktiv, ablauforientiert und bedienungsorientiert gestaltet werden.

Alle o.g. Punkte können als „Enabler" der MC im Fertigungsbereich bezeichnet werden. Der Einfluss der Mass Customization, bzw. der Übergang von der Push-zur Pull-Strategie stellt für den Bereich Fertigung bei der Fahrzeugmontage keine so große Herausforderung wie aus informationstechnologischer und logistischer Sicht dar.

3.4   Kostenmanagement für ein Mass Customization

Der Wechsel zu einer MC-Strategie ist für das Unternehmen zunächst mit Investitionen und höheren Kosten verbunden. Diese resultieren aus den Faktorverbräuchen, die durch die Vielschichtigkeit von Produktkonzept, Programmzusammensetzung, Prozessgestaltung, Fertigungs- und Koordinationssystem verursacht werden. Sie werden nach *Adam* Komplexitätskosten genannt.[198] *Gräßler* sagt, dass Komplexität aus der Varianz entsteht, die im Rahmen einer kundenindividuellen Massenfertigung dort angeboten werden soll, wo nachvollziehbar wirtschaftlicher Kundennutzen entsteht.[199] Dadurch erfolgt eine Begrenzung der Komplexität auf wirtschaftlich sinnvolle Umfänge, durch welche die simultane Verfolgung der Kostenführerschaft und Differenzierung, als ein wesentliches Ziel der MC, ermöglicht wird.

Durch den zusätzlichen Kundennutzen erhöht sich die Attraktivität des Produkts und damit seine Absatzchancen. *Weiber* schreibt, dass viele Abnehmer bereit sind, für ein individualisiertes Produkt einen (geringen) Aufschlag zu zahlen, da dieses für sie einen höheren Wert besitzt. Dies erlaubt einen Ausbruch aus dem reinen Preiswettbewerb und deckt bei einer wirtschaftlich erfolgreichen Implementierung der MC die zusätzlichen Kosten der Strategie. [200]

Die Mehrerlöse lassen sich am Umsatzwachstum und einer Erhöhung der Rentabilität messen. JACOB schreibt, dass die angestrebte Kostenoption auf einer Erfahrungskurve basiert, die auf Skalen- und Lerneffekte zurückgeführt wird.[201] HOMBURG beschreibt die Auswirkung der Kundennähe auf die Kosten in zweierlei Hinsicht:[202]

- Kostensteigernd durch eine Erhöhung der Komplexität,
- Kostenmindernd durch eine Steigerung der Effizienz.

---

198 Vgl. Adam: Produktions-Management (1998), S. 47; Becker: Integrales Informationsmanagement als Funktion einer Marktorientierten Unternehmensführung (1992), S. 171.
199 Vgl. Gräßler: Kundenindividuelle Massenproduktion (2004), S. 7.
200 Vgl. Weiber: Handbuch Electronic Business (2002), S. 472.
201 Vgl. Jacob: Produktindividualisierug (1995).
202 Vgl. Homburg: Kundennähe als Management-Herausforderung (1995), S. 14.

Ziel der kundenindividuellen Massenfertigung ist laut *Piller*, einen Ausgleich zwischen beiden Ebenen herbeizuführen.[203] Es soll vermieden werden, dass es zu einer unverhältnismäßigen Ausweitung des Angebots kommt. Sonst besteht die Gefahr eines komplexitätsbedingten Kostenanstieges. In diesem Zusammenhang wird bekannterweise von der Komplexitätsfalle gesprochen. *Warnecke* erklärt, dass jede Verdoppelung der Variantenzahl zu einem Kostenanstieg von 20 bis 30 Prozent führt.[204] Laut *Müller* betragen die durch die Produktvielfalt verursachten Kosten in der Automobilindustrie zwischen 19 und 38 Prozent.[205] *Gräßler* ergänzt, dass somit rund ein Viertel der Gesamtkosten durch Entscheidungen über den im Produktprogramm und im einzelnen Produkt abzubildenden Individualisierungsgrad festgelegt werden. Aufgabe des Kostenmanagements ist es daher, eine verursachungsorientierte Kalkulation von variantenbestimmenden Kosten auf die Kostenträger herbeizuführen. Durch die Beantwortung der Frage, wer oder was die Kosten verursacht, wird eine transparente Zuordnung zu den kundenindividuellen Sonderwünschen möglich. Nach Aufschlag der angestrebten Rendite ist dies ebenfalls die Basis für die Kalkulation eines Angebotspreises.[206] *Tischendorf* bezeichnet die Abschätzung und Zuordnung der Komplexitätskosten auf Sachnummernebene und die Erstellung einer mit Komplexitätskosten bewerteten Stückliste auf dieser Ebene, als eine genauere Methode zur Identifikation der Komplexitäts- und damit auch Kostentreiber.[207] Um die Komplexitätskosten exakt zu ermitteln, muss eine durchgängige Prozesskostenrechnung die Kosten den jeweiligen Treibern und betroffenen Produkten zuordnen. So wird Transparenz über die tatsächlich für eine Variante anfallenden Kosten erreicht.

Bei der Prozesskostenrechnung nach Horváth werden bekanntlich die fertigungsnahen Gemeinkosten nicht mehr auf die Kostenstellen, sondern auf ablaufende Prozesse zugeordnet (s. Abb. 21).

Die Gemeinkosten werden anschließend über die mengenmäßige Beanspruchung von Teilprozessen auf die einzelnen Kostenstellen verteilt.[208] Dazu ist es notwendig, alle wichtigen Prozesse des Unternehmens zu identifizieren und sie in Teilprozesse zu unterteilen. Man unterscheidet nach leistungsmengenneutralen (lmn) und leistungsmengeninduzierten (lmi) Teilprozessen. Der Aufwand eines lmn-Teilprozesses lässt sich im Vergleich zum lmi-Teilprozess nicht einer repetitiven Bezugsgröße zuordnen. Für die Teilprozesse werden Kostentreiber (z.B. Anzahl der Aufträge) bestimmt. Durch sie können die Gemeinkosten verursachungsge-

---

203 Vgl. Piller: Mass Customization (2003), S. 233.
204 Vgl. Warnecke: Die fraktale Fabrik (1995).
205 Vgl. Müller / Kaiser: Was kostet eine Produktvariante? (1995), S. 31-35.
206 Vgl. Gräßler: Kundenindividuelle Massenproduktion (2004), S. 163-164.
207 Tischendorf: Weniger ist mehr (2006), S. 38.
208 Vgl. Knöbel: Was kostet ein Kunde? (1995), S. 10f.

recht auf die Kostenträger umgelegt werden. Die Kostentreiber dienen als Maßgröße zur Messung der Inanspruchnahme der Ressourcen.[209]

Abb. 21: Schematische Darstellung der Prozesskostenrechnung

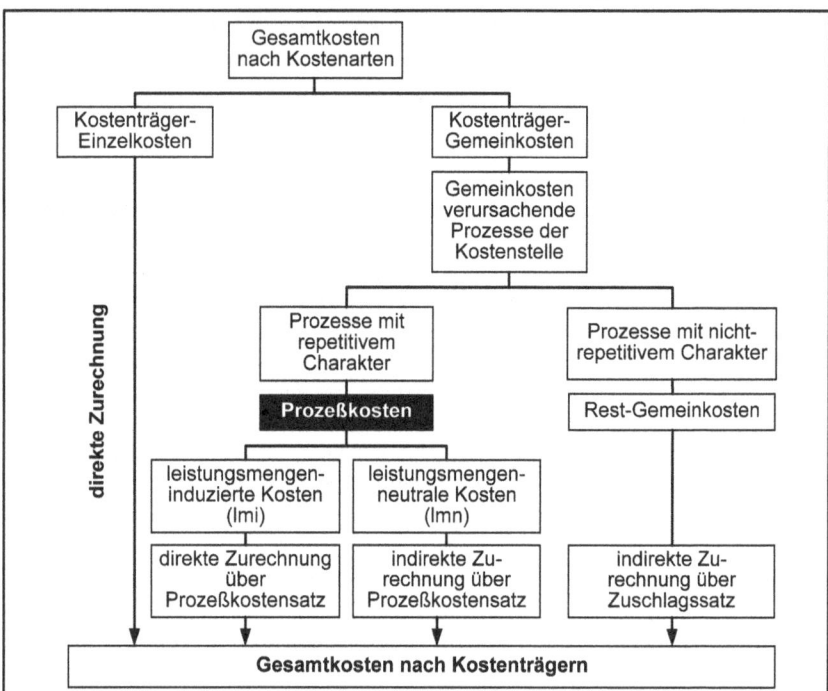

Das Vorliegen eines Prozesskostensatzes ist ein entscheidendes Kriterium für
die Bestimmung der Zielkosten auf Basis des erzielbaren Marktpreises. MC hat
das Ziel, die industrielle Auftragsfertigung zu ähnlichen Preisen anzubieten, wie
vergleichbare Produkte aus einer Massenfertigung. Die Zielkostenrechnung, in
der Literatur eher unter dem Namen Target Costing bekannt, beschreibt einen
Ansatz zur kundenorientierten Bestimmung der Produktionskosten.

Gräßler schreibt, dass ausgehend von der Zahlungsbereitschaft des Kunden für
das gesamte Produkt, entsprechend der Kundennutzenpräferenzen die Zielkosten
der einzelnen Produktfunktionen bzw. Komponenten ermittelt werden. Voraussetzung dazu ist eine verursachungsgerechte Kostenkalkulation.[210] Nachdem das
Unternehmen basierend auf Markt- und Wettbewerbsanalysen den strategisch
sinnvollen Umfang der MC bestimmt hat, beantwortet die Zielkostenrechnung die

---

209 Vgl. Olfert: Kostenrechnung (1999), S. 253.
210 Gräßler: Kundenindividuelle Massenproduktion (2004), S. 180.

Frage, wieviel die Komponenten und Prozesse zur kundenspezifischen Leistungs-erstellung kosten dürfen.[211]

Für den Bereich Fahrzeugbau ist der Preis der konfigurierbaren Standardvariante (-plattform) und der erzielbare Preis jeder einzelnen Sonderausstattung zu ermitteln. Dies kann mittels Marktforschungen, Konkurrenzanalysen und Kundenbefragungen geschehen. Nach Abzug der vom Unternehmen geforderten Gewinnspanne erhält man die „erlaubten" Kosten (Allowable Costs), die sogenannten Zielkosten.[212] Anschließend kann mit Hilfe von Conjoint-Befragungen bestimmt werden, welche Produktcharakteristika für die Kunden besonders wichtig sind. Diese sind nach ihrer relativen Gewichtung geordnet darzustellen und in einer Matrix mit dem Einfluss verschiedener Produktkomponenten in Verbindung zu bringen. In diesem Schritt wird festgestellt, wieviel jede einzelne Komponente zur Erfüllung der Kundenpräferenzen beitragen kann und wie hoch ihr relativer Wert im Vergleich zu den anderen Komponenten sein darf.[213] Die Berechnung der Zielkosten der Komponenten erfolgt durch Multiplikation des relativen Wertanteils einer Komponente mit den Allowable Costs. Ähnlich ist für die Prozessebene zu verfahren. Hier ist zu ermitteln, welcher Prozess oder welche Funktion des Unternehmens, mit welchem relativen Anteil dazu beiträgt, die Kundenpräferenzen zu erfüllen. Das Produkt aus den einzelnen relativen Anteilen und den Allowable Costs stellt die erlaubten Kosten der einzelnen Prozesse dar. Abschließend kann bekannterweise durch die Division der Ist-Kosten mit den Zielkosten ein Zielkostenindex errechnet werden, der aussagt, ob die Allowable Costs einer Komponente oder eines Prozesses über- oder unterschritten wurden.[214] Die Lücke zwischen den vom Markt erlaubten Zielkosten und den unternehmensspezifischen Standardkosten ist durch entsprechende Maßnahmen zu schließen.

Weitere Arten der Prozesskostenrechnung, die im Rahmen des Kostenmanagements der kundenindividuellen Massenfertigung zum Einsatz kommen können, finden sich in der Fachliteratur unter den Begriffen: [215]

- Activity-Based-Costing (ABC),
- Ressourcenorientierte Prozesskostenrechnung (RPK),
- Prozessanaloge Angebotskalkulation.

---

211 Vgl. Krüger / Hergeth: Target Costing and Mass Customization (2006), S. 4-8.
212 Vgl. Düsch / Platzköster / Steinbach: Kostenträgerrechnung im Krankenhaus (2002), S. 152.
213 Vgl. Pesch: Target Costing (2008), online.
214 Vgl. Jórasz: Target Costing (2008), online.
215 Vgl. Coenenberg / Fischer: Prozeßkostenrechnung – Strategische Neuorientierung in der Kostenrechnung (1991), S. 21 f.; Kloock: Kostenrechnung mit integrierter Umweltschutzpolitik als Umweltkostenrechnung (1992), S. 184ff, 237ff.; Kloock / Sieben / Schildbach / Homburg: Kosten- und Leistungsrechnung (2005); Lösch: Controlling der Variantenvielfalt (2001); Schweitzer / Küpper: Systeme der Kosten- und Erlösrechnung (1995), S. 334.

3.5 Besondere Aspekte des Untersuchungsgegenstands Automobilmarkt China

Der chinesische Automobilmarkt wird weiter wachsen und sich verändern. Die Strategie der kundenindividuellen Massenfertigung kann, aus verschiedenen Gründen, eine geeignete Möglichkeit sein, dem Wandel zu begegnen.

Angebotsseitige Zunahme des Wettbewerbs

Neben den existierenden einheimischen und ausländischen Herstellern planen weitere Produzenten den Schritt in die Volksrepublik China. Etablierte Produzenten versuchen von Jahr zu Jahr ihr Produktionsvolumen zu erhöhen und nehmen neue Varianten in ihr Angebot auf, um sich attraktiver im Wettbewerb zu positionieren. Während deutsche Hersteller vor allem versuchen, im hochpreisigen Segment Kunden anzusprechen, konkurrieren chinesische Unternehmen überwiegend im Massensegment. Die Vergangenheit hat gezeigt, welche Folgen die Unternehmen bei einer Intensivierung des Wettbewerbs erwartet. Vor allem chinesische Anbieter würden zunächst mit profitgefährdenden Preissenkungen reagieren. Der Kunde quittiert dies, in Erwartung weiterer Nachlässe mit Kaufzurückhaltung und bringt die Unternehmen damit weiter in Bedrängnis.

Ein Mass Customizer hat in dieser Situation gegenüber den Massenherstellern zunächst den Vorteil, dass die Kunden auf Grund des Idealpunktmodells in ihrem konfigurierten Produkt einen höheren Nutzen erkennen und damit ein attraktiveres Angebot, für das sie entsprechend mehr bereit sind zu bezahlen. Er grenzt sich dadurch deutlich vom Wettbewerber ab. Mass Customizer laufen in dieser Lage durch das Pull-Prinzip auch nicht Gefahr, zusätzliche Fertigbestände aufzubauen, die in der momentan angespannten Situation nur durch weitere Rabatte in den Markt zu bringen wären. Generell wird durch den Entfall eines überdimensionierten Vertriebslagers gebundenes Kapital in Millionenhöhe freigesetzt, welches den Unternehmen zusätzliche Liquididätsreserven beschert.

Nachfrageseitige Zunahme des Wettbewerbs

Neben der Angebotsseite intensiviert sich der Wettbewerb auch nachfragebedingt. War der bloße Besitz eines Automobils vor einigen Jahren noch ein entscheidendes Kaufargument, so hat der chinesische Käufer inzwischen eine klare Vorstellung von den Eigenschaften und Besonderheiten seines Fahrzeugs. In den Marketingabteilungen der JV-Unternehmen, werden die Ansprüche von chinesischen und deutschen Kunden sogar als vergleichbar bezeichnet.

Umso entscheidender im Wettbewerb ist es, dem Kunden mit einem Angebot entgegenzutreten, das seinem Idealpunktmodell entspricht. Durch die Aufnahme zusätzlicher Varianten in das Fertigungsprogramm, lässt sich der diversifizierten Nachfrage kaum begegnen. Spätestens bei der Allokation eines Fahrzeugs zum

Kunden käme es zu Problemen, da die Händler nur eine sehr begrenzte Auswahl von Fahrzeugen vorrätig halten können.

Aufbau modernster Technologien

Während ausländische Hersteller ihre Fertigungsstätten in China zunächst mit abgeschriebenen Anlagen des Mutterwerks ausgestattet haben, existieren in der Volksrepublik mittlerweile modernste Produktionsmittel. Auch im Bereich Informationstechnologie vollzog sich ein Wandel von standardsoftwarebasierten Insellösungen hin zu integrierten Systemlandschaften, wenngleich das Land vor allem in diesem Bereich auf Grund der niedrigen Faktorkosten für Arbeit im Vergleich zum Westen noch Nachholbedarf hat.

Im Bereich Logistik hat in China ebenfalls ein Wandel eingesetzt, bei dem Dienstleistungen von Unternehmen vermehrt outgesourced werden und sich dadurch bereits eine Vielzahl professioneller Anbieter etabliert haben, die von dem Wachstum profitieren und bereits umfassende Logistiklösungen für die Unternehmen parat haben.

Insgesamt besitzt das Land die technologischen Voraussetzungen und die notwendigen Ressourcen, um den Herausforderungen einer ordergesteuerten Fertigung zu begegnen. Dennoch wird der Einsatz von Systemen zur Informationsverarbeitung den Unternehmen hohe Investitionen abverlagen. Inwieweit die Unternehmen bereit sind, diese Kosten zu tragen, wird sich im Rahmen der Wirtschaftlichkeitsanalyse der Mass Customization-Strategie zeigen. Neben den Chancen sind die Unternehmen auch Risiken ausgesetzt. Für das Land China steht keineswegs fest, dass Kunden wie in anderen Ländern bereit sind, Premiumpreise für ihre Sonderwünsche zu bezahlen.

Ein wesentliches Erfolgskriterium der Mass Customization ist jedoch ein sehr ausgeprägtes Kundenverständnis. Gerade ausländischen Fahrzeugproduzenten bleibt die asiatische Käufermentalität jedoch oftmals verschlossen. So gibt es momentan keinerlei Erkenntnisse darüber, wie Auswahlmöglichkeiten vom Kunden aufgenommen werden und ob die Möglichkeit der Produktkonfiguration als Spaß oder Last empfunden wird.

Fraglich bleibt ebenfalls, wie sich der Bezahlprozess sicher gestalten lässt. Chinesische Kunden sind es gewohnt, in den Showroom des Händlers zu gehen und ein Produkt mitzunehmen. Es ist unklar, wie lange chinesische Kunden bereit sind, auf ihr Wunschprodukt zu warten. Den bekannten Gepflogenheiten zufolge werden wohl die wenigsten zudem bereit sein, eine Anzahlung oder gar Vorauszahlung zu leisten.

Kritiker der Mass Customization sehen beim Paradigmenwechsel ebenfalls die Realität um einiges komplexer und vielseitiger als während der Planungsphase.

Momentan haben ausländische Hersteller die Chance, sich mit einer Mass Customization-Strategie als „First-Mover" im Wettbewerb zu platzieren. Zudem sind vor allem die finanziellen Aufwände oder Risiken während einer allgemeinen Wachstumsphase einfacher zu tragen als bei einem zwangsweisen Paradigmenwechsel aus einer angespannten Wettbewerbssituation heraus, in der unter Umständen die finanziellen Mittel für die notwendigen Investitionen beschränkt sind. Was die Ungewissheiten bzgl. des Kundenverhaltens betrifft, so dürften diese eher kurzfristiger Natur sein, da das Konzept auf „Learning Relationships" aufbaut.

Anhand eigener empirischer Untersuchungen kann diese Arbeit dazu beitragen, ein besseres Verständnis des chinesischen Kunden zu erlangen. Aus den gewonnenen Daten wird in Kapitel 5 ein marktgerechtes Konzept zur wirtschaftlichen Implementierung einer Mass Customization-Strategie erarbeitet, welches den oben genannten Risiken Rechnung trägt.

Laut *Haasis* bedeutet eine immer kurzfristiger, differenzierter und schwer prognostizierbarer werdende Kundennachfrage, dass Unternehmen ihre Positionierung sorgsam gestalten müssen, um in der Lage zu sein, kundenindividuell zu fertigen und gleichzeitig Größendegressionseffekte zu erzielen.[216] *Gräßler* schreibt in diesem Zusammenhang, dass der Aufbau einer kundenindividuellen Massenfertigung einer strategischen Verankerung im Unternehmen und dem Einsatz eines zielgerichteten Veränderungsprozesses – vor allem zur Neuausrichtung der Geschäftsprozesse – bedarf. Der Veränderungsprozess zum kundenindividuellen Massenproduzenten wird von der Unternehmensspitze initialisiert und von den jeweiligen Fachbereichen eines Unternehmens verantwortet. Grundvoraussetzung des Wandels ist eine breite Akzeptanz der Beteiligten aller Funktionsbereiche und Hierarchieebenen.[217] *Anderson* rät zum Einsatz einer „Implementierungs Roadmap". Darin sollen mehrere Parallelaktivitäten hervorgehoben werden, die simultan umgesetzt werden können, um die Strategie zu unterstützen.[218]

---

216 Vgl. Haasis: Produktions- und Logistikmanagement (2008), S. 2.
217 Vgl. Gräßler: Kundenindividuelle Massenproduktion (2004), S. 29, 223, f.
218 Vgl. Anderson: Built-to-Order & Mass Customization (2004), S. 420.

4. Analyse und Bewertung von MC-Ansätzen für den chinesischen Automobilmarkt

In diesem Kapitel werden Mass Customization-Ansätze für den chinesischen Automobilmarkt analysiert und bewertet. Im Vordergrund der Betrachtung stehen die Schwerpunkte Produktion und Logistik. Analysekriterien werden im Folgenden aufgeführt. Die Bewertung zielt unter anderem auf die Risikoabschätzung, den Kostenaufwand und die Zukunftssicherheit möglicher Lösungsansätze ab.

Das Konzept der Mass Customization ist dann erfolgreich, wenn es das Unternehmen schafft, die individuellen Komponenten des Produkts soweit einzugrenzen, ohne dass dies der Kunde als Einschränkung seiner Wahlfreiheit empfindet. Speziell im Automobilbau entstehen durch die Vielzahl an Sonderausstattungen soviele Kombinationsmöglichkeiten, dass diese über eine CKD-Produktion mit der Seefrachtversorgungspipeline nicht darstellbar sind. Die Frage ist nun, auf welche Optionen sich das Unternehmen konzentrieren soll, um dem individuellen Kundenanspruch gerecht zu werden. Das Ziel ist, Mass Customization-Ansätze für ausländische CKD-Fahrzeugwerke in China zu analysieren und zu bewerten. Dabei wird anhand von Case Studies dargestellt, wie sich Komplexität durch die freie Kombination von Sonderwünschen aufbläht und wie diese über ein effizientes Versorgungskonzept beherrscht werden kann. Basis der Analyse ist die Auswertung empirischer Marktdaten und Informationen, welche die Produktionssituation beschreiben. Daraus wird abgeleitet, welche Komponenten standardmäßig in ein Fahrzeugkonzept integriert, welche individuell angeboten werden und welche auf dem chinesischen Markt vollständig entfallen sollten, da sie nicht kundenrelevant sind. Die folgende Analyse ist für das wissenschaftliche Konzept theoretisch fundiert aufgebaut und wird praxis- bzw. umsetzungsorientiert dargestellt.

4.1 Randbedingungen

Der Untersuchungs- und Beschreibungsgegenstand bezieht sich auf Produktions- und Logistiksysteme im Automobilbereich in China. Für diesen Bereich zeigt sich, dass der Übergang vom Push- zum Pull-Prinzip für den Kunden mit Lieferzeiten verbunden ist: anders als bisher, kauft er das Fahrzeug nicht mehr direkt vom Hof des Händlers, sondern bestellt sein Fahrzeug mit individueller Sonderausstattung und muss auf die Auslieferung warten. Die Zeitspanne zwischen Auftragseingang und Auslieferung bezeichnet man bekanntlich als Order-to-Delivery-Zeitraum.

Das Konzept der kundenindividuellen Massenfertigung bei einer CKD-Fahrzeugmontage ist grundsätzlich auch mit einer Seefrachtversorgung möglich. Für den Kunden würde dies jedoch bedeuten, dass er unter Umständen etwa sechs Monate auf sein Fahrzeug warten muss. Für das Unternehmen bedeutete dies, dass die Steuerungskomplexität unverhältnismäßig ansteigen würde.

Das zu entwickelnde Konzept soll die These bestätigen, dass *CKD-Automobilhersteller in der Volksrepublik China, ohne einen dramatischen Komplexitätsanstieg 80 Prozent der Kundenwünsche erfüllen können.*

Bei der Untersuchung spielen zwei Parameter eine Rolle: zum einen sind dies die funktional-/materiellen Ansprüche an das Produkt und zum anderen ist es der zeitliche Aspekt von der Bestellung bis zur Auslieferung. Die Untersuchung richtet sich speziell an ausländische Automobilhersteller, die in China Pkw nach dem CKD- und Push-Prinzip bauen. Die Beantwortung der These ist jedoch für andere Fahrzeugproduzenten und Zulieferer ebenfalls interessant, da Szenarien für die Abkehr vom allgemein angewandten Ansatz der Lagerfertigung diskutiert werden. Die These basiert auf den gewonnenen Erkenntnissen in den Bereichen kundenindividuelle Massenfertigung und globale Just-in-time Konzepte und ergänzt die Ergebnisse für den speziellen Rahmen Automobilproduktion mit Seefrachtversorgung in China.

Der abgesteckte Rahmen ist somit ein Bereich, in dem vor allem die deutschen Unternehmen weltweit durch ihre Innovationsstärke glänzen und versuchen, in einem schwer umkämpften Marktumfeld, Wettbewerbsvorteile und höhere Marktanteile zu erzielen.

Die These wird mit Hilfe eines Mass Customization-Ansatzes beantwortet. Es wird gezeigt, dass der Wandel zur kundenindividuellen Fahrzeugproduktion Potential bietet, um die geforderten Strategieziele zu erreichen.

4.2 MC-Ansätze für den chinesischen Automobilmarkt

4.2.1 Übersicht

Zur Behandlung der Thematik werden vom Markt empirische Daten abgefragt. Dadurch soll ein klareres Bild von den Ansprüchen eines chinesischen Autokäufers entstehen. Wie bereits beschrieben, ist ein Problem der Push-Fertigung, dass sich Rückmeldungen des Marktes oder der Händler kaum von den Prognosen unterscheiden.

Um exaktere Daten zu erhalten, wurde für die vorliegende Untersuchung eine Internetumfrage in China durchgeführt. Darin war es dem chinesischem Teilnehmer überlassen, sein Fahrzeug nach eigenen Vorstellungen zu konfigurieren. Das Ergebnis soll zeigen, nach welchen Ausstattungsmerkmalen oder Lackfarben der chinesische Automobilmarkt tatsächlich verlangt, wenn dem Kunden nicht unmittelbar ein Fertigprodukt angeboten würde. In der Umfrage wurden auch andere themen- und marktspezifische Daten abgefragt, die zur Behandlung der Thematik und vor allem auch zur Plausibilisierung der Ergebnisse notwendig waren.

Das Medium Internet wurde für die Umfrage genutzt, um auf Grund der Landesgröße der Volksrepublik Chinas die Chance zu wahren, sämtliche Provinzen bei der Teilnahme mit einzubeziehen. Insgesamt gibt es eine Vielzahl von Argumenten (siehe Kapitel 4.2.3), die für oder gegen Onlineumfragen sprechen. Die Analyse der Daten erfolgte mit Hilfe spezieller Statistiksoftware und mit der Office-Anwendung Microsoft Excel. Die Bewertung erfolgte anhand einer Paretoanalyse – auch ABC-Analyse genannt – die besagt, dass ein großer Teil der Wirkung auf einen relativ kleinen Ursachenkreis zurückzuführen ist. Die Wirkung wird je nach Analysegegenstand in Kosten oder Häufigkeiten ausgedrückt. Im Allgemeinen lässt sich daraus ableiten, dass 80 Prozent der Wirkung auf 20 Prozent der Ursachen beruht. „Die ABC-Analyse ist eine vielfältig einsetzbare Methode, wenn quantitativ erfassbare Sachverhalte klassifiziert oder Prioritäten für deren weitere Untersuchung festgelegt werden sollen".[219]

Der ursprüngliche Einsatzbereich der ABC-Analyse liegt im Bereich Materialwirtschaft. Mit ihrer Hilfe können dort Potentiale für Rationalisierungsmaßnahmen in Beschaffung und Lager aufgedeckt werden. Weitere Einsatzbereiche sind Organisationsuntersuchungen oder die Vorbereitung von Prozessoptimierungen, wenn beispielsweise Ziele priorisiert werden müssen.

Ziel der ABC-Analyse ist die Bildung einer Rangfolge der betrachteten Objekte, anhand derer die Priorisierung vorgenommen und entsprechende Handlungsstrategien abgeleitet werden können. Mit Hilfe der ABC-Analyse ist es möglich, Wesentliches vom Unwesentlichen zu trennen, Schwerpunkte zu setzen und unwirtschaftliche Anstrengungen zu vermeiden.[220]

Dazu werden zunächst quantitative Aussagen in tabellarischer Form, beginnend mit dem größten Wert, erfasst und durch eine Lorenzkurve (Summenkurve) grafisch aufbereitet. Bei der Darstellung werden auf der Y-Achse das zu untersuchende Kriterium (Einteilung in Prozent) und auf der X-Achse die Komponenten (Einteilung in Prozent oder beginnend mit dem größten Wert) mit ihren kumulierten Einzelwerten eingetragen. Durch die grafische Darstellung der Analyseergebnisse wird die Klassifizierung wesentlich erleichtert. Diese erfolgt durch Abgrenzung mit senkrechten Linien und Einteilung nach A, B und C-Kategorien. Üblicherweise haben A-Teile einen Mengenanteil von 15 Prozent und einen kumulierten Wert von 80 Prozent, B-Teile einen Mengenanteil von 30 Prozent und einen kumulierten Wert von 90 Prozent und C-Teile einen Mengenanteil von 10 Prozent bis zum kumulierten Wert von 100 Prozent.

---

219 Vgl. Bundesministerium des Innern: Handbuch für Organisationsuntersuchungen und Personalbedarfsermittlung (2007), S. 339.
220 Vgl. Bundesministerium des Innern: Handbuch für Organisationsuntersuchungen und Personalbedarfsermittlung (2007), S. 338.

Klassifiziert man die Wichtigkeit von Fahrzeugausstattungen mit Hilfe der ABC-Analyse, so lässt sich deren Bedeutung über die drei Klassen wie folgt ausdrücken:

A: als sehr wichtig zu behandeln

B: als wichtig zu behandeln

C: als weniger wichtig zu behandeln.

Die Anwendung der ABC-Analyse ist, wie jede andere Methode auch mit Vor- und Nachteilen verbunden:[221]

- Komplexe Fragestellungen können mit einem vertretbaren Aufwand durch die Konzentration auf die wesentlichen Faktoren gelöst werden,
- Methode ist für viele Bereiche anwendbar und vom Untersuchungsgegenstand unabhängig,
- Ergebnisse können einfach und übersichtlich dargestellt werden,
- Aussagen lassen sich schnell ableiten (Trennung des Wesentlichen vom Unwesentlichen),
- es werden keine Feinheiten ermittelt, daher ist die Aussagekraft für detaillierte Fragestellungen eingeschränkt,
- die Prozentwerte der Klassen können variieren,
- belastbare Daten werden benötigt.

Entsprechend diesem theoretischen Ansatz müsste als Ergebnis der durchgeführten Befragung herauskommen, dass 55 Prozent der wählbaren Sonderausstattungen einen Stimmanteil von nur 10 Prozent bekommen (C-Teile). Daraus ließe sich ableiten, dass diese Ausstattungen für die Befragten unwesentlich sind und die Priorität bei den A- und B-Teilen liegt.

4.2.2 Forschungsmethode Case Study

Fallstudien sind für vielfältige Forschungszwecke flexibel einsetzbar und werden insbesondere für vergleichende Organisationsanalysen genutzt. Zu den bekanntesten Case Studies zählt die Analyse von Managementtechniken bei Kawasaki Japan, durch die *Schonberger* herausgearbeitet hat, dass JIT-Denken und -Prozesse nicht auf Kulturkreise begrenzt sind („Culture is no obstacle; techniques can change behavior"[222]). Ein weiterer Meilenstein der Einzelfallstudien stellt die JIT Analyse von Yasuhiro Monden bei Toyota (1998) dar, welche durch die akurate Dokumentation von Prozessen für andere Forscher die Grundlage für weitere Studien bot.

---

221 Vgl. o.V.: ABC-Analyse (2008), online.
222 Schonberger: Japanese Manufaturing Tequnices (1982), S. 83, 101.

Bei einer Case Study reicht der Einsatz *einer* Erhebungstechnik nicht aus. Sie muss methodisch auf unterschiedliche Ansätze zurückgreifen. [223] Dazu zählen Daten aus Erhebungsmethoden wie Umfragen, Interviews, Expertenbefragungen, Dokumentenanalysen und Beobachtungen. „Man spricht von einer Methodentriangulation, dadurch soll die Intention der Fallstudie realisierbar gemacht werden". [224]

Gegenstand der vorliegenden Case Study war das chinesisch-deutsche JV-Unternehmen BMW-Brilliance Automotive Ldt., das im Nordosten Chinas, in der Provinzhauptstadt Shenyang seit 2003 eine CKD-Fahrzeugproduktion betreibt. Das Unternehmen ist ein besonders prägnantes und aussagekräftiges Beispiel für den Themenrahmen, da es gerade die Anzahl seiner Fahrzeugvarianten erhöht und sich in der Phase verstärkter Lokalisierungsbemühungen befindet.

Das Analysematerial der vorliegenden Arbeit stammt aus einer Onlineumfrage. Weitere Aussagen beruhen auf der Aufbereitung historischer Daten und aus Interviews, die vor Ort mit den Spezialisten der jeweiligen Fachstellen und mit verschiedenen Händlern in der Volksrepublik China durchgeführt wurden. Dadurch ergänzen sich Ergebnisse aus quantitativer und qualitativer Forschung.

Bei der quantitativen Forschung wird eine Hypothese gebildet, und durch empirische Daten aus einer Stichprobe überprüft. Bei der Analyse kommen statistische Methoden zum Einsatz. In der vorliegenden Arbeit wurde die Beliebtheit einzelner Fahrzeugsonderausstattungen unter einer breiten Gesamtauswahl untersucht. In der qualitativen Forschung steht weder die Datenmenge und ihre Repräsentativität im Vordergrund, noch ist ihre Verallgemeinbarkeit von besonderer Bedeutung. Der Fokus liegt auf der „Qualität" der gewonnenen Daten, wodurch unter anderem der Wert des Inhalts der Aussage beschrieben wird. [225]

Im Rahmen dieser Arbeit wurden verschiedene Themen subjektiv erfragt. Die meisten davon betrafen das Kaufverhalten chinesischer Fahrzeugkunden und Interessenten. Durch die Behandlung der Fallstudie mit verschiedenen Techniken, können die Befunde der einzelnen Verfahren direkt aufeinander bezogen werden. Dabei kann der Forscher eine Vermutung durch die Befunde der zweiten Methode absichern. [226] Für die vorliegende Arbeit bedeutet dies, dass die quantitativen Daten als Grundlage zur Bestimmung des notwendigen Umfangs einer Mass Customization-Strategie auf dem chinesischen Automobilmarkt verwendet werden. Die Ergebnisse der qualitativen Forschung wurden ergänzend herangezogen, um beispielsweise zu verifizieren, ob der zeitliche Rahmen des OTD-Konzepts, mit den Kundenansprüchen konform läuft.

---

223 Vgl. Bates / Flynn / Flynn / Sakakibara / Schroeder: Empirical Research Methods in Operations Management (1990), S. 256.
224 Vgl. Weyers: Methoden empirischer Sozialforschung (2006), online.
225 Vgl. Lindemann-Carter: Theorie und Fragestellung in der Qualitative Forschung (2006), online.
226 Vgl. Weyers: Methoden empirischer Sozialforschung (2006), online.

Durch diese Vorgehensweise wird die wissenschaftliche Belegkraft der Fallstudie erhöht, indem kontrolliert Einfluss auf das Verfahren genommen wird und dadurch ggf. verzerrende Einflüsse, die zu den Gefahren einer Case Study zählen, vermieden werden. Dazu zählt auch der Nachteil einer Online-Befragung, die sich auf den eingeschränkten Kreis von Internetnutzern beschränkt. So werden die Online-Daten mit Offline-Daten zur Absicherung ergänzt.

4.2.2 Datenerhebung

Die Erhebung quantitativer Daten erfolgte durch eine Online-Umfrage. Der Zugriff erfolgte über die Internetadresse www.diaocha.org.cn. „Diaocha" ist die Lautschrift für zwei chinesische Schriftzeichen, die zusammen „Umfrage" bedeuten. Die Domain wurde für den Erhebungszeitraum von acht Wochen bei einem chinesischen Internetanbieter registriert. [227] Die eingereichten Daten wurden online in eine SQL-Datenbank desselben Providers abgelegt.

Das Internet bietet die technische Möglichkeit zur Interaktion mit einer großen Personenanzahl und ist damit für wissenschaftliche Fragestellungen interessant. Ausschlaggebend für die Wahl der Erhebungsmethode war im Rahmen dieser Problemstellung aber auch die Größe der Volksrepublik China, die den Einsatz von Fragebögen unvorteilhaft erscheinen ließ, zumal bereits durch den Postversand an Adressen in Lautschrift mit einer hohen Verlustrate zu rechnen ist. Das Internet bietet auf Grund der weiten Verbreitung in China die Chance, eine größere Stichprobe zu erheben. Dabei wurde das Internet sowohl zur Teilnehmerrekrutierung als auch zur Datenermittlung eingesetzt.

Problematisch ist bei einer Onlineumfrage immer der Faktor Repräsentativität. Diese ist dann vorhanden, wenn die Stichprobenparameter (Mittelwert, Varianz) als gute Schätzungen der Parameter der Grundgesamtheit gesehen werden können.[228] Nur bei einer Zufallsstichprobe ist davon auszugehen, dass diese Parameter gut abgebildet werden.

Vom *China Internet Network Information Center (CNNIC)* werden in regelmäßigen Abständen Daten erhoben, um zu bestimmen, wie sich der Personenkreis chinesischer Internetnutzer zusammensetzt. Für diesen Personenkreis sind die folgenden Aussagen repräsentativ. Der CNNIC Bericht vom Juli 2007 beinhaltet Nutzerdaten, die durch Offline- und Online-Umfragen, automatisierte Onlineberichte und der Auswertung statistischer Daten, erhoben wurden. Offline Umfragen wurden telefonisch durchgeführt. Es wurden Festnetznutzer und Mobilfunknutzer befragt. Bei der Auswahl der Stichprobe wurde der Umfang der zu Befragenden für jedes Gebiet, durch den dortigen Anteil der Mobilfunknutzer im Verhältnis zu den gesamten Mobilfunknutzern, bestimmt. Bei den Festnetznutzern wurde ähnlich ver-

---

227 Die Domain wurde nach Beendigung der Umfrage wieder frei gegeben.
228 Vgl. o.V.: Grenzen und Chancen von Internetbefragungen (2007), online.

fahren. Schlussendlich konnten offline 7.500 Personen mit Festnetzanschluss, sowie 5.000 Personen mit Mobilfunktelefon befragt werden. Unter Einbezug der online Befragung erreicht die Studie eine Rücklaufquote von 38,7 Prozent.[229]

Zu den Kernaussagen der Analyse zählen folgende Nutzermerkmale:[230]

- 163 Millionen Chinesen nutzen das Internet (Stand Juli 2007),
- Ihr Anteil an der Gesamtbevölkerung entspricht 12 Prozent
- 55 Prozent sind männlich,
- 77 Prozent leben in Städten.

Abbildung 22 zeigt den hohen Anteil von unter 25-jährigen Umfrageteilnehmern.

Abb. 22: Altersverteilung der Internetnutzer

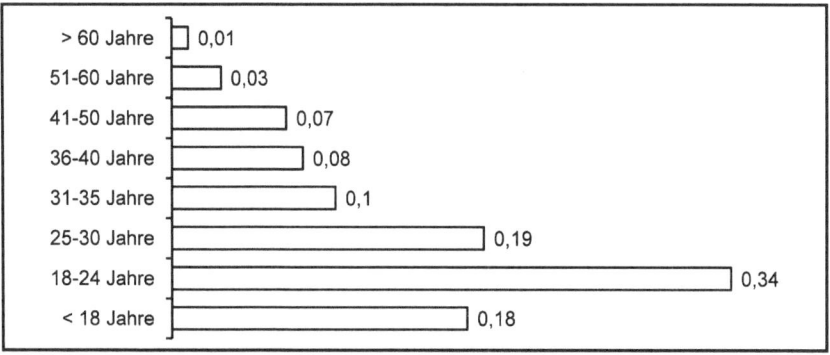

Fast 44 Prozent haben eine Hochschulausbildung oder die Voraussetzung dazu (s. Abb. 23).

Abb. 23: Bildungsstand der Internetnutzer

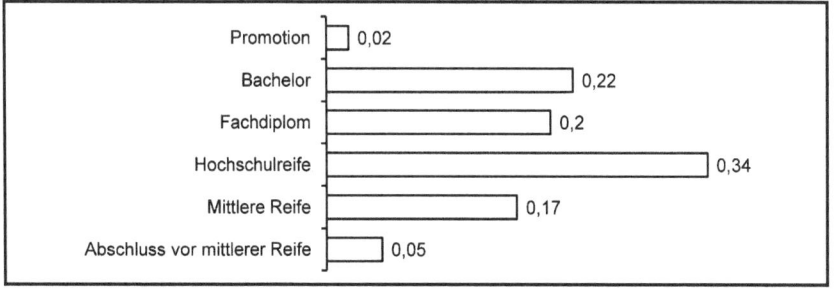

---

229 Basierend auf der Kalkulationsformel der American Association for Public Opinion Research (AAPOR)
230 Vgl. o.V. Statistical Survey Report on the Internet Development in China (2007), online. Die dargestellten Abbildungen zum Internetnutzerkreis wurden dem Bericht entnommen.

Abbildung 24 zeigt, dass 52 Prozent der Internetnutzer einer Beschäftigung nachgehen.

Abb. 24: Beruf oder Aufgabengebiet der Internetnutzer

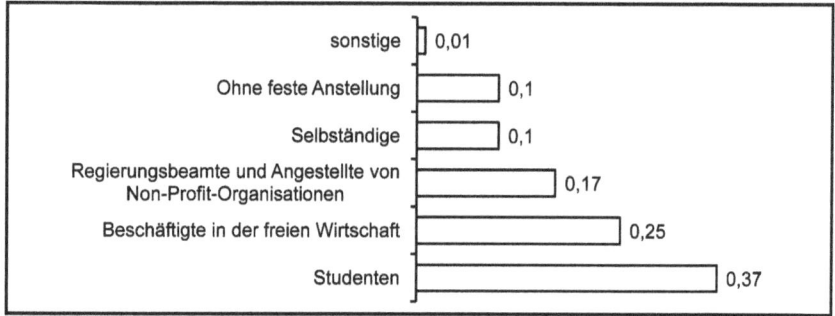

Fast 40 Prozent haben ein Einkommen über 1.500 Yuan (siehe Abb. 25).

Abb. 25: Verfügbares Monatseinkommen der Internetnutzer

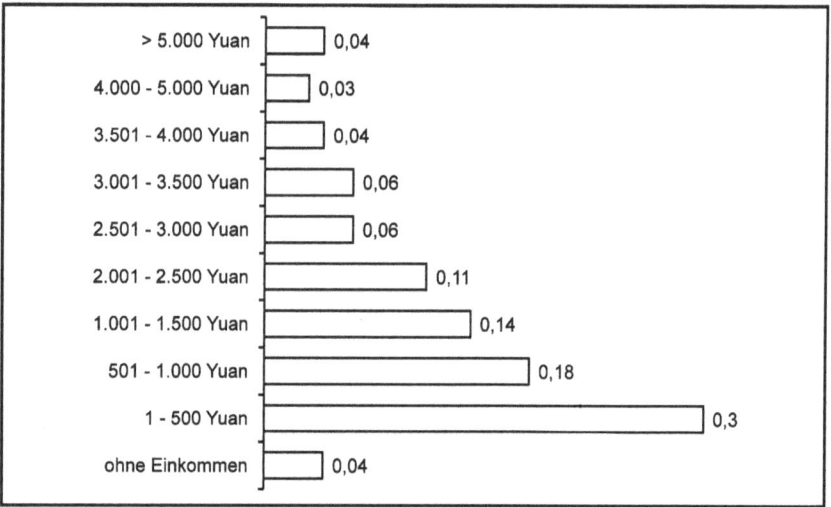

Die CNNIC-Studie beinhaltet ebenfalls Informationen zum Personenkreis der Nicht-Internetnutzer. Die beiden Hauptgründe für Nichtnutzer sind mangelnde Fähigkeiten oder technische Kenntnisse (43 Prozent) sowie fehlende Ausstattung bzw. Internetverbindung (31 Prozent). 61 Prozent der Nichtnutzer kommen aus ländlicher Gegend. 91 Prozent haben einen Bildungsstand Junior Secondary Education oder geringer. Hervorzuheben ist, der hohe Anteil an Hochschulabgänger am Internetnutzerkreis. Diese bevorzugen laut Kapitel 2.1.3 ausländische

Fahrzeugmarken, die bekanntlich CKD gefertigt werden. Außerdem ist der Kreis der Internetnutzer im Durchschnitt eher jung. Diese jungen Leute mit gutem Bildungshintergrund zählen zu der aufstrebenden Käuferschicht, die zumindest mit dem Gedanken spielen, sich ein Fahrzeug anzuschaffen.

Insofern spiegelt der Kreis der Internetnutzer gewissermaßen auch den Kreis potentieller Fahrzeugkäufer wieder, der für die Problemstellung interessant ist.

Die Rekrutierung der Teilnehmer für die eigens durchgeführte Umfrage erfolgte vorwiegend passiv (ohne aktive Stichprobenziehung), als selbstselektierende Stichprobe. Problematisch dabei ist, dass durch den inhaltlichen Kontext „Automobilindustrie" bereits eine gewisse Vorselektion getroffen wurde. Die Anzahl von Personen, die zufällig auf die Umfrageseite fanden, dürfte nur sehr gering gewesen sein.

Da Internetumfragen in China noch nicht sehr weit verbreitet sind, kann von einer nur sehr marginalen Verzerrung der Stichprobe, beispielsweise durch professionelle Befragungsteilnehmer, ausgegangen werden. Die meisten Teilnehmer wurden durch Werbung in verschiedensten Online Diskussionsforen zum Thema Fahrzeug rekrutiert. Dass es dadurch zu weiteren statistischen Verzerrungen, möglicherweise in Bezug auf Autofahrer und Nicht-Fahrer kam, wurde ebenfalls in Kauf genommen. Zur Überprüfung dieser selbstrekrutierten Stichprobe wurden weitere Personen per eMail angeschrieben und zur Teilnahme an der Umfrage eingeladen. Um zu verhindern, dass Nutzer an der Umfrage mehrmals teilnehmen konnten, wurde die IP-Adresse des Computers aller Teilnehmer gespeichert. Dadurch konnten Duplikate bei der abschließenden Datenauswertung aussortiert werden. Ein Vorteil der Internetumfrage ist das unmittelbare Vorliegen der Daten in elektronischer Form und die Möglichkeit, diese Daten online auszuwerten.

Bei der Konzeption der Onlinebefragung wurde berücksichtigt, dass die allgemeinen methodischen Anforderungen der herkömmlichen Methoden an die Gestaltung des Testverfahrens auch für diese Onlineumfrage gelten müssen. Damit sich die Teilnehmer ohne Hilfe eines Testleiters zurechtfinden konnten, wurde die Umfrage komplett auf Chinesisch gestaltet und mit anrufbaren Hilfsstellungen belegt. Alle Eingabefelder waren zudem auf das jeweilige Testverfahren ausgelegt. D.h. bei Multiple-Choice Fragen war nur eine Antwort zulässig und es erschien ein Verweis, dass alle Fragen zu beantworten sind, wollte der Benutzer vorzeitig zur nächsten Seite wechseln. So konnte ebenfalls vermieden werden, dass Teilnehmer bei einer Vorselektion zu flüchtigen Antworten verführt wurden. Zudem war es jederzeit möglich, abgegebene Antworten vor Abschluss der Umfrage zu korrigieren. Mit allen diesen Features wurde berücksichtigt, dass der Antwortgeber weitgehend auf sich alleine gestellt ist. Vor der Freischaltung der Umfrage im Netz, wurde die Konzeption mit verschiedenen Personen überprüft. So konnten Schwachstellen, die möglicherweise auf kulturellen Unterschieden beruhten, welche bei der Wahl des Frageansatzes ausschlaggebend waren, im Vorfeld vermieden werden.

Ein Phänomen war, dass sich alle Tester an Bewertungen mit einer Nominalskala, nicht sicher waren, wie die Zahlen 2,3 und 4 zu bewerten sind, wenn 1 als „trifft völlig zu" und 5 als „trifft überhaupt nicht zu" klassifiziert ist. Als Konsequenz wurden für alle Abstufungen Ordinalskalen mit ihren jeweilig formulierten Aussagen verwendet.

Um Abbruchhandlungen während einer Teilnahme zu vermeiden, war dem Benutzer jeweils ersichtlich, wie viele Seiten noch zu beantworten waren. In die Ergebnisauswertung gingen nur komplett ausgefüllte Fragebögen ein. Um Langeweile beim Benutzer zu vermeiden, wurden pro Seite nur wenige Fragen gestellt. So konnte auch erreicht werden, dass sich der Seitenaufbau, auf Grund der geringeren Datenmenge, innerhalb kürzester Zeit vollzog.

Trotz aller Vorteile einer Internetumfrage wird von Wissenschaftlern empfohlen, Onlinetests durch herkömmliche Umfragemethoden, begleitend abzusichern. Dieser Idee wurde insofern entsprochen, als dass Daten, die in den Themenrahmen der Onlineumfrage fielen, durch qualitative Umfragen bei chinesischen Fahrzeughändlern gegengeprüft wurden.

4.2.3 Datenanalyse

An der Onlineumfrage nahmen in einem Zeitraum von acht Wochen 1.272 Personen aus der Volksrepublik China teil. Die Teilnahme erfolgte aus allen 34 chinesischen Provinzen.[231] Mehr als 90 Prozent der Umfrageteilnehmer waren männlich (siehe Abb. 26).

Abb. 26: Geschlechterverteilung der Umfrageteilnehmer

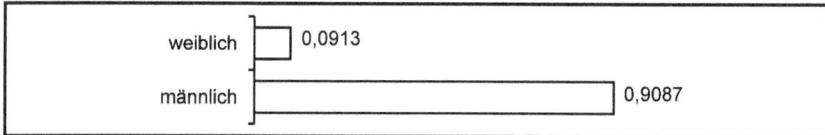

Bei der Altersverteilung der Teilnehmer konnte festgestellt werden, dass 55 Prozent unter 35 Jahre alt waren (siehe Abb. 27).

---

231 Einschließlich Hongkong, Taiwan und Tibet.

Abb. 27: Altersverteilung der Umfrageteilnehmer

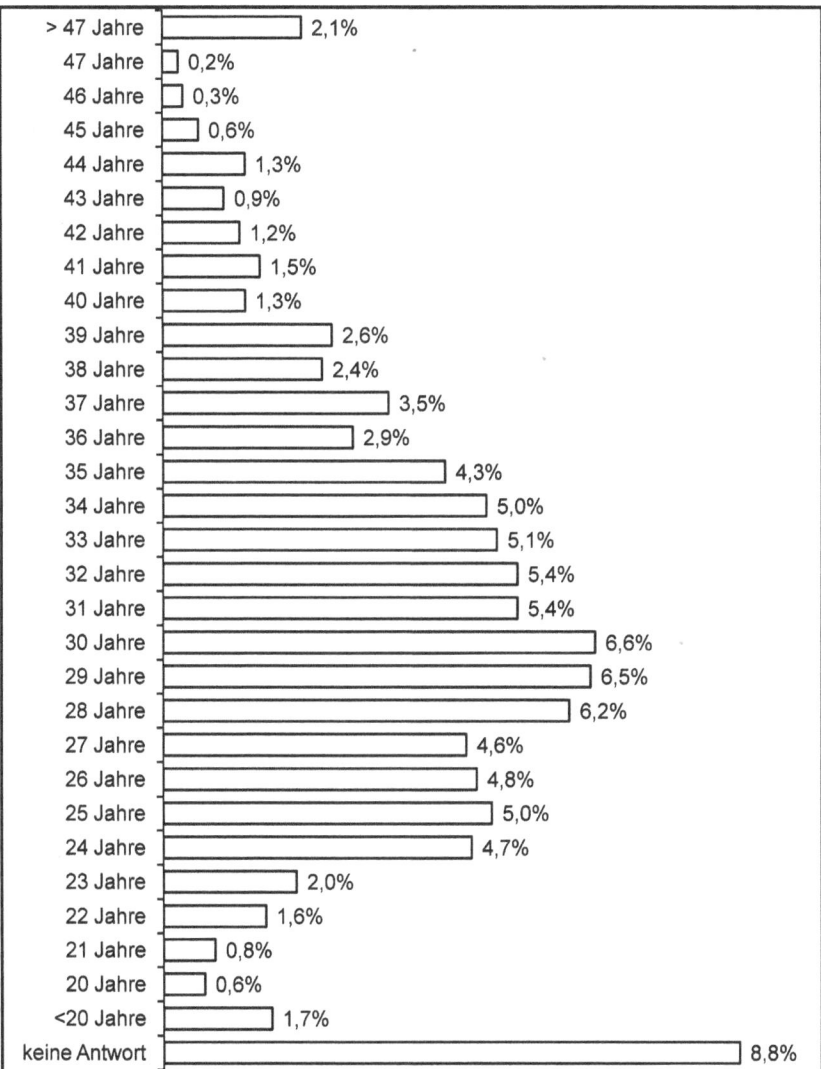

Fast 40 Prozent aller Teilnehmer stammten aus den drei Provinzen mit den großen Metropolen Peking, Shanghai und Guangdong (siehe Abb. 28).

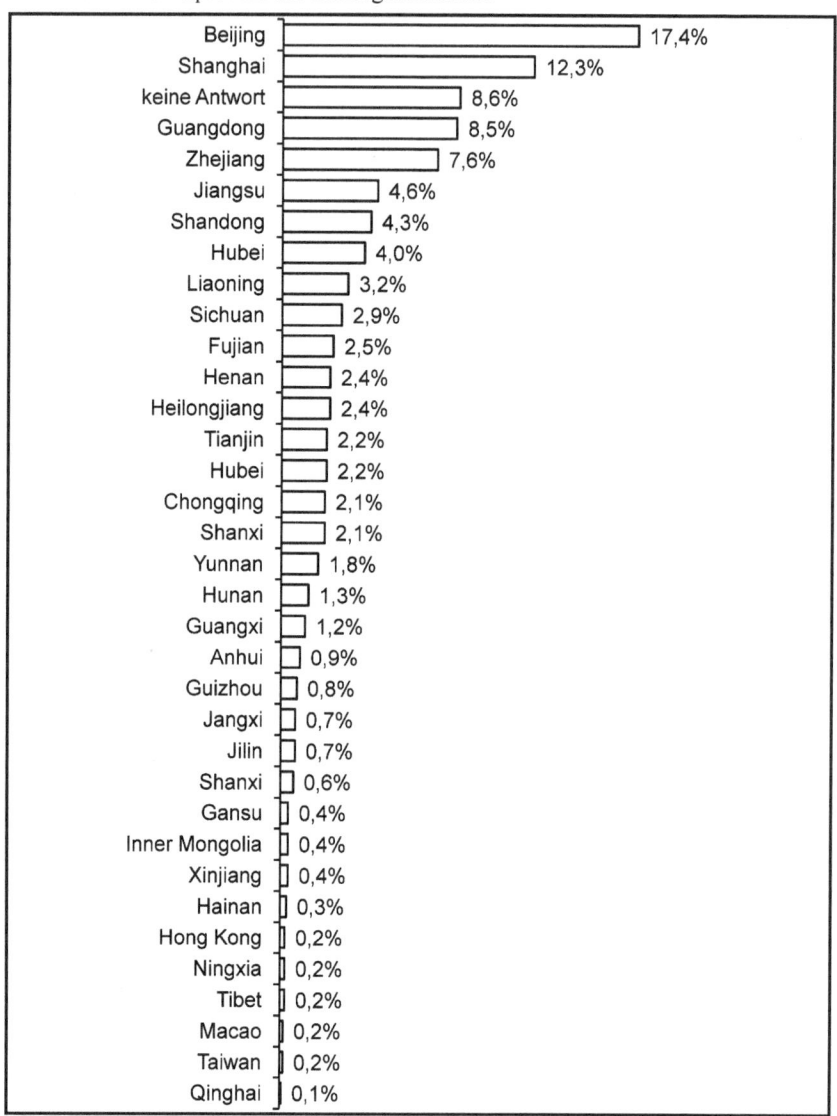

Die Einkommensverteilung spiegelte das Wohlstandsgefälle in der Gesellschaft wider: ein geringer Teil der Gesellschaft verfügt über ein sehr hohes Einkommen. Abbildung 29 zeigt, dass 12 Prozent der Umfrageteilnehmer ein Jahreseinkommen von über 150.000 Yuan haben.

Abb. 29: Jahreseinkommen der Umfrageteilnehmer

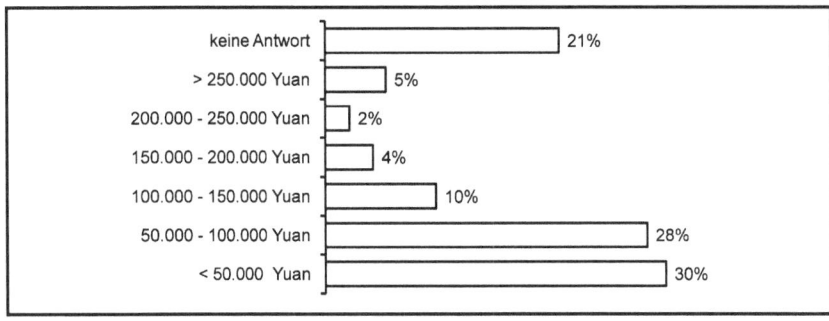

Bei der Frage nach dem eigenen Wissensstand zum Thema Auto äußerten 84 Prozent, dass sie über ein gutes oder sehr gutes Wissen über Fahrzeuge verfügen (siehe Abb. 30).

Abb. 30: Wissensstand der Umfrageteilnehmer über Automobile

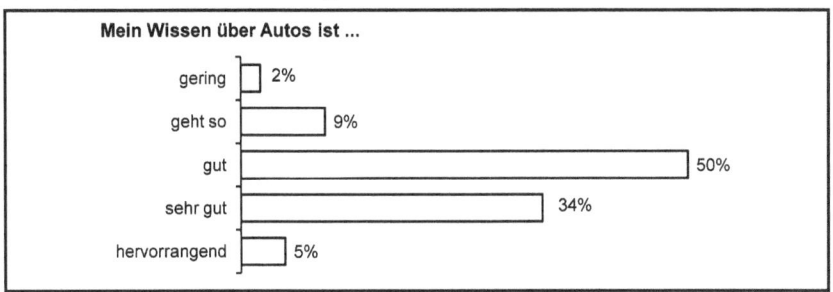

Auf die Frage nach dem Grund für die Anschaffung eines Fahrzeugs nannten beinahe 40 Prozent der Teilnehmer das Streben nach Mobilität (siehe Abb. 31).

Abb. 31: Gründe der Umfrageteilnehmer für einen Fahrzeugkauf

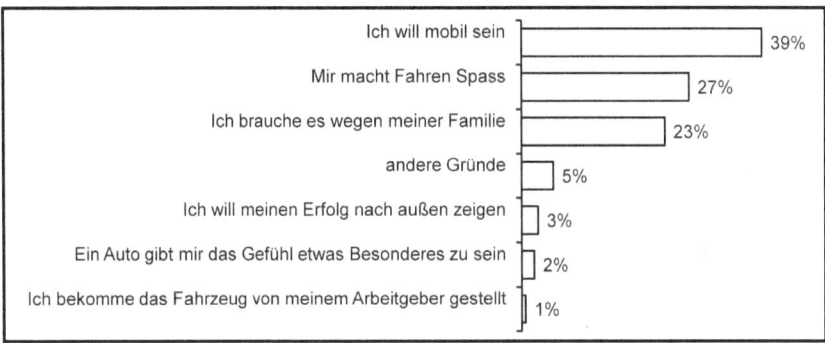

Auf die Frage, ob beim Fahrzeugkauf ein Neuwagen oder ein Gebrauchtfahrzeug in Frage kommt, antworteten 80 Prozent mit dem Wunsch nach einem neuen Auto (siehe Abb. 32)

Abb. 32: Neuwagenpräferenz der Umfrageteilnehmer

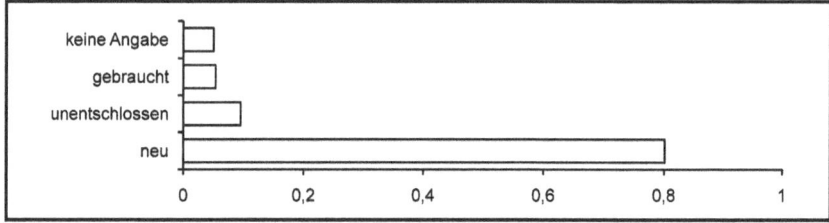

Die geplanten Ausgaben der Umfrageteilnehmer für ihr Fahrzeug, spiegelte die Einkommensverteilung wider. Ein kleiner Teil von 11 Prozent Antwortete, mehr als 350.000 Yuan für ein Auto bezahlen zu wollen. Mehr als die Hälfte aller Teilnehmer, planen jedoch Ausgaben von unter 150.000 Yuan (siehe Abb. 33).

Abb. 33: Geplante Anschaffungsausgaben in Yuan

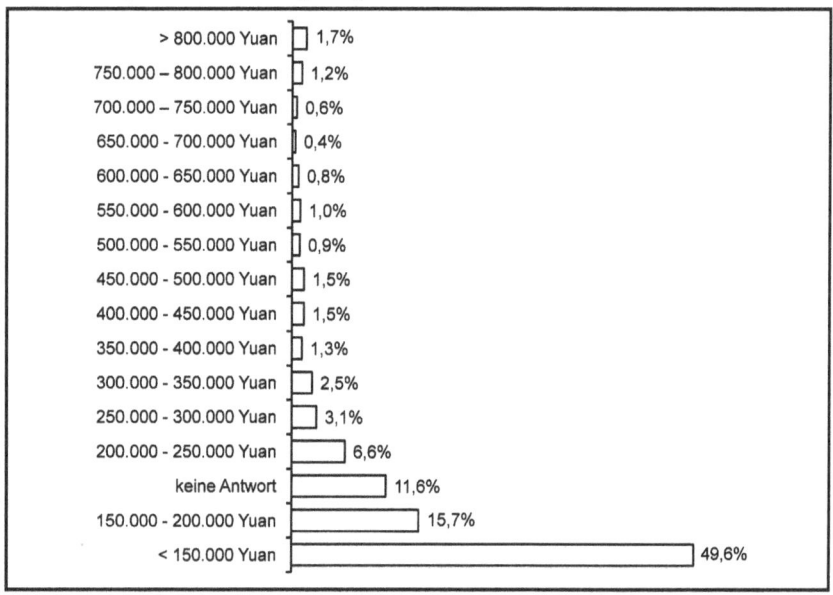

Bei Kauf eines Fahrzeugs stimmen viele Teilnehmer mit der Aussage überein, dass ihr Auto voller Sonderausstattungen sein soll (siehe Abbildung 34).

Abb. 34: Präferenzen der Umfrageteilnehmer beim Fahrzeugkauf

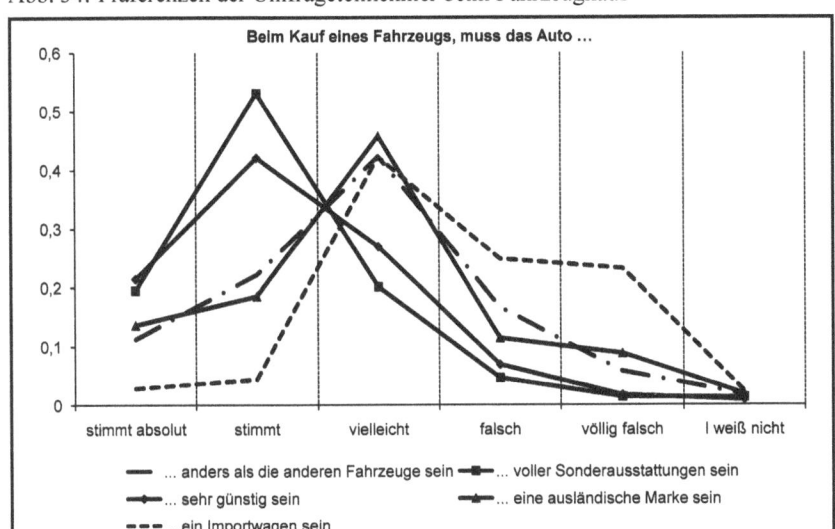

Sollte der Händler das gewünschte Produkt gerade nicht vorrätig haben, würden knapp 40 Prozent nach einem anderen Modell suchen, das exakt ihren Vorstellungen entspricht. Fast ein Viertel der Teilnehmer ist zudem bereit eine Wartezeit in Kauf zu nehmen (siehe Abb. 35).

Falls der Händler mein Wunschfahrzeug gerade nicht verfügbar hat, ...

Abb. 35: Reaktion falls Wunschfahrzeug nicht verfügbar ist

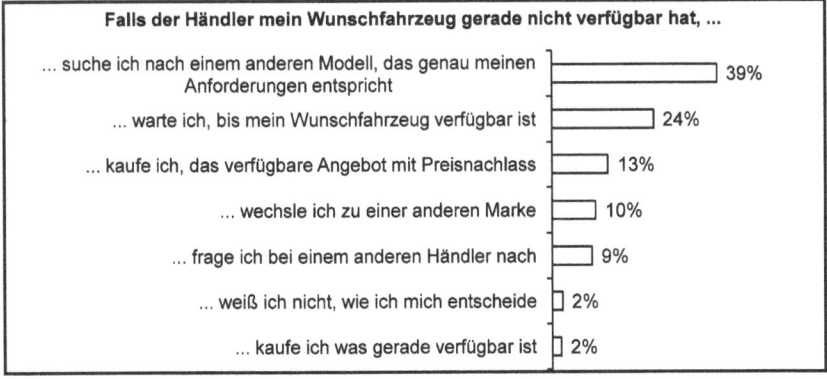

Ein Wartungspaket bietet Potential im Rahmen der Individualisierung von Serviceleistungen. Bei der Umfrage äußerten fast drei Viertel der Teilnehmer Interesse daran (siehe Abb. 36).

Abb. 36: Interesse der Umfrageteilnehmer an einem Wartungspaket

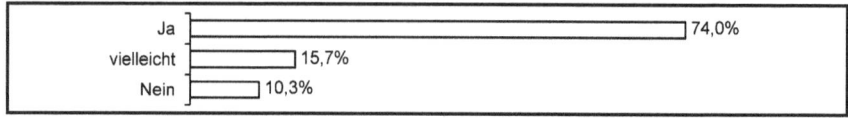

Die Antworten auf die Frage nach der Wunschmarke bestätigte eine unausge-
prägte Markenloyalität: die meisten Teilnehmer antworteten mit „unentschlos-
sen". Die Joint Ventures mit Volkswagenbeteiligung zogen fast 27 Prozent aller
Stimmen auf sich (siehe Abb. 37).

Abb. 37: Wunschmarke der Umfrageteilnehmer

Marke	Prozent
unentschlossen	15,8%
Shanghai VW	10,8%
FAW-Volkswagen	10,7%
BMW-Brilliance	8,2%
Chery	6,5%
nicht aufgeführt	5,7%
FAW-AUDI	5,4%
Citroen	4,6%
SH-General Motors	3,9%
Peugeot	3,6%
Ford	3,1%
Honda-Guangzhou	2,8%
Toyota	2,3%
Brilliance	2,0%
Cherokee	1,7%
Hyundai	1,5%
FAW-Mazda	1,5%
FAW-TianJin	1,4%
Suzuki	1,3%
Geely	0,9%
Kia	0,9%
Fiat	0,9%
Mazda	0,8%
Nissan	0,7%
Beijing Jeep	0,6%
Mercedes	0,6%
BYD Auto	0,4%
Mitsubishi	0,4%
Southeast	0,3%
Harbin Auto	0,2%
Great Wall Auto	0,2%
Zhongxing	0,2%
Jinbei	0,2%
FAW	0,2%
Jianghuai Auto	0,0%

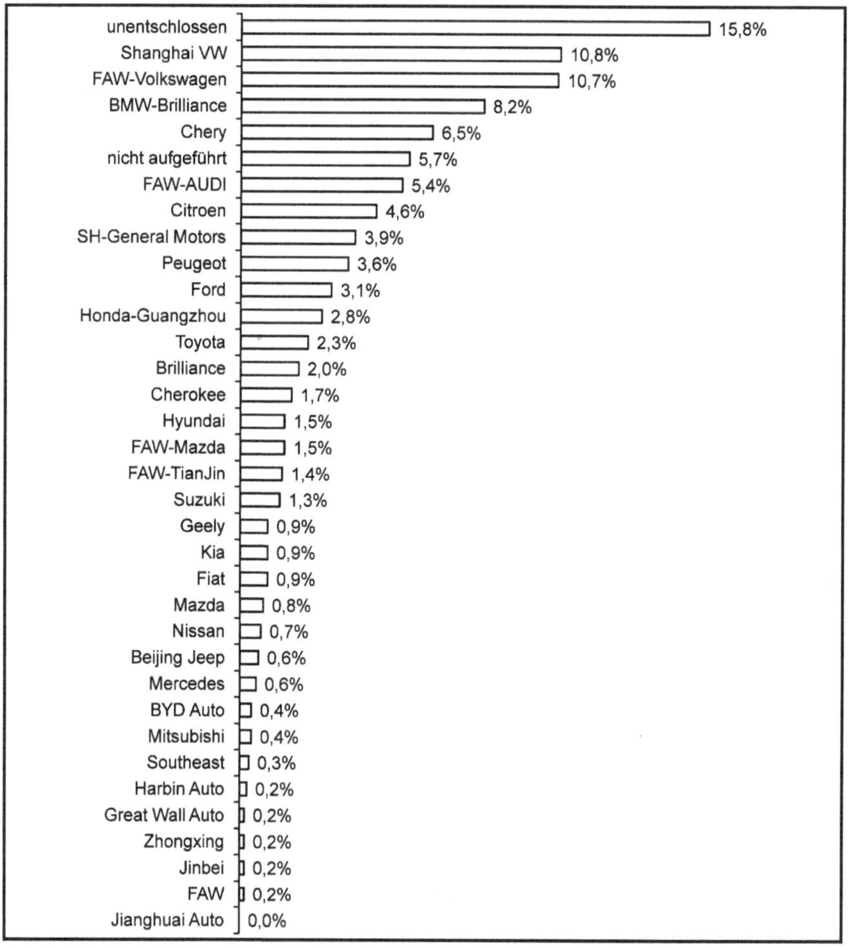

Die Umfrageergebnisse bestätigten ebenfalls, dass Chinesen die klassische Karosserieforme einer Limousine bevorzugen. Beliebt sind auch Langversionen und SUVs (siehe Abb. 38).

Abb. 38: Umfrageteilnehmer bevorzugen klassische Karosserieformen

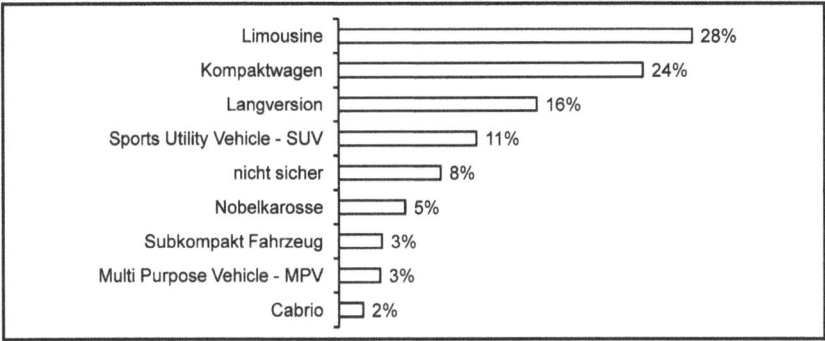

Beim Hubraum würden sich 70 Prozent aller Umfrageteilnehmer mit einem Volumen von unter zwei Litern begnügen (siehe Abb. 39).

Abb. 39: Umfrageteilnehmer bevorzugen moderate Motorenkapazität

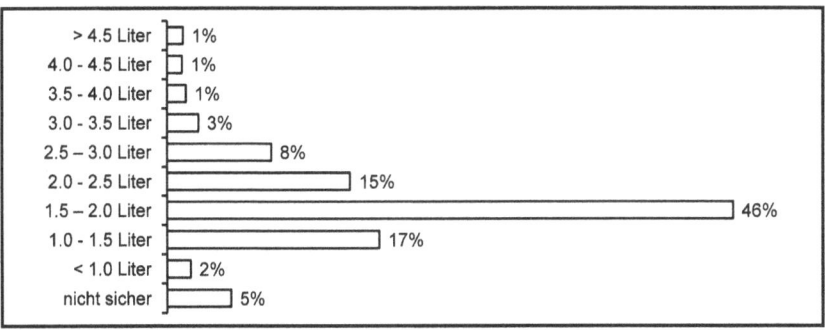

Etwas mehr als die Hälfte der Teilnehmer gab an, ein manuelles Schaltgetriebe zu bevorzugen (siehe Abb. 40).

Abb. 40: Anforderungen der Umfrageteilnehmer an das Fahrwerk

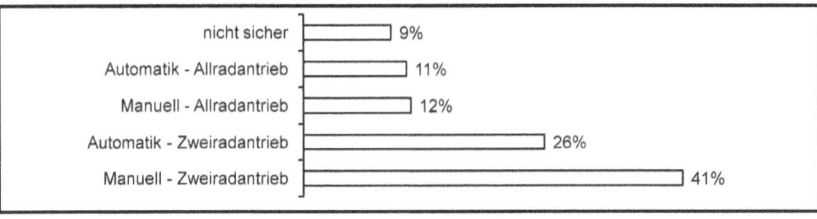

Bei der Auswahl verschiedener Lackfarben, konzentrierten sich über 70 Prozent der abgegebenen Stimmen auf vier klassische Farben (siehe Abb.41).

Abb. 41: Verteilung der Stimmen auf verschiedene Lackfarben

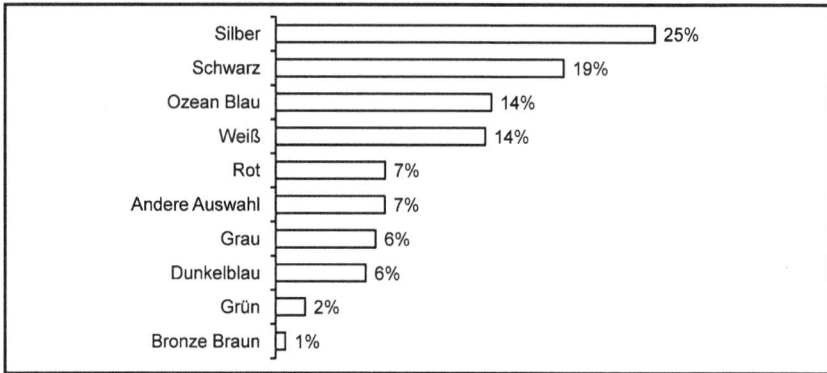

Im Innenraum bevorzugen Chinesen Leder. Ganz beliebt ist die Farbe beige, was sich in den Antworten der Umfrage widerspiegelte (siehe Abb. 42).

Abb. 42: Verteilung der Stimmen auf verschiedene Interieursfarben

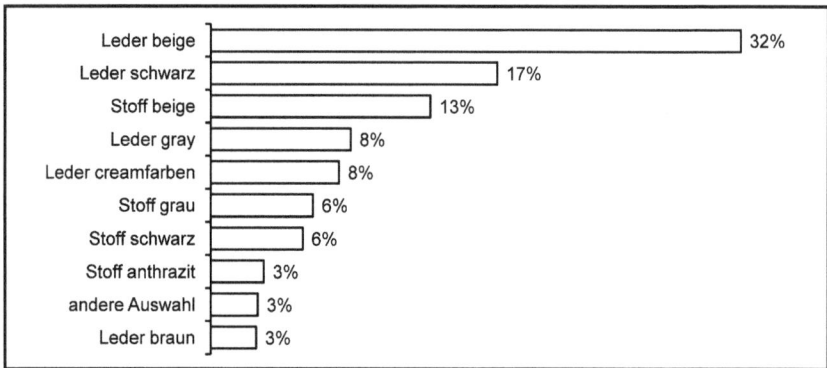

Der Schwerpunkt der Umfrage war jedoch herauszufinden, welche Fahrzeugausstattungen die Teilnehmer bei gegebener Wahlfreiheit als wichtig erachteten. Zu diesem Zweck wurden Sie mit einem Angebot von 73 Sonderausstattungen konfrontiert. Dieser Umfang entspricht in etwa der Auswahl, den man in Deutschland bei einem Mittelklasse Wagen vorfinden würde. Damit die Selektion dem Vorgang des Konfigurationsprozesses in der Realität möglichst nahe kam, wurden den Teilnehmern ein Budget zur Verfügung gestellt, mit dem sie die Optionen – die mit einem Preis bewertet waren – in einen „Warenkorb" legen konnten. Eine Überschreitung des Budgets war nicht möglich.

Die Datenanalyse aller gewählten Optionen ergab annähernd eine ABC-Verteilung (siehe Abbildung 43):

• 49 Prozent der Stimmen wurden auf 25 Prozent der Optionen verteilt
• 51 Prozent der Stimmen wurden auf 80 Prozent der Optionen verteilt.

Abb. 43: Lorenzkurve deutet eine Pareto-Verteilung der Stimmen an

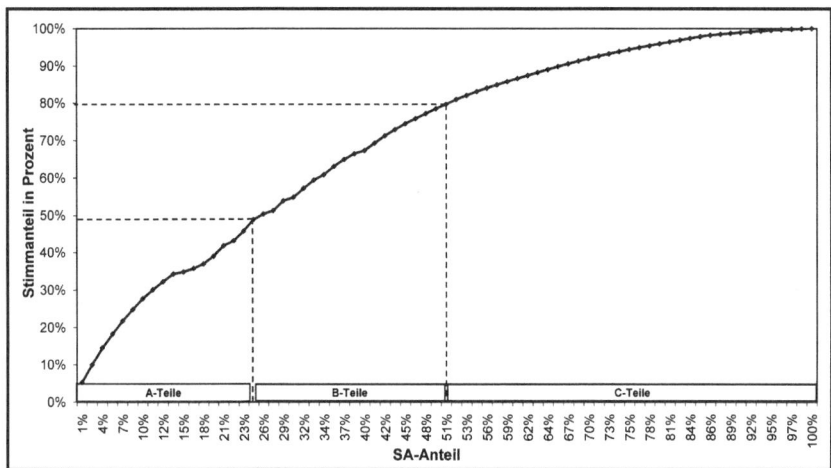

Die Genauigkeit der Messresultate wurde mit Hilfe eines Konfidenzintervalls bestimmt. Dadurch wird die Verlässlichkeit der Resultate quantifiziert. Als 95 Prozent Konfidenzintervall wird derjenige Bereich bezeichnet, in dem der wahre Messwert mit einer Wahrscheinlichkeit von 95 Prozent liegt.

Anders ausgedrückt, die Intervalle in Abbildung 44 wurden mittels eines statistischen Verfahrens berechnet, welches in 95 Prozent aller Fälle ein Intervall liefert, das p enthält. Als p wird dabei die Anzahl von Personen bezeichnet, die an einer Option interessiert sind, im Verhältnis zur gesamten Anzahl aller Teilnehmer. Je höher die eingeschlossene Anzahl Probanden in einer Studie und je geringer die Standardabweichung ist, desto enger wird das Konfidenzintervall. Der p-Wert, drückt dabei aus, ob ein Resultat statistisch signifikant ist oder nicht. Er lässt jedoch keine Aussage über die quantitativen Unterschiede zu.[232] Da die Bandbreite des Konfidenzintervalls bei den vorliegenden Antworten sehr eng ist, lässt sich schlussfolgern, dass die Ergebnisse, mit allen Vor- und Nachteilen der Onlineerhebung für die Beantwortung der Hypothese ihre Berechtigung besitzen.

---

232 Vgl. Stahel: Statistische Datenanalyse (2007), S. 208.

Abb. 44: Konfidenzintervall der Umfrageergebnisse

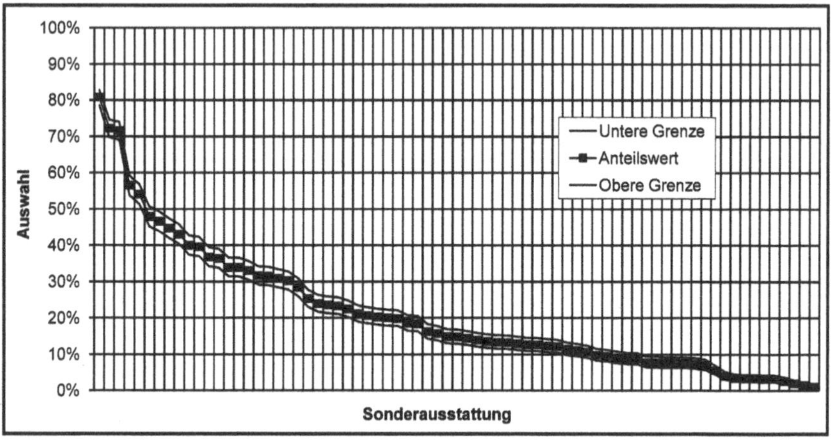

Neben der Onlineumfrage wurden weitere Aussagen aus unternehmensinternen Daten, Expertenbefragung und Interviews bei diversen Fahrzeughändlern durchgeführt. Zu den wesentlichen Erkenntnissen daraus zählen:

Produktionssituation

Die Flexibilität einer CKD-Fertigung ist durch das Versorgungsprinzip wesentlich eingeschränkt. Die Bandbreite für kurzfristige Änderungen am Produktionsprogramm ist sehr eng. Einflussnahme besteht durch teure Luftfrachten, die in der Praxis wegen der hohen Kosten, fast ausschließlich auf Grund von Fehlteilen und nicht als Mittel um Nachfrageschwankungen auszugleichen, zum Einsatz kommen.

Der Handlungsrahmen, um Nachfrageschwankungen auszugleichen, ist ebenfalls stark begrenzt und beschränkt sich im wesentlichen auf die vorhandenen Teilesätze im Containerlager oder jene, die mit der nächsten Schiffsladung in China eintreffen. Es besteht die Möglichkeit, einen Tausch innerhalb der Sequenz mit Losen durchzuführen, deren Teilesätze verfügbar sind. Zu beachten ist, dass die Austaktung der Fertigung weiter den geforderten Materialmix aufweist und sich die Produktion nicht ausschließlich auf die Fertigung einer oder weniger Varianten konzentriert.

Eine weitere Möglichkeit besteht in der Änderung der Farbgebung. Bei einer Einheitskarosse spielt es keine Rolle, welche Farbe zu einer Ausstattungsvariante in die Fertigung eingeschleust wird. Grenzen sind hier insofern vorhanden, als dass sich manche Farbkombinationen durch Marketingvorgaben ausschließen (z.B. kann eine Kombination von schwarzem Interieur mit der Lackfarbe weiß ausgeschlossen sein). Ferner bestehen bekanntlich auch für Lackfarben Vorlaufzeiten (leadtimes). Eine Analyse ergab, dass sich diese je nach Farbe und Bezugsszenario deutlich voneinander unterscheiden und zwischen 6 Wochen und 5

Monaten betragen. Insofern ist zu beachten, dass auch für Farben die Flexibilität von Änderungen von dem Bestand in der Versorgungskette abhängig ist.

Volumenschwankungen abzubilden gestaltet sich schwierig. Erhöhungen sind auf den vorrätigen Pufferbestand der Versorgungskette begrenzt und können erst nach Durchlaufen des Zeitraums der CKD Pipeline (von der Bestellung im Heimatland, über die Verschiffung und den Transport im Auslandswerk) direkt berücksichtigt werden. Hier besteht z.b. die Gefahr, dass sich der Markt nach Eintreffen des modifizierten Teilesatzvolumens wieder in eine andere Richtung bewegt hat. Im Extremfall wäre das geplante Produktionsvolumen zu reduzieren. In diesem Fall käme es zu Kosten, die durch die Lagerung zusätzlicher Container entstünden, bzw. Kosten durch die Verzinsung gebundenen Kapitals.

Ein weiteres Phänomen ist der Umgang mit technologieinternen Flexibilitäten (sog. „Atmung der Montage"). Eine Umfrage ergab, dass Chinesen eher feste Vorgaben bevorzugen, die planmäßig abzuarbeiten sind, als innerhalb flexibler Bandbreiten zu operieren und frei zu entscheiden, ob z.b. aus Gründen von Mitarbeiterqualifizierungsmaßnahmen von der geplanten Produktionsvorgabe abgewichen werden soll. Chinesen sind den Umgang mit Flexibilität nicht gewohnt. Die gewonnenen Aussagen erinnern an planwirtschaftliche Denkansätze.

Dabei war andererseits festzustellen, dass in der Volksrepublik China die Voraussetzungen für Flexibilität in der Fertigung sehr gut sind. Es besteht beispielsweise die Möglichkeit, einen gewissen Bestand an Leiharbeitern aufzubauen, mit dem auf schwankende Kapazitätsauslastung reagiert werden kann. Ebenfalls sind Arbeitszeitmaßnahmen, ähnlich wie in Deutschland, anwendbar, bei denen der Mitarbeiterstab in Zeiten hoher Auslastung, Überstunden auf den Arbeitszeitkonten aufbaut, die in Zeiten rückläufiger Aufträge wieder abgebaut werden können. Relativ einfach ist ebenfalls die kurzfristige Einberufung oder Absage von Arbeitsschichten. Die geringe Resistenz der Mitarbeiter gegen solche Änderungen mag schon daher rühren, dass die Automobilhersteller ihre Hallen klimatisiert haben und den Mitarbeitern Kantinenessen verfügbar machen.[233]

Das Wissen der Arbeiter konzentriert sich auf die ablaufenden Prozesse. Analysen ergaben, dass die Fertigungsarbeiter im Vergleich zu ihren Kollegen an deutschen Fertigungslinien, im Durchschnitt einen höheren Ausbildungsabschluss vorwiesen. Ihr selbständiges Handeln in der Praxis ist jedoch beschränkt. Die Anzahl an Verbesserungsvorschlägen die von chinesischen Fertigungsmitarbeitern kommt, ist im Vergleich zu deutschen Werkern gering. Dies mag mit der Mentalität zusammenhängen, dass Chinesen ihren Vorgesetzten gegenüber extrem loyal sind. Die Vermutungen gehen hier soweit, dass chinesische Mitarbeiter ihre Ideen verschweigen, weil ihr Hierarchiedenken sagt, „ich kann gar nichts wissen, was

---

233 Diese Aussage beruht auf der Einschätzung eigener Beobachtungen und wurde nicht im Detail untersucht.

mein Vorgesetzter nicht schon weiß". Dazu kommt die Angst, sich mit seiner Idee zu blamieren und das Gesicht zu verlieren. Die Angst davor ist in der chinesischen Kultur tief verwurzelt.

In der Praxis zeigten sich in verschiedenen Untersuchungen auch andere extreme Verhaltensmuster. Einem Mitarbeiter, der die Aufgabe hatte, ein Drehmoment manuell zu überprüfen, wurde an seinem Drehmomentschlüssel ein höherer Wert eingestellt. Er musste dadurch eine um 90 Grad höhere Bewegung vollziehen, um das geforderte Moment scheinbar zu erzielen. Das Erreichen des Drehmoments war von der Anlage durch eine speicherprogrammierbare Steuerung (SPS) gesteuert. Die Wahrscheinlichkeit eines Fehlers war somit verschwindend gering. Ziel der Untersuchung war es herauszufinden, nach wie vielen Teilen der Mitarbeiter die Kalibrierung seines Werkzeugs überprüfen lässt. Der Mitarbeiter hätte auf die Idee kommen können, dass entweder ein Problem an der Anlage aufgetaucht ist oder aber das Drehmoment an seinem Werkzeug falsch justiert ist. Das Ergebnis war, dass der Mitarbeiter keinerlei Anstrengungen unternommen hat, an der Situation etwas zu hinterfragen.

Generell herrscht der Eindruck, dass es chinesischen Mitarbeitern an Eigeninitiative sowie vorausschauendem Denken und vorbeugendem Handeln fehlt. Die Verleitung, Fehler zu vertuschen, anstatt sie an der Wurzel zu packen, ist groß. Schuld daran sind unter anderem aber auch Sanktionen in Form von Gehaltsabschlägen. Es stellt sich deshalb die Frage, wie das Fehlerpotential, das in diesem Verhalten liegt, im Falle zunehmender Aufgabenkomplexität, abgesichert werden kann. Systeme, wie sie in etablierten Märkten in der Produktion zum Einsatz kommen, existieren in der Volksrepublik noch nicht in ausreichendem Maße. Verschiedene Aussagen legen die Vermutung nahe, dass ein Verlust des Know-how-Vorsprungs droht, würden diese Systeme eins zu eins übernommen.

Logistiksituation

Im Bereich Logistik wurden ebenfalls verschiedene chinaspezifische Unterschiede durch Umfragen und Datenanalysen deutlich. In mehreren Firmenbesuchen wurde festgestellt, dass das FIFO-Prinzip nicht funktionierte. Kisten wurden an die Wand geschoben und es war nicht plausibel, dass ohne Durchlaufregale das zuerst ausgeliefert wird, was zuerst eingelagert wurde. Im Praxistest wurde ebenfalls untersucht, wie Mitarbeiter mit Sequenzinformationen umgehen. Dazu wurden Teile an die Montagelinie gestellt und mit dem Vorarbeiter abgesprochen, in welche Fahrzeuge (verteilt über eine Woche) genau diese Teile eingebaut werden mussten. Der Kommunikationsaufwand war außerordentlich, doch schon beim ersten Fahrzeug schlug der Versuch fehl. Die Information gelang nicht an die richtigen Leute oder war missverständlich formuliert.

Festgestellt war ebenfalls unausgeprägtes Pull-Verständnis und Flussdenken. So konnten Fragen, wie z.B. die Bedeutung einer Produktionsabweichung im Rohbau für die Montage nicht immer schlüssig beantwortet werden.

Ersichtlich war auch, dass Produktion und Logistik nicht immer synchron liefen. Es konnte beobachtet werden, dass von der Logistik soweit als möglich vorkommissioniert wurde und ohne Abgleich mit dem Stand der Produktion in die Fertigung geschoben wurde. Dieses Verhalten wurde ausgelöst durch Sicherheitsdenken der Logistiker und führte zu einer räumlich überfrachteten Fertigungshalle. Dadurch steigt auch das Risiko eines Falschverbaus.

Im Bereich Inbound-Logistik spielt die Local Content-Thematik eine Rolle. So können Hersteller die Logistikkosten in die Kalkulation eingehen lassen und haben daher einen Anreiz, den Service einzukaufen. In der Praxis konnte jedoch festgestellt werden, dass nicht alle potentiellen Lieferanten die Logistikerfahrung besaßen, z.B. einen provinzübergreifenden Transport zu organisieren. Risiken, wie beispielsweise Ausfälle wegen schlechten Wetters oder Untergang der Ware, wurden ebenfalls als Gründe aufgeführt, diesen Service extern einzukaufen.

In einem weiteren Test wurde festgestellt, dass es in der Praxis Unklarheiten über Lagerbestände und Bestände in der Versorgungspipeline gibt. Ursache dafür war neben der Nichtverfügbarkeit von Systemen auch mangelndes Prozessverständnis.

Bei einer Analyse der Händlerdichte deutscher Hersteller in China kam hervor, dass auch die vielen Projekte zur Erweiterung des Händlernetzwerkes in absehbarer Zeit keine Dichte, wie etwa in Deutschland, hervorbringen wird. Dazu ist das Land und die Bevölkerung zu groß. Insofern liegt es an der Logistik, Lösungen zu bieten, die in einen kurzen Order-to-Delivery Rahmen passen. Ansatzpunkte sind existierende Netzwerke von kleinen lokalen Logistikunternehmen. Diese agieren lokal gebündelt und sind dadurch in der Lage, Verbundeffekte (economies of scope) zu erzielen. Dadurch wird ein provinzübergreifender Transport auf wirtschaftliche Weise möglich. Der Nachteil dieser Unternehmen ist die fehlende Professionalität und damit einhergehende Qualitätsdefizite.

4.3 Durchführung einer Fallstudie

4.3.1 Übersicht

Betrachtet man die Verteilung der abgegebenen Stimmen aus der Umfrage auf die Fahrzeugausstattungen, ist festzustellen, dass sich in etwa 80 Prozent der Kundenwünsche auf 50 Prozent der Optionen konzentrieren. Die restlichen 20 Prozent aller Stimmen konzentrieren sich auf weitere 50 Prozent der SA. Die Überführung der Antworten in ein Mass Customization-Konzept für ausländische Automobilproduzenten in China würde bedeuten:

- A-Teile aus der ABC-Analyse beinhalten in etwa ein Viertel aller möglichen Optionen, ziehen aber die Hälfte aller Kundenwünsche auf sich. Auf Grund des breiten Interesses an diesen Komponenten sollen sie zum fixen Standardumfang der Fahrzeuggrundkonfiguration zählen.

- B-Teile beinhalten ebenfalls in etwa ein Viertel aller möglichen Optionen und ziehen weitere 30 Prozent der Kundenwünsche auf sich. Die Nachfrage nach diesen Optionen ist zu gering, um sie in die Standardplattform zu integrieren. Dieser Umfang wird als auftragsspezifischer und damit kundenindividueller Umfang in das Mass Customization-Konzept aufgenommen. Diejenigen Kunden, welche die Optionen haben wollen, können sie an- bzw. aus der Basiskonfiguration abwählen und sind bereit einen entsprechenden Preis für das Extra zu bezahlen.

- *C-Teile stellen die Hälfte aller möglichen Ausstattungen dar, ziehen aber einen Stimmanteil von nur 20 Prozent auf sich. Daraus lässt sich ableiten, dass die Nachfrage nach diesen Komponenten zu gering ist. Für den chinesischen Markt sind sie nicht relevant. Zur Vermeidung unnötiger Komplexität im Rahmen der Mass Customization werden diese Optionen komplett aus dem Angebot herausgenommen.*

Die Erfüllung von 80 Prozent der Kundenwünsche ist mit Hilfe der Strategie einer kundenindividuellen Massenfertigung mit einem wesentlich geringeren Komplexitätsanstieg verbunden. Die Anzahl frei wählbarer Sonderausstattungen reduziert sich im Beispiel von 73 auf 19 Stück, was in etwa 75 Prozent Minderung entspricht. Unterlägen die Kombinationen von 19 Sonderausstattungen keinem Regelkatalog, so würde die theoretische Anzahl maximaler Kombinationsmöglichkeiten zwar immer noch 92.378 betragen (Kombination ohne Wiederholung), aus logistischer Sicht sind jedoch 19 Module flexibel zu behandeln.

Die Fallstudie beinhaltet die Darstellung dreier Szenarien:

Szenario A: Für jede mögliche Variante wird eine Stückliste geführt

Szenario B: Offene Individualisierung mit beschaffendem Partner

Szenario C: Systemvernetzung entlang der Supply Chain.

Diese Szenarien orientieren sich an real ablaufenden Prozessen des Untersuchungsgegenstands. Dadurch wird die Übertragbarkeit der Ergebnisse auf andere CKD-Fahrzeughersteller in China sichergestellt. Die Szenarien behandeln Möglichkeiten zur Realisierung der Prämissen der Hypothese in Rahmen einer kundenindividuellen Massenfertigung. Der Aufbau der Szenarien gliedert sich dabei in eine „*Systemlösung*" für den Umgang mit kundenindividueller Marktinformation und in eine *Produktions- und Logistiklösung* um den notwendigen OTD-Zeitrahmen einzuhalten. Die Produktions- und Logistiklösung ist für die dargestellten Lösungsansätze identisch und wird im Rahmen der Umsetzungskonzeptionierung in Kapitel 5 dargestellt.

Das Kernproblem des kundenindividuellen Produktionsumfangs ist das dazu notwendige Komplexitätsmanagement. Bisher wurde nur eine begrenzte Anzahl von Varianten gefertigt und diese auch immer nur im Los, d.h. es wurde immer eine bestimmte Losgröße einer Variante hintereinander gebaut.

Für das Beherrschen von Komplexität ist dieses Prinzip sehr gut geeignet. Es existiert pro Variante eine Stückliste, die nach Auftritt einer technischen Änderung aktualisiert wird. Anhand dieser einen Stückliste werden die Komponenten allesamt mit einer Buchung vom Warenlager entlastet, wenn ein Fahrzeug gebaut wird. Sollte sich nun die Anzahl theoretisch möglicher Varianten durch die Berücksichtigung von Kundenwünschen erhöhen, muss ein neuer Umgang für die Steuerung der Materialversorgung definiert werden. Die folgenden Szenarien liefern Beispiele dafür.

Nach einer abschließenden Bewertung werden die Szenarien im fünften Kapitel um ein umfassendes Supply Chain Konzept und Handlungsvorgaben zur Implementierung einer Mass Customization-Strategie ergänzt.

4.3.2 Szenario A

Eine Möglichkeit zur Darstellung des kundenindividuellen Anteils, ist die *Generierung einer Stückliste für jede mögliche Variante*. Im Vergleich zur kundenanonymen Fertigung würde dies eine erhebliche Zunahme im Umfang der zu verwaltenden Stücklisten bedeuten. Der Vorteil jedoch ist, dass die IT-Systeme nicht auf die komplizierte Erzeugung flexibler Stücklisten ausgelegt werden müssen. Somit würde sich an der bestehenden Systemlandschaft für die werksinternen Prozesse wenig ändern. Der Aufwand, der in die Pflege sämtlicher Stücklisten gesteckt werden muss, lässt sich anhand des Umfangs und der Häufigkeit von technischen Änderungen bemessen. Wird beispielsweise eine Komponente des Fahrzeugs von der Entwicklungsabteilung optimiert, so bekommt das geänderte Bauteil eine neue Materialnummer.[234] Sämtliche Stücklisten, in denen das Bauteil vorhanden ist, müssten anschließend mit Einsatz des überarbeiteten Teils aktualisiert werden. Der manuelle Aufwand zur Erfassung der Änderung bewegt sich erfahrungsgemäß in einem Zeitrahmen von 5 Minuten pro Sachnummer. Existieren, wie in unserem Beispiel 90.000 mögliche kundenindividuelle Varianten und müsste in jeder dieser Stücklisten geändert werden, entspräche dies einem Zeitaufwand von neun Mannjahren.

Konsequenz ist, dass diese Lösung nur mit dem Aufbau einer Datenbankgestützten Stücklistenpflege Sinn macht. Die Datenbank hat alle Stücklisten mit sämtlichen Fahrzeugkonfigurationen zu enthalten und muss in der Lage sein, jede einzelne Komponente bei Bedarf mit einem bestimmten Einsatzzeitpunkt abzuändern. Der Pflegeaufwand reduziert sich somit auf die Erfassung der Änderungsinformation und dem jeweiligen Einsatzzeitpunkt. Ein Vorteil dieses Konzepts ist die eindeutige Dokumentation der Stückliste und somit des Fahrzeugauftrags sowie die Eindeutigkeit der montagerelevanten Daten. Nachteilig ist das Risiko von Produktionsstörungen durch den verspäteten Erstaufbau der Variantenstücklisten.

---

234 Anm.: Üblicherweise wird keine neue Materialnummer, sondern ein Änderungsindex gesetzt.

4.3.3 Szenario B

Eine weitere Möglichkeit bietet die *offene Individualisierung*. Darunter versteht man im klassischen Fall die nachträgliche Anbringung kundenindividueller Bestandteile durch den Kunden selbst oder den Händler. Dieses Vorgehen bringt erhebliche Einschränkungen, was die Art der Optionen betrifft, mit sich und ist nicht geeignet um den geforderten kundenindividuellen Umfang abzubilden. Eine mögliche Abwandlung der offenen Individualisierung ist die Integration der Individualisierungsprozesse in der Montage *bei gleichzeitigem Bezug der kundenindividuellen Teile als Spezialauftrag über einen Partner*. Das bedeutet, dass der OEM nur eine Stückliste für sämtliche frei wählbaren Sonderausstattungen führen muss. Diese muss nachträglich entsprechend des tatsächlichen Kundenauftrags jeweils modifiziert werden, damit eine lückenlose Dokumentation des Fahrzeugauftrags gewährleistet ist. Nachteilig dabei ist, dass im Anschluss an die Anbringung kundenspezifischer Ausstattungen die Fahrzeugcodierung entsprechend der Gesamtkonfiguration durchzuführen ist, was unter Umständen einen erheblichen Zeitaufwand für das Aufspielen der Daten in den Fahrzeugspeicher bedeutet. Dieser sog. „Daten-Flash" hat zudem vor Ort zu erfolgen, was zuvor mit einer CKD-Versorgung bereits im Versandland möglich war. In diesem Fall sind ebenfalls Investitionen in Flashanlagen beim OEM notwendig. Problematisch ist auch das Nichtvorhandensein einer technischen- bzw. logistischen Stückliste, die den tatsächlichen Bauzustand wiedergibt.

Ebenfalls kann die Ertüchtigung des beliefernden Partners mit großen Schwierigkeiten verbunden sein, die letztendlich zu einem kaum kalkulierbaren Kostenproblem für den Hersteller werden können. Der Partner wäre für die richtige Disposition der Sonderaufträge verantwortlich und wird somit mit der Komplexitätsverwaltung beauftragt. Für den OEM bedeutet dies die Verlagerung von Risiken. Allerdings ist davon auszugehen, dass diese kostendeckend in der Angebotskalkulation des Partners berücksichtigt werden. Desweiteren muss die Systemlandschaft so angepasst werden, dass der Partner am Netzwerk des Fahrzeugproduzenten angebunden ist und die Information aus dem Kundenauftrag direkt in das Materialsteuerungssystem des Partners übergeht. Es ist auch sicherzustellen, dass dem Partner sämtliche Bezugsquellen des OEMs zur Verfügung stehen und er an die Änderungskoordination des Fahrzeugherstellers angebunden ist. Vor allem in China stellt dies ein weiteres Risiko, was die Weitergabe technischer Informationen an Dritte betrifft, dar.

4.3.4 Szenario C

Eine dritte Variante für das Management kundenindividueller Fahrzeugumfänge ist die *systemmäßige Vernetzung sämtlicher Prozesse entlang der Wertschöpfungskette*. Ziel dabei ist die Erfassung, Weitergabe und Verarbeitung des Fahrzeugauftrags und die anschließende Ermittlung des logistischen Teileumfangs. Diese Variante ist mit den Prozessen etablierter Werke, z.B. in Europa vergleichbar und erfordert hohe Investitionen für die IT-Umsetzung. Sie ist als High-End-Lösung für China zu betrachten. Für die Umsetzung empfiehlt sich die Übernahme eines bestehenden Systems aus dem Heimatwerk und die Anpassung auf chinaspezifische Prozesse.

Ein Vorteil dieser Lösung ist die Darstellung aller frei wählbaren Sonderausstattungen mit einer Variante sowie die eindeutige Dokumentation sämtlicher relevanten Fahrzeuginformationen, wie die Stückliste, den Fahrzeugauftrag und die montagerelevanten Informationen. Das System ist so flexibel auszulegen, dass auch künftige Änderungen integriert werden können. Nachteilig ist die Freigabe von Steuersachnummern. Darunter versteht man eine Sachnummer, die jeweils einer Fahrzeugkonfiguration zugeordnet werden kann. Dieser Prozess wird mit jeder neuen Zusammenstellung einer bisher unbekannten Konfiguration notwendig und erfordert entsprechenden manuellen Aufwand. Ebenfalls kritisch zu betrachten ist die Verlagerung anspruchsvoller Produktionssteuerungssysteme in die Volksrepublik China. Die Gefahr des Ideenklaues ist durchaus realistisch.

4.4 Zusammenfassung der wesentlichen Ergebnisse

Die zusammenfassende Aussage bestätigt die Hypothese, dass CKD-Automobilhersteller in der Volksrepublik China ohne einen dramatischen Komplexitätsanstieg 80 Prozent der Kundenwünsche erfüllen können.

Dies beruht auf der Anwendung einer Mass Customization-Strategie, die es ermöglicht, nicht marktrelevante Ausstattungsmerkmale aus dem Angebotsumfang zu entfernen und als Standardumfang jene Komponenten zu definieren, die von der breiten Masse der Kunden generell gewünscht wird. Die zu beherrschende Komplexität beschränkt sich auf Merkmale, die zwischen den beiden genannten Gruppen angesiedelt sind. Diese sind kundenrelevant und werden im Rahmen der Auftragserteilung individuell spezifiziert.

Die Information aus dem Orderprozess wird an den Hersteller weitergeleitet und von den logistischen Systemen der Materialversorgung interpretiert. Dabei multipliziert sich die Anzahl theoretisch möglicher Kombinationen mit jeder frei wählbaren Ausstattung und die Systeme der Push-Fertigung sind nicht mehr einsetzbar. Die drei dargestellten Szenarien zeigten Ansätze zur systemtechnischen Beherrschung der kundenindividuellen Komplexität. Jedes der Szenarien kann realisiert werden. Es ist jedoch von der individuellen Situation des Herstellers abhängig, welche Variante am besten zum Unternehmen passt.

Als Orientierungshilfe dient folgende Bewertungsmatrix (siehe Abb. 45), die nochmals die Vor- und Nachteile der jeweiligen Lösungsansätze gegenüberstellt.

Für die weiteren Ausführungen im folgenden Kapitel wird Szenario 3 als Beispiel für die Implementierung einer ordergetriggerten Produktion gewählt. Die notwendigen systemtechnischen Anpassungen werden darin im Einzelnen beschrieben.

Ebenfalls werden die notwendigen Prozessänderungen im Bereich Logistik und Produktion thematisiert. Darin werden Risiken diskutiert, die sich überwiegend im Bereich der Teileversorgung abspielen, da dort die Prognostizierbarkeit unter der neuen Prämisse BTO abnimmt.

Diese Risiken können, durch die Kombination unterschiedlicher Versorgungswege, reduziert werden, müssen jedoch unter dem speziellen Blickwinkel CKD-Fahrzeugproduktion China betrachtet werden.

Abb. 45: Bewertungsmatrix möglicher Lösungsansätze

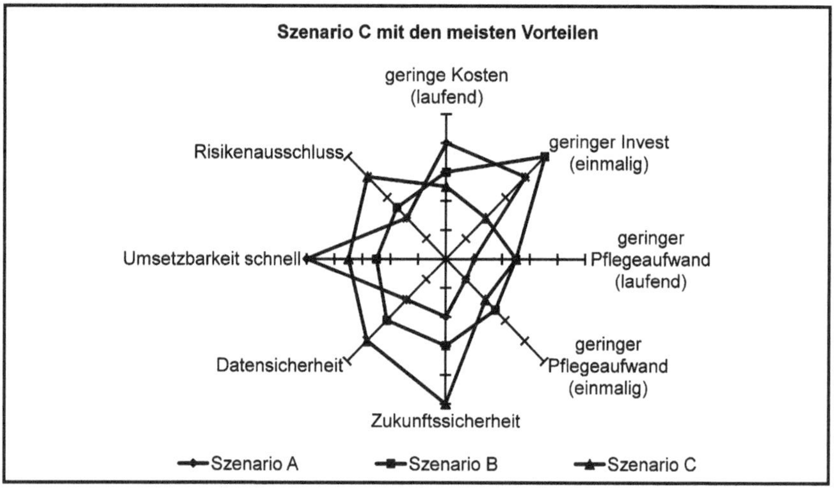

Szenario A basiert auf dem Aufbau einer Stückliste für jede mögliche Variante. Vorteilhaft sind dabei die vergleichsweise geringen Kosten und die schnelle Umsetzbarkeit. Als Nachteil erweist sich der hohe Pflegeaufwand, der mit der Aktualisierung der Stücklisten verbunden ist.

Szenario B beschreibt eine offene Individualisierung, die mit einer externer Komponentenversorgung kombiniert wird. Das Unternehmen profitiert dabei von den vergleichsweise geringen Investitionen und dem minimalem Aufwand zur Pflege der Stücklisten. Allerdings ist gerade der Aufbau eines externen Partners für die Versorgung mit Teilen oder Modulen in China mit unkalkulierbaren Risiken verbunden.

Szenario C baut auf der durchgängigen Vernetzung aller Partner entlang der Wertschöpfungskette auf. Dieser Ansatz ist zukunftssicher und reduziert den manuellen Pflegeaufwand in den Systemen. Als Nachteil stellen sich die hohen Investitionen für die komplexen Steuerungssysteme dar.

5.   Entwicklung und Umsetzung einer MC-Strategie

5.1   Übersicht

Abgeleitet aus den Analysen der empirischen Daten und den quantitativen und qualitativen Schlussfolgerungen, wird in diesem Kapitel beschrieben und begründet, welche Schritte CKD-Fahrzeughersteller in China unternehmen sollten, um sich zum Mass Customizer zu entwickeln. Der Weg dorthin erfordert einen grundsätzlichen Wandel in den Unternehmensprozessen und der philosophischen Denkweise der Mitarbeiter. Dieser kann nicht unmittelbar erreicht werden, sondern basiert auf einer Phase der Planung, Umsetzung und Verinnerlichung. Entsprechende Ansätze zu diesem Thema werden derzeit in Deutschland im Rahmen des Wissenmanagements diskutiert.

Die einzelnen Schritte werden zunächst in einem strategischen Handlungsrahmen ausgearbeitet. Anschließend sind Maßnahmen zur Zielerreichung zu definieren. Der strategische Handlungsrahmen wird unter Zuhilfenahme der Balanced Scorecard (BSC) entwickelt. Dieses bekanntlich von *Robert Kaplan* und *David Norton* anfangs der 90er Jahre erstmals formulierte strategische Managementsystem dient dazu, die Unternehmensstrategie in konkret messbare Ziele, Kennzahlen und Maßnahmen zu übersetzen.

Während finanzielle Steuerungsgrößen in den klassischen Kennzahlsystemen dominieren, werden in die BSC auch nicht monetäre Größen („weiche Faktoren" wie z.B. die Erfüllung von Kundenwünschen) zur Aufdeckung operativer Störungen, einbezogen. Diese Kennzahlen haben die Funktion eines Frühwarnindikators, da sie keinem Zeitversatz (wie er bei finanziellen Steuerungsgrößen auftritt) unterliegen. Die Balanced Scorecard überbrückt die Schnittstelle zwischen der Strategiefindung und der -umsetzung. Mit ihrer Hilfe lässt sich eine Strategie der kundenindividuellen Massenfertigung entwickeln und realisieren, weil:

- Maßnahmen zur Erreichung der strategischen Ziele auf die Bereichs- und Funktionsebenen heruntergebrochen werden,
- jede Unternehmenseinheit ihren notwendigen Beitrag zur Zielerreichung klar erkennt,
- ein verbindlicher und formaler Rahmen für die Messung und Erreichung von Zielen bereitgestellt wird und dem Management die Umsetzung der strategischen Vorgaben klar berichtet werden kann.

Das Grundmodell der BSC nach *Kaplan/Norton* gliedert sich in vier Perspektiven, mit denen die Leistung eines Unternehmens gemessen werden kann:[235] Finanz-,

---

[235] Vgl. Kaplan/Norton: Balanced Scorecard – Strategien erfolgreich umsetzen (1997), S. 8 ff.

Kunden-, Prozess- und Mitarbeiterperspektive. Die Definition der Perspektiven ist die Basis für die weiteren Schritte zur Entwicklung des strategischen Managementsystems. Abbildung 46 stellt den Entwicklungsprozess eines BSC-Prozesses grafisch dar.

Abb. 46: Entwicklungsstufen einer Balanced Scorecard

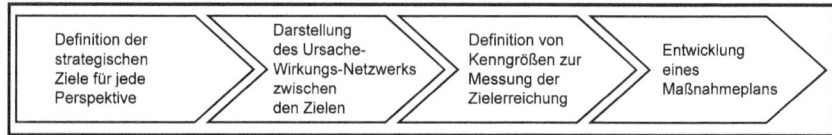

Die Entscheidung zur Implementierung einer Balanced Scorecard für die Strategieumsetzung kommt von der obersten Managementebene. Die Entwicklung und Implementierung einer Balanced Scorecard erfordert eine Projektorganisation.[236] Nachdem alle vier Phasen der BSC-Entwicklung durchlaufen wurden, können die Ergebnisse der Balanced Scorecard unternehmensweit eingeführt werden. Dabei ist darauf zu achten, dass die BSC auf die nachgelagerten Bereiche heruntergebrochen wird und ihr kontinuierlicher Einsatz gewährleistet ist.

5.2 Erarbeitung einer Balanced Scorecard und einer Strategie

Nach der Bestimmung der Perspektiven, ist die Definition der strategischen Ziele der erste Schritt für die Erstellung der Balanced Scorecard. Dabei soll jedes Teammitglied die, aus seiner Sicht, relevanten Ziele zur Erreichung der Strategie für jede Perspektive ausarbeiten. Es ist zu vermeiden, dass zu viele Ziele auf einmal verfolgt werden. Eine Selektion kann anhand des sog. *Horvath* Filters erfolgen. Durch ihn lassen sich Ziele identifizieren, die zu einem Wettbewerbsvorteil führen und gleichzeitig eine hohe Handlungsnotwendigkeit aufweisen.[237] Diese Ziele sind anschließend für die BSC heranzuziehen. Die Formulierung der Ziele sollte so konkret wie möglich sein und die Handlungsnotwendigkeit hervorheben. Gleichzeitig ist darauf zu achten, dass nur messbare Ziele in die BSC eingehen.

Der zweite Schritt ist die Darstellung eines Ursache-Wirkungs-Netzwerkes zwischen den strategischen Zielen. Daran kann überprüft werden, ob sich die strategischen Ziele der unteren Ebenen positiv auf die Erreichung der Ziele übergeordneter Ebenen auswirken. Dargestellt werden nur gewollte und direkte Kausalitäten. Aus dem Ursache-Wirkungs-Netzwerk lassen sich Pfade herauslesen, die sich besonders für die Strategiekommunikation eignen. Beispielsweise unterstützt eine hohe Leistungsfähigkeit der Mitarbeiter die zeitgerechte Bereitstel-

---

236 Vgl. Ceynowa / Coners: Balanced Scorecard für wissenschaftliche Bibliotheken (2002), S. 54.

237 Vgl. Gerberich / Schäfer / Teuber: Integrierte Lean balanced Scorecard (2006), S. 185.

lung der richtigen Teile und trägt somit zur Erfüllung kundenindividueller Wünsche bei, was wiederum zu Umsatzwachstum und Gewinn führt.

Haasis bezeichnet dabei die Ausrichtung auf die von der Unternehmensleitung formulierten strategischen Zielsetzungen eine Grundvoraussetzung für den Einsatz von sogenannten Wissensmanagementinstrumenten.[238] Die Mitarbeiterperspektive wurde daher durch die Perspektive *Wissen* ersetzt. Abbildung 47 zeigt die Ursache-Wirkungszusammenhänge für die Ziele, welche für das Beispiel Mass Customization am chinesischen Automobilmarkt wichtig sind.

Auf der Finanzebene ist ersichtlich, dass sich das Ziel Umsatzwachstum auf den Return on Capital Employed auswirkt. Zur Steigerung des Umsatzes, tragen die Ziele der Kundenperspektive bei. Dazu zählt die Erhöhung des Anteils der Wiederkäufer, welche wiederum von der Erfüllung der Kundenwünsche positiv beeinflusst wird. Diese Ziele der nachgelagerten Prozessebene – eine bedarfsgerechte Bereitstellung und das Vermeiden eines Falschverbaus – zielen direkt auf die Befriedigung der Kundenwünsche ab. Ermöglicht werden sie, durch die Vorgaben der Wissensebene, die Leistungsfähigkeit der Mitarbeiter zu erhöhen und den manuellen Aufwand, durch den Einsatz von IT-Systemen zu reduzieren.

Abb. 47: Ursache-Wirkungsbeziehungen der BSC für die Implementierung einer Mass Customization-Strategie

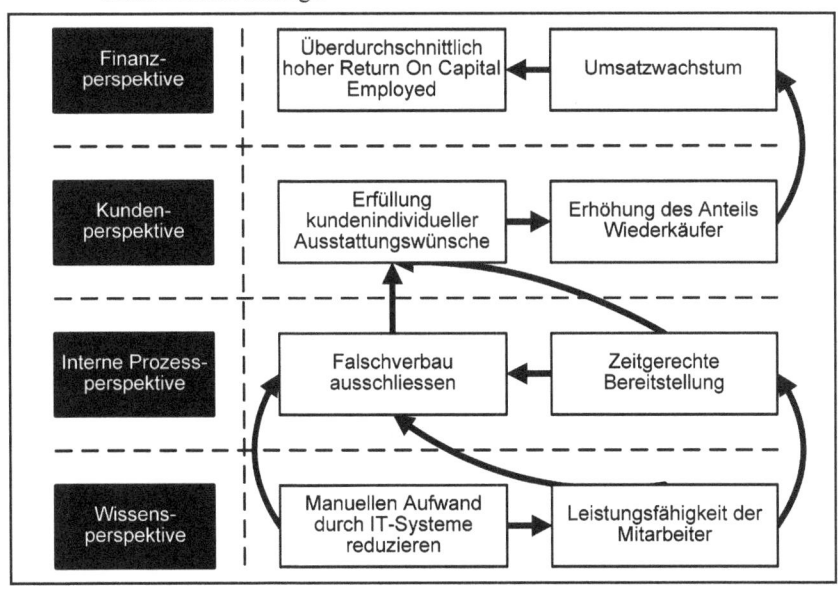

238 Vgl. Haasis / Kriwald: Wissensmanagement in Produktion und Umweltschutz (2007), S. 6.

Perspektive	Strategisches Ziel	Messgröße	Maßnahmen
Finanzperspektive	Überdurchschnittlich hoher Return On Capital Employed	- Return on Capital Employed (ROCE)	- Aufstellung eines Businessplans - Prozesskostenrechnung - Zielkostenrechnung
	Umsatzwachstum	- Umsatzwachstum - Absatzzahlen	
Kundenperspektive	Erfüllung kundenindividueller Ausstattungswünsche	- Anzahl möglicher Varianten - Nicht erfüllbare Anfragen - Kundenzufriedenheitsindex	- Optimierung des Ausmaßes der Individualisierbarkeit - Einsatz von IuK-Technologien
	Erhöhung des Anteils Wiederkäufer	- Anzahl Wiederkäufer	- Aufbau langfristiger Kundenbeziehungen
Prozessperspektive	Falschverbau ausschließen	- Nacharbeit in Minuten - Bestandsreichweite an der Linie	- Aufbau eines durchgängigen Produktionssystem - Optimierung der Lackiersequenz
	Zeitgerechte Bereitstellung	- Sequenzänderungen - Termingerechte Fertigmeldungen	- Vereinzelungsfähigkeit von Teilen bestimmen - Supply Pipeline flexibilisieren - Komplexitätsrisiken managen
Wissensperspektive	Manuellen Aufwand durch IT-Systeme reduzieren	- Zeit zum Anlegen einer einer neuen Stückliste - Order-to-Delivery Zeit	- Absicherung der Montageprozesse
	Leistungsfähigkeit der Mitarbeiter	- MA-Qualifikation in Stunden - Eingereichte Verbesserungsvorschläge	- Leistungsabhängige Bezahlung - MA-Qualifikationsmaßnahmen

Der dritte Schritt ist die Bestimmung von Kenngrößen zur Messung der Zieler-reichung. Es wird empfohlen, maximal drei Messgrößen je Ziel zu definieren und nach Möglichkeit Output- und nicht Input-Größen zu messen.[239] Für jede Messgröße ist ein Messgrößenverantwortlicher zu definieren, dessen vorrangige Aufgabe es ist, Zielwertvorschläge zu erarbeiten, die vom BSC-Team einver-nehmlich zu verabschieden sind.

Im vierten Schritt wird ein Maßnahmenplan erstellt, wie die strategischen Ziele zu erreichen sind. Es soll sichergestellt werden, dass die getroffenen Maßnah-men ausreichend sind, um die quantifizierten Ziele zu erreichen und dass die Organisation diese Ziele umsetzen kann.

Abbildung 48 stellt exemplarisch eine Balanced Scorecard für die Umsetzung der Strategie kundenindividuelle Massenproduktion von Fahrzeugen in China dar. In den folgenden Unterkapiteln werden im Detail die Maßnahmen darge-stellt, welche zur Erreichung der Ziele notwendig sind.

5.3 Maßnahmenplan: Finanzen

Die Implementierungsstrategie der kundenindividuellen Massenfertigung ist mit Investitionen und Kosten verbunden, die durch zukünftige Erträge aus steigenden Umsätzen und Renditen zurück erwirtschaftet werden müssen. Für die verursa-chungsgerechte Kalkulation variantenbestimmender Kosten kann u.a. die Pro-zesskostenrechung und das Target Costing herangezogen werden. Bei der Pro-zesskostenrechung wird die Zurechnung der Einzelkosten auf den Kostenträger direkt vorgenommen. Danach erfolgt eine verursachungsgerechte Allokation der Gemeinkosten auf ein Produkt über Kostentreiber. Bekannterweise wird hier zwischen leistungsmengenneutralen (lmn) und leistungsmengeninduzierten (lmi) Tätigkeiten unterschieden. Abbildung 49 zeigt exemplarisch einen Hauptprozess der kundenindividuellen Massenfertigung von Fahrzeugen mit Kostentreibern und den Tätigkeiten innerhalb der betroffenen Kostenstellen.

---

239 Vgl. Scheibeler: Balanced Scorecard für KMU (2004), S. 45-71.

Hauptprozesse – Teilprozesse – Kostentreiber

Kostenstelle 1	Kostenstelle 1	Kostenstelle 3	Kostenstelle 4
Stücklistenerstellung SA-Umfänge disponieren	Auftragseinplanung Standard-Umfänge disponieren	Auftrag entgegennehmen Kundendaten erfassen Orderbestätigung	Magazin zusenden Einladung zu Veranstaltungen Gratis Servicetermin vereinbaren

Kostenstelle 2	Kostenstelle 2
Montage individueller Umfang	Montage Standardumfang

Teilprozess	**Teilprozess**	**Teilprozess**
Individueller Umfang bearbeiten	Standardumfang bearbeiten	Kundenbeziehungs-management

| **Kosten-treiber** | Anzahl Bestellpositionen | Anzahl Aufträge | Anzahl Kunden |

Hauptprozess

Auftragsabwicklung

Da der größte Teil der Gemeinkosten in den indirekten Bereichen von der Arbeitsleistung und dem Zeitaufwand der Mitarbeiter abhängt, ist die Aufteilung der Personalkapazität auf die Teilprozesse das wichtigste Element der Prozesskostenermittlung.[240] In der Literatur werden verschiedene Verfahren zur Zuordnung von Kapazitäten auf Teilprozesse beschrieben.

Bei der Durchführung der Prozesskostenrechnung ist anhand der Gesamtkosten einer Kostenstelle und dem Mitarbeitereinsatz ein Kostensatz pro Minute zu bestimmen. Dieser ist mit den jeweiligen lmi-Tätigkeiten zu multiplizieren und ergibt in Summe den leistungsmengeninduzierten Teilprozesskostensatz. In Addition mit dem leistungsmengenneutralen Kostensatz, der sich durch Division der gesamten lmn-Kosten durch die Maßgröße ergibt, wird der gesamte Teilprozesskostensatz der Kostenstelle berechnet. Abbildung 50 zeigt diesen am Beispiel des Kundenbeziehungsmanagements.[241]

---

240 Vgl. Berger: Prozesskostenmanagement für den Mittelstand (2008), online.
241 Anm.: die Zahlen in der Abbildung sind aus Gründen der einfacheren Darstellung willkürlich gewählt.

Abb. 50: Kapazitätszuordnung des Kundenbeziehungsmanagements

Beispiel Prozesskostenrechnung: **Kundenbeziehungsmanagement**
Kostenstelle: 4
Kapazität: 2 MA = 208 Arbeitstage 1667 Std. (AT pro MA) = 200.000 Minuten
Kosten pro Minute: 0,75
Maßgröße: Anzahl der Kunden / 10.000
Gesamtkosten der Kostenstelle: 150.000
Kosten lmn: 75.000

Tätigkeit	benötigte Zeit pro Tätigkeit in Minuten	Kosten lmi (0,75 x benötigte Zeit)	Kosten lmn (Koten lmn/Maßgröße)
Magazin zusenden	5	3,75	
Veranstaltung	2,5	1,88	
Servicetermin	2,5	1,88	
Abteilung leiten			7,5
Teilprozesskostensatz lmi		7,5	
Teilprozesskostensatz lmi/lmn		15,00	

Wird der Teilprozesskostensatz mit der Maßgröße multipliziert, müssen als Ergebnis die Gesamtkosten der Kostenstelle herauskommen. Abschließend ergeben die Summen aus den zum Hauptprozess zugehörigen Teilprozessen die Hauptprozesskosten. Diese geben Aufschluss darüber, was ein bestimmter Prozess insgesamt pro Jahr kostet.

Mit Hilfe des Prozesskostensatzes können – ausgehend von der Zahlungsbereitschaft des Kunden – die Zielkosten berechnet werden. Dazu kann zunächst aus Conjoint-Befragungen kann eine relative Gewichtung verschiedener Produkteigenschaften aus der Sicht der Kunden erstellt werden. Im Automobilbau zählen dazu beispielsweise:

• Komfort,
• Sicherheit,
• Fahrdynamik,
• Optik,
• Unterhaltung.

Anschließend wird über eine Matrix dargestellt, welche (funktionalen) Fahrzeugkomponenten einen Einfluss auf die einzelnen Anforderungen haben. Tabelle 5 zeigt beispielhaft den relativen Beitrag der jeweiligen Komponenten (Fahrzeugausstattungen) zur Erfüllung spezifischer Produkteigenschaften.

Tabelle 5: Komponentenbeitrag zu den Fahrzeugeigenschaften

Produkt-eigenschaften	Wichtigkeit für den Kunden (relativ)	Multi-funktions-lenkrad	Klima-anlage	Navigation	Einpark-hilfe	Frei-sprech-ein-richtung	Nebel-schein-werfer	Fahr-werksan-passung
Komfort	0,30		3 = 0.49	1 = 0.17	1 = 0.17	1 = 0.17		
Sicherheit	0,20	1 = 0.14			1 = 0.14	2 = 0.29	2 = 0.29	1 = 0.14
Fahrdynamik	0,20	1 = 0.25						3 = 0.75
Optik	0,15						3 = 0.75	1 = 0.25
Unterhaltung	0,15			2 = 0.66		1 = 0.33		
Gesamt	1,00							

1= starker Einfluss   2= moderater Einfluss   3= geringer Einfluss

Durch Multiplikation des relativen Komponentenbeitrags zur Erfüllung einer Produkteigenschaft mit derer relativen Wichtigkeit für den Kunden und Aufsummierung der Ergebnisse, lässt sich der relative Wert der jeweiligen Komponenten ermitteln. Dieser Schritt wird in Tabelle 6 zum besseren Verständnis dargestellt.

Tabelle 6: Ermittlung des relativen Komponentenwerts

Produkt-eigenschaften	Wichtigkeit für den Kunden (relativ)	Multi-funktions-lenkrad	Klima-anlage	Navigation	Einpark-hilfe	Frei-sprechein-richtung	Nebel-schein-werfer	Fahr-werksan-passung
Komfort	0,30		0.49*0.30 0.15	0.17*0.30 0.05	0.17*0.30 0.05	0.17*0.30 0.05		
Sicherheit	0,20	0.14*0.20 0.03			0.14*0.20 0.03	0.29*0.20 0.06	0.29*0.20 0.06	0.14*0.20 0.03
Fahrdynamik	0,20	0.25*0.20 0.05						0.75*0.20 0.15
Optik	0,15						0.75*0.15 0.11	0.25*0.15 0.04
Unterhaltung	0,15			0.66*0.15 0.10		0.33*0.15 0.05		
Gesamt	1,00	0,08	0,15	0,17	0,11	0,16	0,14	0,19

Im Beispiel ist ersichtlich, dass die Fahrwerksabstimmung mit 19 Prozent den höchsten Wert erreicht und daher die meiste Beachtung finden sollte. Dies wird durch die Verteilung der Allowable Costs anhand der relativen Komponentengesamtwerte (siehe Tabelle 7) sichergestellt. Die Allowable Costs werden bekannterweise durch den am Markt erzielbaren Verkaufspreis, abzüglich der vom Unternehmen geforderten Rendite, errechnet. Zur einfachen Darstellung wird im Beispiel angenommen, dass die Allowable Costs für Sonderausstattungen 2.000 Euro betragen.

Tabelle 7:   Verteilung der Allowable Costs auf die Komponenten

Produktkomponente	relativer Wert	Verteilung der Allowable Costs
Multifunktionslenkrad	0,08	0.08*2.000 Euro = 160 Euro
Klimaanlage	0,15	0.15*2.000 Euro = 300 Euro
Navigation	0,17	0.17*2.000 Euro = 340 Euro
Einparkhilfe	0,11	0.11*2.000 Euro = 220 Euro
Freisprecheinrichtung	0,16	0.16*2.000 Euro = 320 Euro
Nebelscheinwerfer	0,14	0.14*2.000 Euro = 280 Euro
Fahrwerksanpassung	0,19	0.19*2.000 Euro = 380 Euro
Gesamt	**1,00**	**2.000 Euro**

Durch den ebenfalls bekannten Zielkostenkontrollindex, der sich aus der Relation der Ist-Kosten zu den ermittelten Soll-Kosten ergibt, lässt sich der Unternehmensinterne Umgang mit den jeweiligen Komponenten bestimmen. Ist das Ergebnis größer als 1, bedeutet dies, dass für die Komponente eine Kostenreduzierung erfolgen sollte. Bei einem Wert kleiner als 1 kann der Umfang der Komponente ggf. auch mit höheren Kosten erweitert werden, um dem notwendigen Anspruch gerecht zu werden.

Für die kundenindividuelle Fertigung von Fahrzeugen ist es ebenfalls wichtig, die Allowable Costs der jeweiligen Unternehmensprozesse zu kennen. Dies geschieht durch die Erstellung einer zweiten Matrix, in der dargestellt wird, welche Prozesse für die jeweiligen Produktkomponenten am meisten beansprucht werden (siehe Tabelle 8). Dadurch kann beispielsweise dem höheren Koordinationsaufwand für lokale Komponenten Rechnung getragen werden.

Tabelle 8:   Zielkostenrechnung auf Prozessebene

Prozess	relativer Wert	IT	Logistik	Einkauf	Vertrieb	Qualität	Produktion	Verwaltung
Produktkomponente								
Multifunktionslenkrad	0,08	1 0.01	2 0.01	1 0.01	1 0.01	3 0.02	3 0.02	2 0.01
Klimaanlage	0,15	1 0.01	2 0.02	2 0.02	1 0.01	2 0.02	3 0.03	3 0.03
Navigation	0,17	1 0.01	3 0.03	2 0.02	1 0.01	3 0.03	3 0.03	3 0.03
Einparkhilfe	0,11	1 0.01	3 0.03	1 0.01	1 0.01	2 0.02	2 0.02	2 0.02
Freisprecheinrichtung	0,16	1 0.01	3 0.04	2 0.02	1 0.01	2 0.02	2 0.02	2 0.02
Nebelscheinwerfer	0,14	1 0.02	2 0.04	1 0.02	1 0.02	1 0.02	1 0.02	1 0.02
Fahrwerksanpassung	0,19	1 0.03	1 0.03	1 0.03	1 0.03	1 0.03	1 0.03	
Gesamt	**1,00**	**0,10**	**0,20**	**0,13**	**0,10**	**0,16**	**0,17**	**0,14**

1= starker Einfluss   2= moderater Einfluss   3= geringer Einfluss

Die Bestimmung der Allowable Costs der Prozesse verläuft analog dem bereits vorgestellten Komponentenbeispiel. Tabelle 9 fasst die beispielhaft ermittelten Prozesskosten zusammen.

Tabelle 9:   Verteilung der Allowable Costs auf die Prozesse

Produktkomponente	relativer Wert	Verteilung der Allowable Costs
IT	0,10	0.10*2.000 Euro = 200 Euro
Logistik	0,20	0.20*2.000 Euro = 400 Euro
Einkauf	0,13	0.13*2.000 Euro = 260 Euro
Vertrieb	0,10	0.10*2.000 Euro = 200 Euro
Qualität	0,16	0.16*2.000 Euro = 320 Euro
Produktion	0,17	0.17*2.000 Euro = 340 Euro
Verwaltung	0,14	0.14*2.000 Euro = 280 Euro
Gesamt	**1,00**	**2.000 Euro**

Im Rahmen der Investitionsrechnung lässt sich durch die Bestimmung des Gegenwartwertes, durch die Gegenüberstellung der Ausgaben und Erträge über den Investitionszeitraum, eine Aussage über die Kapitalverzinsung der Investition herleiten. Dieses Vorgehen wird bei der Erstellung von Businessplänen angewandt und eignet sich durch die Zusammenfassung der gesamten Informationen, Analysen, Strategien sowie Planungen des Unternehmens, ebenfalls als Grundlage zur Bemessung des Werts der Strategieimplementierung der Mass Customization. Wichtig ist zunächst die Erfassung der Ausgaben, die in der Anfangsphase notwendig sind. Diese werden vor allem für den Aufbau der Systemstruktur getätigt. Über die Zahlungsreihe hinweg, sind u.a. folgende Ausgaben zu berücksichtigen:

- Anpassung der Werks-IT-Systeme auf die Pull-Prozesse,
- Aufbau und Ertüchtigung lokaler Zulieferer,
- Anbindung lokaler Zulieferer an die IT-Systeme,
- Aufbau eines Konfigurations- und Orderingsystems,
- Umstellung interner Linienversorgungsprozesse,
- Ausrüstung der Montage mit Systemen für die technische Verbaubarkeit,
- Laufende Kosten zur Anlage und Pflege von Stücklisten,
- Consultingkosten,
- Kosten für Fehlerbeseitigungsmaßnahmen.

Als Erträge sind in der Zahlungsreihe die Einnahmen aus zukünftigen Absätzen darzustellen. Abschließend verrät die Abzinsung der Summen aller Perioden mit dem internen Zinssatz, der die vom Unternehmen geforderte Verzinsung ausdrückt, ob die Investition rentabel ist.

Insgesamt sollte der unmittelbar und mittelfristig zu erzielende Effekt der kundenindividuellen Massenfertigung nicht zu hoch bewertet werden. Das Konzept ist eher längerfristig unter strategischen Gesichtspunkten zu betrachten. So ist die Implementierung des Systems sehr kostenintensiv, kreiert aber gleichzeitig die Basis für wesentlich mehr Stabilität im künftigen Wettbewerb. Die Betrachtung, wann sich die Investitionen amortisiert haben und die höheren Prozesskosten durch gesteigerten Absatz ausgeglichen werden, sollte daher um die Bewertung folgender strategischer Vorteile ergänzt werden:

- Das Unternehmen ist auf eventuelle Schocks besser vorbereitet.

- Das Unternehmen arbeitet marktgetrieben und erlangt wertvolles Wissen über das Kaufverhalten chinesischer Kunden. Daraus kann eine zielgerichtete Allokation potentieller Kunden, sowie eine marktspezifische Interaktion mit Interessenten und Kunden aufgebaut werden. So erhöht sich u.a. die Wahrscheinlichkeit des Wiederverkaufs an den Kundenstamm.

- Das Wissen über den Kunden und den Markt, stellt einen strategischen Wert dar, weil das Unternehmen in der Lage ist, schnell und richtig auf neue Anforderungen zu reagieren.

- Die Vorreiterschaft bei der strategischen Umsetzung zieht mehr positive Effekte auf das Unternehmen als bei Nachahmern. Ein weiterer Vorteil ist, wenn die Implementation der Strategie aus internen Gründen und ohne Zugzwang erfolgen kann.

- Gegenwärtig verfolgen die chinesischen Automobilhersteller die Push-Produktion, mit einem starken, planwirtschaftlich geprägten Einfluss. Dieser Ansatz unterscheidet sich von der marktwirtschaftlich geprägten Denkweise westlicher Hersteller. So wäre es denkbar, dass sich ausländische Hersteller mit der Mass Customization-Strategie einen dauerhaften Wettbewerbsvorteil gegenüber chinesischen Massenproduzenten verschaffen können.

Abschließend bleibt festzuhalten, dass auf Grund der Marktentwicklung (Angebotsüberhang, Preisdruck, etc.) die kundenindividuelle Massenfertigung deutliche Strategievorteile beinhaltet, um sich Wettbewerbsvorteile zu sichern. Der Erfolg der kundenindividuellen Massenfertigung spiegelt sich v.a. durch folgende Faktoren wider:

- Absatz- und Umsatzzuwachs,
- Durchschnittlich höhere erzielbare Verkaufspreise durch die kundenindividuelle Wertschätzung spezifischer Sonderausstattungen,
- Ergebniszuwächse,
- Erhöhung des Marktanteils,
- Rückgang des gebundenen Kapitals im Distributionslager,
- Höhere Kundenzufriedenheit,
- Gestiegener Anteil Wiederkäufer,
- Unverändert gute Qualitätszahlen,
- Grad der termingerechten Auftragsabwicklung.

5.4 Maßnahmenplan: Kunden und Markt

5.4.1 Optimierung des Ausmaßes der Individualisierbarkeit

Damit von der Marketingabteilung festgelegt werden kann, welche Sonderausstattungen den chinesischen Kunden künftig wahlfrei angeboten werden sollten, müssen klar interpretierbare Informationen über die Kunden und ihr Kaufverhalten verfügbar sein. Die intern vorhandenen Daten aus Zeiten der Lagerproduktion, können wie bereits beschrieben zu Fehlannahmen verleiten. Zudem wurde u.U. nicht erfasst, aus welchen Gründen potentielle Kunden nicht zum Kauf bewegt werden konnten. Deshalb ist es notwendig, die internen Daten durch weitere Marktforschungsaktivitäten zu überprüfen. Primär soll herausgefunden werden, auf welche Fahrzeugausstattungen der Kunde wert legt. Daneben ist die Erhebung „weicher Daten" wichtig. Diese ermöglichen es, Kundenprofile zu erstellen, die zum Aufbau des Kundenbeziehungsmanagements benötigt werden.

Die Initialphase des Projekts sollte daher die externe Sammlung empirischer Daten beinhalten. Bei der Konzeption einer Umfrage empfiehlt sich der Aufbau von themenspezifischen Ausstattungsgruppen wie Innenausstattung, Exterieur, Entertainment, etc. Diese können bereits die realen Konfigurationsschritte mit den einzelnen Ausstattungsgruppen widerspiegeln. Ebenso ist zu berücksichtigen, welche Restriktionen man den Befragten bei ihrer Auswahl stellt. Es existieren v.a. folgende Möglichkeiten bei der Erfassung der Optionswünsche in einer Befragung:

- Dem Teilnehmer wird der maximal mögliche Optionsumfang zur freien Auswahl vorgestellt. Darin besteht die Gefahr, dass Teilnehmer eine größere Auswahl treffen, als es in der Realität unter einer Budgetrestriktion der Fall wäre. Dennoch lässt sich der Ergebnisumfang in eine Rangliste und Optionscluster gliedern.

- Um den Fokus auf die wichtigsten Optionen zu lenken und die Zeit des Befragten nicht zu strapazieren, können Ausstattungskategorien gebildet werden, aus denen sich die Teilnehmer jeweils ihre beliebteste Ausstattung auswählen können.

- Beide vorgestellten Varianten können zudem um eine Budgetrestriktion ergänzt werden. Die Umsetzung dazu erfordert jedoch die Verwendung mobiler Datenerfassungsgeräte, beziehungsweise die Konzeption als Internetumfrage. Ein wesentlicher Vorteil dieser Methode ist das Vorliegen der Daten in digitaler Form und die Möglichkeit, die Datenerfassung möglichst nahe an den realen Konfigurationsprozess anzupassen. So lässt sich bereits feststellen, welche (technischen) Probleme der Kunde bei der Zusammenstellung seiner Auswahl empfindet.

Die Internetumfrage ist mit klaren Vorteilen verbunden, da der reale Konfigurationsprozess annähernd abgebildet und auf Schwächen überprüft werden kann. Zur Verifizierung der Umfrageergebnisse sollten mündliche Befragungen ergänzend durchgeführt werden. Die Ableitung wahlfreier Umfänge kann (nach Beendigung der Umfrage) durch folgende Datenanalysen geschehen:

- Bestimmung des prozentualen Anteils der abgegebenen Stimmen für eine Sonderausstattung im Verhältnis zur gesamten Teilnehmerzahl. Das Kriterium für Standardumfänge kann dabei sein, dass eine Option mindestens 90 Prozent Zuspruch bekommen muss. Optionen mit weniger als 50 Prozent entfallen für den Markt. Der Bereich dazwischen, wird wahlfrei angeboten.

- Bestimmung des prozentualen Anteils der abgegebenen Stimmen für eine Sonderausstattung im Verhältnis zu den gesamten abgegebenen Stimmen. Durch die Bildung einer Rangliste und der schrittweisen Kumulation der Anteile entsteht eine Kurve, welche auf der x-Achse die einzelnen Optionen listet und auf der y-Achse die kumulierten Stimmanteile von Null bis 100 Prozent. Bei dieser Methode wird die Aussage durch den Bezug des relativen Anteils der Stimmen einer Option zu den insgesamt abgegebenen Stimmen verfeinert.

- Die Clusteranalyse dient speziell für die Herleitung der Basiskonfiguration. So kann statistisch bestimmt werden, welche weiteren Optionen Teilnehmer am wahrscheinlichsten wählen werden, wenn sie bereits eine oder mehrere Optionen gemeinsam haben.

Durch dieses Vorgehen, lassen sich wahlfreie Ausstattungsumfänge definieren, welche aus Kundensicht die benötigte Freiheit einräumen und aus Unternehmenssicht die zu beherrschende Komplexität erheblich reduzieren. Es ist jedoch zu beachten, dass die Marktperspektive die Maximalanforderung an die Strategie darstellt, die es anschließend mit Restriktionen aus anderen Bereichen, wie Fertigung und Logistik, abzugleichen gilt. Neben den Ausstattungswünschen sind subjektive Kundendaten („sog. „weiche Daten") zu erfragen, die für die weitere, marketingspezifische Konzeption der Mass Customization, wichtig sind:

- Zeitliche Bereitschaft des Kunden, auf sein Wunschfahrzeug zu warten,
- Region, Alter, Beruf, Einkommen, Familienstatus des Kunden,
- Gründe für den Fahrzeugkauf,
- Bevorzugtes Mittel der Kontaktaufnahme.

Obwohl diese Aufzählung nur ein eingeschränktes Bild der notwendigen, kundenrelevanten Daten zur Erstellung von Käuferprofilen zeigt, ermöglichen sie bereits, den Kunden am Beginn des Konfigurationsprozesses mit einer Standardkonfiguration zu konfrontieren, die seinem Idealpunktmodell mit hoher Wahrscheinlichkeit bereits sehr nahe kommt. In diesem Fall bieten Referenzdaten existierender Kunden, aus denen sich Cluster bilden lassen, die Grundlage der suggerierten Konfiguration.

Voraussetzung ist allerdings, dass sich die potentiellen Kunden vor Beginn der Konfiguration mit ihren Daten registrieren. Erst daraus kann dann mit Hilfe von

Clustern abgeleitet werden, dass z.b. eine männliche Person im Alter von 50 Jahren am wahrscheinlichsten die Lackfarbe Silber wählt und ihr Fahrzeug mit einer Klimaanlage und Komfortsitzen ausstattet. Diese Konfiguration wird dann bereits am Anfang des Konfigurationsprozesses vorgeschlagen, um die weiteren Schritte bis zum Kaufabschluss möglichst effizient zu durchlaufen.

5.4.2 Einsatz von IuK-Technologien

Die Infrastruktur für die orderbezogene Auftragsabwicklung bieten verschiedene Informations- und Kommunikationssysteme. Diese können bereits im Unternehmen vorhanden sein und sind den neuen Anforderungen entsprechend zu aktualisieren oder müssen ggf. neu aufgesetzt werden. In diesem Kapitel wird auf die IuK-Systeme Produktkonfigurator und Kundendatenverwaltung eingegangen. Weitere IuK-Technologien werden ergänzend unter der Maßnahme „manuellen Aufwand durch IT-Systeme reduzieren" innerhalb der Wissensperspektive erläutert.

Der *Produktionskonfigurator* ist ein wesentlicher Bestandteil des Konzepts der kundenindividuellen Massenfertigung. Er ermöglicht die Anbindung des Kunden an die Wertschöpfungskette. Damit handelt es sich um ein neu zu integrierendes Werkzeug in der Systemwelt. Die Funktion des Produktkonfigurators ist, dem potentiellen Kunden eine Basiskonfiguration zu bieten, die er auf komfortablem Weg durch die An- bzw. Abwahl von Ausstattungen seinen individuellen Ansprüchen entsprechend anpassen kann. Der Konfigurator hat ein Regelwerk zur Prüfung der technischen Verbaubarkeit hinterlegt. Dadurch ergeben sich Ausschlusskriterien für die Kombination bestimmter Ausstattungen. Im Regelwerk kann z.B. hinterlegt sein, dass die Auswahl eines Bordcomputers zwingend die Option Multifunktionslenkrad erfordert. Ebenfalls sind Ausschlussregeln hinterlegt, die bei Anwahl einer bestimmten Ausstattung die Auswahl anderer verhindern. Die Informationen des Regelkataloges werden von den Entwicklern und Prozessplanern gepflegt und im System aktualisiert werden. Dabei ist jedes Einflusskriterium eines Ausstattungsmerkmals zu berücksichtigen.

Der Kunde soll während der Konfiguration an der Benutzeroberfläche, so wenig wie möglich von dem komplexen Regelwerk beeinflusst werden. Es gilt zu verhindern, dass die Kunden mit so vielen Grundformen und Verbindungsmöglichkeiten konfrontiert werden, dass sie auf Grund einer viel zu hohen Komplexität die für sie passende Lösung nicht finden.[242] Der Kunde soll vom System so unterstützt werden, dass er sich intuitiv durch den Konfigurationsprozess bewegen kann. Neben produktspezifischen Daten kann ergänzend ein permanenter Überblick des Angebotspreises der aktuellen Konfiguration geboten werden.

---

242 Vgl. Piller: Mass Customization (2003), S. 228.

Die Oberfläche des Konfigurationstools wird in den meisten Fällen über einen Internetbrowser dargestellt. So ist die physische Anwesenheit bei einem Händler nicht mehr zwingend voraussetzend. Die Aufnahme der Konfigurations- und Bestelldaten kann somit losgelöst von Öffnungszeiten zuhause von einem Internetrechner aus erfolgen. Beim technischen Aufbau der Benutzeroberfläche ist darauf zu achten, dass das System chinesische Schriftzeichen verarbeiten kann. Für den konzeptionellen Aufbau, was spezifische oder ergänzende Informationen für den Nutzer betrifft, ist es ratsam, Übersetzungsagenturen heranzuziehen und deren Ergebnis nochmals abzuprüfen: entweder durch Übersetzung zurück in die Ausgangssprache oder durch Befragung von Testpersonen.

Die chinesische Sprache benutzt ca. 60.000 verschiedene Schriftzeichen. Während der Zeit der Kulturrevolution war das Land quasi von der Außenwelt abgeschottet. In dieser Zeit brachten andere Länder bahnbrechende technische Innovationen hervor, die es notwendig machten, neue Wörter in den Sprachbestand der Bevölkerung zu integrieren. Inwieweit dieser Prozess in China stattgefunden hat, wurde im Rahmen dieser Problemstellung nicht hinterfragt. Daher ist bei der praktischen Umsetzung zu überprüfen, wie eindeutig der Name einer Sonderausstattung in das Chinesische übersetzt werden kann und was der Benutzer letztendlich darunter versteht. Es empfiehlt sich speziell für das Land China zusätzliche Informationen um das Produkt für die Benutzer abrufbar zu machen.

Für den inhaltlichen Aufbau der Konfiguration können Ausstattungskategorien gebildet werden. Dadurch wird dem Nutzer die Übersicht vereinfacht und das Ziel „intuitives Vorgehen" gefördert. Bei der Definition der Klassen, kann man Benchmark mit existierenden Konfiguratoren betreiben. Ein möglicher Aufbau ist:

- Modell und Motorisierung,
- Lackierung und Felgen,
- Interieurfarbe und Sitze,
- Komfort,
- Entertainment.

Der Prozess sollte mit der Darstellung einer Basiskonfiguration beginnen, welche dem Idealpunktmodell des Durchschnittskäufers am ehesten entspricht. Mit jeder Konfigurationsstufe kann die Zusammenstellung um die jeweiligen Inhalte modifiziert werden. Diese Inhalte spiegeln das Mass Customization-Konzept wider und sind daher so gewählt, dass der Nutzer dort Wahlfreiheit besitzt, wo er großen Einfluss auf sein Idealpunktmodell nehmen kann. Dabei fühlt er sich mit dem Angebot uneingeschränkt, obwohl es für die unternehmensinternen Prozesse so aufgebaut ist, dass durch den Entfall nicht marktrelevanter Merkmale, die Komplexität maßgeblich eingeschränkt wird.

Der Konfigurationsprozess soll für den Benutzer intuitiv von statten gehen. D.h. ihm soll bewusst sein, in welcher Phase (Anfang oder Ende) er sich gerade befindet und er soll die Möglichkeit haben, einfach von einer Kategorie in eine andere zu wechseln und ggf. zuvor getroffene Entscheidungen zu revidieren. Ferner ist ihm die Möglichkeit zu gegeben, neben integrierten Onlinehilfen, bei weiteren Fragen, Kontakt zu einer Hotline aufzunehmen oder Beratung von einem Händler anzufordern. Während des Konfigurationsprozesses, sind technische Restriktionen, die durch die Wahl einer Sonderausstattung entstehen, einfach und plausibel darzustellen. Die Preisermittlung spielt bei diesem Vorgang ebenfalls eine entscheidende Rolle. So kann der Verbau einer Sonderausstattung in Kombination mit einer weiteren, einen wesentlich komplizierteren Prozess auslösen als im Alleinverbau. Solche konfigurierbaren Kombinationen müssen identifiziert und mit Hilfe der Prozesskostenrechnung quantifiziert werden, um einen Verrechnungspreis zu bestimmen.

Am Ende des Konfigurationsvorgangs, sind alle notwendigen Kundendaten zu erfassen. Grundsätzlich ist es empfehlenswert, dem Besucher die Möglichkeit zur Registrierung seiner Daten unabhängig von seinem Vorhaben zu geben. So kann das Marketing auch ohne Auslösen einer Bestellung zu wichtigen Informationen gelangen. Neben Kundenstammdaten und der Angabe, ob andere Mittel der Kontaktaufnahme gewünscht sind, kann der Vorgang und Stand eines abgebrochenen Konfigurationsvorgangs personenbezogen analysiert werden. Der Vorteil einer Erstregistrierung für den Benutzer ist die Möglichkeit, Konfigurationen abzuschließen und als „Vorlage" abzuspeichern um zu einem späteren Zeitpunkt bequem den Bestellvorgang abzuschließen. So wird der Umweg einer Neukonfiguration vermieden.

Für die Speicherung der Kunden- und Orderdaten ist der Betrieb eines Datenbankservers notwendig, der sämtliche relevanten Informationen in Tabellen einträgt. Das Vorhalten zusätzlicher Adresseingabefelder empfiehlt sich für China, da neben der Straßeninformation auch oftmals der Name des Bezirks, des Wohnblocks, sowie der Gebäude und Stockwerksnummer, zur eindeutigen Identifizierung notwendig sind. Ferner ist zu überprüfen, ob weitere chinaspezifische Angaben für das Marketing interessant sind. Dazu zählt beispielsweise der Benutzername für die Kontaktaufnahme über ein Messengerprogramm.

Zweck der Erfassung kunden- und auftragsbezogener Daten ist das Beziehungsmanagement als Teil der kundenindividuellen Massenfertigung. Sie beginnt spätestens mit Abschluss des Kaufvertrages und hat das Ziel, den Kunden an das Produkt oder die Marke zu binden. Die Käuferloyalität ist bei Chinesen unterdurchschnittlich stark ausgeprägt. Maßnahmen des Kundenbeziehungsmanagements, die von IuK-Systemen unterstützt werden sind beispielsweise:

- Automatische Grußübermittlung für einen bestimmten Anlass,
- Automatische Erinnerungen an einen Servicetermin,

- Übermittlung bedarfsgerechter Angebote,
- Einladung zu gruppenbezogenen Events.

Sehr ratsam ist die Erfassung der Nummer des chinesischen Personalausweises. So ist die Verfolgbarkeit im Falle einer geänderten Anschrift sichergestellt. Daraus kann ein Verbindlichkeitsgefühl entstehen, das zur Lösung eines weiteren Problems beitragen kann: anders als beim ursprünglichen Kaufvorgang erfolgt die Verpflichtungsübergabe nun nicht mehr Zug um Zug, sondern wird in die Zukunft verschoben. Dem Kunden soll bewusst sein, dass er auch online im Internet einen rechtsgültigen Kaufvertrag abschließen kann, deren sich daraus ergebende Verpflichtungen (in erster Linie natürlich die Bezahlung) von ihm zu erfüllen sind.

Da Gesetzeswerke in der Volksrepublik China – wie sich aus verschiedenen Rechtssprechungen vermuten lässt – oftmals interpretierbare Bestandteile haben, muss durch zusätzliche Methoden gewährleistet werden, dass der Hersteller sicher zu seinem Geld kommt, wenn der Ordervorgang nicht mehr rückgängig gemacht werden kann.

Vor Abschluss des Kaufvertrages, bei der Zusammenfassung der Bestellung für den Kunden, ist eine Schnittstelle zu den ERP-Systemen der Materialversorgung und der Programmplanung notwendig, damit der Kunde vorab über den Liefertermin seiner Bestellung informiert werden kann. Auf diese Systeme wird anschließend unter den Maßnahmen der Wissensperspektive eingegangen.

5.4.3 Marktbearbeitung: Aufbau langfristiger Kundenbeziehungen

Die Bearbeitung des chinesischen Marktes stellt aus Marketingsicht eine ähnlich hohe Herausforderung wie die Marktanalyse dar. Bekannterweise beinhaltet der *Marketing Mix* die Kombination der vier absatzpolitischen Instrumente, mittels derer ein Markt bearbeitet wird: Produktpolitik, Preispolitik, Distributionspolitik, Kommunikationspolitik.

Historisch wurde die *Produktpolitik* aus verschiedenen, chinaspezifischen Phänomenen vernachlässigt. Dazu zählt der Verkäufermarkt, auf dem sich die Fahrzeuge quasi von selbst verkauft haben. Ferner ergibt sich in China aus der sehr großen Gesamtbevölkerung rein rechnerisch eine hohe Anzahl potentieller Käufer, dass Unternehmen fast sicher mit einem gewissen „Grundabsatz" rechnen können. Ebenfalls profitieren einige Fahrzeughersteller von dem Einfluss der Regierung auf den marktlichen Absatz. Im Rahmen der kundenindividuellen Massenfertigung wird die Produktpolitik stärker auf den Kunden und auf Wachstum ausgelegt, indem sie die Anforderungen der Produktion und des Marktes berücksichtigt.

Bei der *Preispolitik* reduziert sich durch die orderbezogene Fertigung der Druck auf die Hersteller, Rabatte zu gewähren um Lagerbestände abzubauen. Durch stabilere Preise werden potentielle Kunden kaum fallende Preise erwarten und sind nicht veranlasst, ihre Kaufentscheidung in die Zukunft zu verschleppen. Zudem können sie bei der Anschaffung des Fahrzeugs von einem höheren Werterhalt ausgehen, da der Wiederbeschaffungspreis konstant bleibt. Ebenfalls haben Kunden durch die Wahlfreiheit bestimmter Produktmerkmale unmittelbaren Einfluss auf den Gesamtpreis. Sie sind nicht mehr gezwungen für Ausstattungen zu bezahlen, denen Sie keinen Nutzen beimessen.

Durch den Einsatz des Internets bei der Mass Customization entstehen völlig neue Möglichkeiten, was die *Distributionspolitik* betrifft. Ein zentrales Element ist der Entfall der Notwendigkeit örtlicher Präsenz beim Händler. Der Kunde kann an von jedem Rechner mit Internetzugang sein Produkt konfigurieren und sich informieren. Da jede Auftragsfertigung mit Wartezeiten verbunden ist, ist es wichtig ist, dass der potentielle Kunde den voraussichtlichen Liefertermin erfahren kann, bevor er einen Kaufvertrag abschließt. Generell beschränkt sich die individuelle Leistungserstellung der kundenindividuellen Massenfertigung nicht auf das materielle Kernprodukt, sondern wird ergänzt durch produktnahe Serviceleistungen. So kann beispielsweise durch das Vorliegen kundenbezogener Informationen ein individueller Übergabetermin vereinbart und gestaltet werden.

Die *Kommunikationspolitik* ist mit ausschlaggebend für den Aufbau einer langfristigen Beziehung zum Kunden und für die Erhöhung der Absatzchancen. Der Aufbau einer längerfristigen Beziehung zum Kunden beginnt mit der Erfassung personenbezogener Daten während des Konfigurationsprozesses. Sie endet, wenn der Kunde ausdrücklich keinen Kontakt wünscht, oder wenn er nach einem vordefinierten Zeitraum nicht mehr auf Kontaktaufnahme seitens des Unternehmens, reagiert. Das Ziel des Kundenbeziehungsmanagements ist, Markenloyalität zu erzeugen. Der Kunde soll nach diesem Kauf auch sein nächstes Fahrzeug vom selben Hersteller beziehen. Bei Chinesen ist diese Loyalität nicht so intensiv ausgeprägt, wie in anderen Ländern. Prinzipiell lässt sich der Aufbau einer langfristigen Kundenbeziehung wie folgt strukturieren und organisieren:

- Erfassung kundenbezogener Daten,
- Persönlicher Kontakt mit dem Kunden,
- Ergänzung der Informationen basierend auf dem persönlichen Gespräch,
- Aufstellung eines Interaktionsplans mit dem Kunden,
- Kommunikation basierend auf dem Interaktionsplan,
- Erfolgsbeurteilung und Strategieabgleich,
- Gegebenenfalls Aktualisierung des Interaktionsplans,
- Ersatzbeschaffung durch den Kunden.

Kundenbindung kann erreicht werden, wenn ein Unternehmen die Erwartungen des Kunden übertrifft. Dazu muss das Unternehmen zunächst wissen, welche Präferenzen der Kunde hat. Dies kann durch zusätzliche (freiwillige) Angaben während der Konfiguration oder durch weitere Umfragen untersucht werden. Zu diesen Angaben gehören:

- Gründe für den Fahrzeugkauf und geplante Nutzung,
- Freizeitaktivitäten,
- Interessierte Themenfelder,
- Nutzung von Medien.

Abgeleitet aus den Angaben, wird das Kundenprofil verfeinert und der Interaktionsplan mit dem Kunden erstellt. Stellt das Unternehmen fest, dass ein großer Teil der Kunden Konzerte besucht, kann es dort als Sponsor auftreten. Mit solchen Aktionen wird auch die Neukundenakquise gefördert, da das Konzert vermutlich von Personen mit ähnlichem Profil besucht wird.

Speziell für chinesische Kunden empfiehlt sich die Zusendung von „Werbeartikeln", die nach außen dargestellt werden können. Understatement spielt in China eine untergeordnete Rolle, wer etwas besitzt, will sich damit auch darstellen. Eine Möglichkeit dazu, bietet eine exklusive Kundenkarte. Diese sollte so aufgebaut sein, dass der Kunde durch Teilnahme an verschiedenen Aktivitäten oder den Kauf weiterer Produkte, seinen Status steigern kann.

Generell brauchen kommunikationspolitische Maßnahmen für die Volksrepublik China nicht neu erfunden werden. Vieles kann sich an Methoden etablierter Märkte orientieren, muss aber an die speziellen Vorlieben chinesischer Kunden angepasst werden. Geburtstagswünsche spielen für Chinesen beispielsweise keine so ausschlaggebende Rolle, wie ein Glückwunsch zum Neujahrsfest. Zahlen, Farben und Symbole werden von Chinesen oftmals mit etwas Positivem oder Negativem assoziiert. Die Zahl „8" verbinden Chinesen mit Reichtum und Glück. Eine chinaspezifische Kundenbeziehungsmaßnahme, die sich daraus ableiten lässt, wäre beispielsweise ein kostenloser Kundendienst bei 88.888 km.

Das Fazit lautet, dass die Marktbearbeitung für China auf bekannte Erfahrungen aufbauen kann, jedoch kulturspezifisch anzupassen und umzusetzen ist. Der Erfolg der Maßnahmen kann durch Umfragen zwischenbewertet werden und zeigt sich vor allem durch eine höhere Anzahl von Wiederkäufern.

5.5 Maßnahmenplan: Logistik- und Produktionsprozesse

5.5.1 Übersicht

Leistungsfähige und flexible Produktions- und Logistikprozesse sind der Schlüssel für den Erfolg einer kundenindividuellen Massenfertigung von Automobilen in China. Die Logistik plant und steuert dabei die Teileversorgung über das In- und Ausland und ist für sämtliche Inbound- und Outboundprozesse, von der Linienversorgung bis hin zum Transportorganisation zum Händler verantwortlich.

Bei der Implementierung der Mass Customization ist es die Aufgabe der Logistik, die Marketinganforderungen mit geeigneten Logistikprozessen zu ermöglichen. Dazu ist eine Machbarkeitsstudie für den angestrebten Individualisierungsumfang notwendig. Die Vereinzelungsfähigkeit individuell konfigurierbarer Komponenten kann anhand einer Bewertungsmatrix erforscht werden. Die Risiken können ebenfalls in eine Kostenbewertung einfließen. Daraus kann abgeleitet werden, ob ein Teil wahlfrei angeboten werden kann, und ob es per Seefracht aus dem Ausland oder über einen Produzenten im Inland bezogen werden sollte. Anschließend ist ein Strategieabgleich mit den Marketinganforderungen ratsam.

Die kundenindividuelle Veredelung der Fahrzeuge findet ausschließlich in den Prozessen der Montage statt. Der Rohbau liefert dazu eine Einheitskarosse, die von der Lackiererei in der geforderten Farbe lackiert wird. Das Pull-Prinzip hat, unter der Prämisse einer Einheitskarosse, frühestens in der Lackiererei erste Auswirkungen. Da die Farbwahl bereits einem Kundenauftrag unterliegt, kann das Fertigungsprogramm für die Lackiererei nicht mehr langfristig vorherbestimmt werden. Es ist daher sicherzustellen, dass für alle Farben die Bedarfe im Wiederbeschaffungszeitraum abgedeckt werden können. Änderungen ergeben sich ebenfalls bei der Auftragseinsteuerung in die Lackiererei. Hier gilt es, bei Langsamdrehern die optimale Losgröße durch die Zwischenspeicherung lackierter Karossen im Hochregallager zu gewährleisten.

Für den Bereich Montage sind die Anforderungen der kundenindividuellen Massenfertigung am größten. Die Auswirkungen beschränken sich dabei auf die individualisierbaren Bestandteile. Es erfolgt daher eine Betrachtung der Montageprozesse nach standardisierten und kundenindividuellen Komponenten.

5.5.2 Optimierung der Lackiersequenz

Die Erzeugung unterschiedlicher Produkte erhöht die Komplexität in den jeweiligen Montageprozessen und somit auch das Fehlerpotential. Im dargestellten Fall von Einheitskarossen, aus denen sämtliche Varianten erzeugt werden können, hat der kundenspezifische Auftrag den ersten Einfluss auf die Technologie Lack.

Aufgabe der Lackiererei ist die Versorgung der Montage mit lackierten Karossen in der benötigten Farbe und Qualität. Bei der kundenindividuellen Montage werden die Karossen nicht mehr nach einer Los-Sequenz in die Fertigung eingeschleust, sondern einzeln, dem jeweiligen Kundenauftrag entsprechend. Somit geht für den Lack die Planungssicherheit ein Stück verloren, da die Varianten nicht durch den Vertrieb vorherbestimmt und durch die Erzeugung von Losen abgebildet werden.

Es ist daher nicht mehr möglich, den Farbbedarf über eine Periode anhand des vordefinierten Fahrzeugprogramms zu ermitteln und entsprechend zu bestellen. Die Flexibilität des Kunden führt dazu, dass die Beschaffungsprozesse so auszulegen sind, dass innerhalb der Wiederbeschaffungszeit einer Farbe alle Bedarfsvarianzen abgedeckt werden können. Der Bestellzeitpunkt ist so zu wählen, dass innerhalb der Leadtime, d.h. den Zeitraum der Wiederbeschaffung, die prognostizierten Bedarfe statistisch abgesichert sind. Zur Absicherung wird ein Bestandsmonitoring notwendig, welches die geplanten und tatsächlichen Bedarfe innerhalb der Wiederbeschaffungszeit gegenüberstellt und bei Gefahr als Frühwarnsystem für die Materialversorgung dient.

Konnte zuvor eine Lossequenz durchgängig über alle Technologien als Fertigungsvorgabe dienen, erfolgt die Lackierung der Karossen nun losgrößenoptimiert (siehe Abbildung 51). Erst mit der Ausschleusung der lackierten Karossen aus dem Karossenspeicher, wird die benötigte Farbsequenz für die Montage erzeugt.

Durch die kundenindividuelle Massenfertigung ändert sich nicht das Prinzip des Lackierprozesses. Es ist jedoch zu gewährleisten, dass die Fertigungsvorgabe für den Lack prozessoptimiert, d.h. mit möglichst wenigen Farbwechseln erfolgt, stets jedoch die Versorgungssicherheit der nachgelagerten Technologie sicherstellt.

Abb. 51: Erstellung einer Produktionssequenz für die Lackiererei

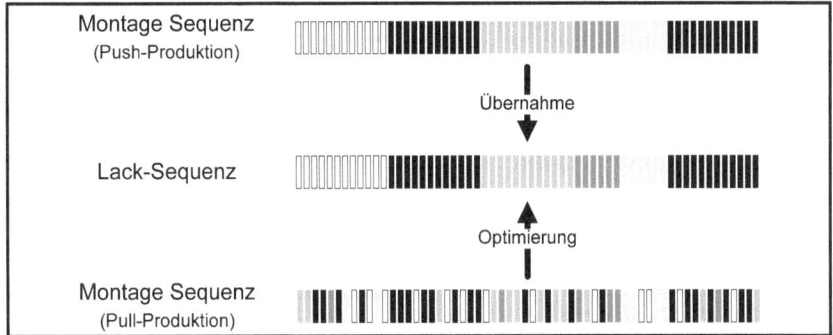

Ein Hochregallager, das üblicherweise als Speicher für die lackierten Karossen zwischen Lack und Montage dient, ist ein wichtiges Kriterium zur Bestimmung der Losgrößen in der Lackiererei. Durch die bekannte Anzahl von Stellplätzen ist kalkulierbar, wie lange der Hochregallagerbestand die Bedarfe der Fertigung abdecken kann. Daraus lässt sich ermitteln, wann in der Lackiererei wieder Fahrzeuge einer jeweiligen Farbe erzeugt werden müssen. Für die Erstellung der Fertigungsvorgabe für die Lackiererei sind jedoch weitere Prämissen zu berücksichtigen. Dazu zählen beispielsweise die:

• Gesamtzahl bestellbarer Farben,
• Einteilung aller Farben in Schnell- und Langsamdreher,
• durchschnittlichen Durchlaufzeiten der einzelnen Farben,

- Blockierung von Stellplätzen im Hochregallager durch nicht benötigte Karossen,
- Stellflächen für lackierte Karossen in den Förderbändern zum Hochregallager und zur Montage,
- Fixierung der Fertigungssequenz mehrere Tage vor Montagebeginn,
- Taktzeit der Fertigung.

Die Optimierung der Lack-Sequenz kann entweder auf die Technologie selbst übertragen werden oder in der Programmplanung und Fertigungssteuerung angesiedelt sein. Als Grundlage der Planung empfiehlt sich eine Abrufanalyse und Einteilung der Farben in Schnell- und Langsamdreher. Die Behandlung der Rohkarossen kann dann entsprechend den installierten Systemen im Lack erfolgen. Langsamdreher können beispielsweise den Systemen der Kleinstmengenversorgung zugeteilt werden. Für die Langsamdreher ist es ratsam, zusätzlich einen Mindestbestand vorrätig zu haben, der bei Erreichen automatisch einen neuen Auftrag generiert. Zu beachten ist hier, dass bei Auslieferung eines lackierten Loses in den Karossenspeicher überdurchschnittlich viele Stellplätze mit Langsamdrehern belegt werden und dadurch die Umschlagshäufigkeit sinkt.

Unter keinen Umständen darf es im Karossenspeicher zu einer Blockade der Sortierfunktion kommen. Diese könnte durch eine komplette Belegung des Lagers mit einem unvollständigen Farbspektrum entstehen. Sollte eine nicht vorhandene Farbe in diesem Fall von der Montage abgerufen werden, ist ausgeschlossen, dass diese im Hochregallager diese Farbe in die Sequenz eingereiht werden kann, da es keine Stellplätze mehr gibt, die als Sortierzwischenspeicher dienen können. In solch einem Fall muss es möglich sein, lackierte Karossen zu Montagebeginn manuell in das Band einzusteuern. Die Gefahr einer Blockade des Karossenspeichers kann durch die Zuordnung verbaurelevanter Daten erst bei Ausschleusung der Karosse wesentlich reduziert werden. So wird es prinzipiell möglich, dass alle vorhandenen Karossen einer Farbe für den dementsprechenden Auftrag verwendet werden können.

Eine frühe Zuordnung der Fahrzeugdaten zur Karosse hat jedoch den Vorteil, dass die Steuerung technischer Änderungen relativ einfach möglich ist. Es kann dadurch ausgeschlossen werden, dass es zu einem Überlappen verschiedener Entwicklungsstände kommt. So können technische Änderungen an der Rohkarosse, beispielsweise durch den Entfall einer Bohrung, dazu führen, dass der Verbau von Komponenten unmöglich wird. Außerdem läßt sich der damit verbundene Aufbrauch änderungskritischer Teile steuern. Solche Änderungen an der Karosse sind jedoch eher selten und können durch die Integration eines Änderungsindexes an der Karossenbezeichung und durch Gewährleistung des FIFO-Prinzips, relativ gut kontrolliert werden. Durch die technische Änderungsinformation der Karosse kann zudem die Zuteilung verbaukritischer Komponenten (auf denen sich die Änderung auswirkt) in der Fertigung verhindert werden. Dennoch ist im schlimmsten Fall die Verschrottung von Obsoletteilen notwendig. Der Vorteil der Zuordnung der Fahrzeuginformationen mit Ausschleusung der Karosse aus dem Karossenspeicher ist die zusätzliche Flexibilität im Hochregallager. Prinzipiell wird dadurch eine Art Kanbansteuerung möglich, in der verbrauchte Farben bei Bedarf wieder nachgefüllt werden.

Basis der Planung für den Start in der Lackiererei ist die Fixierung der kundenindividuellen Montagesequenz mehrere Tage vor Montagebeginn. Durch einen Abgleich mit der vorhandenen Lacksequenz und dem Hochregallagerbestand können für diesen Zeitraum die exakten Bedarfe lackierter Karossen bestimmt werden. Dividiert man die Durchlaufzeit durch den Lackierprozess einer jeweiligen Farbe durch die durchschnittliche Taktzeit der Produktion, lässt sich daraus eine Ableitung einer Optimalen Losgröße für Schnelldreher treffen. Dies bedeutet, dass bei einer Durchlaufzeit im Lack von 12 Stunden und einer durchschnittlichen Taktzeit dieser Farbe von 30 Minuten in der Montage, eine Losgröße von 24 Einheiten lackiert werden sollte. So kann ein kontinuierlicher Aufbrauch der Karossen und eine optimale Belegung des Karossenspeichers erzielt werden.

Durch Subtraktion der Bestandsreichweiten (im Karosseriespeicher und in den Förderbändern) und der Durchlaufzeit durch den Lackierprozess vom geplanten Starttermin in der Produktion, lässt sich ein optimaler Starttermin für den Lackierprozess ermitteln. Basierend auf diesen Informationen ist abgeleitet von der Fertigungssequenz die Planung der Sequenz in der Lackiererei möglich.

Anschließend kann durch eine Simulation der Zu- und Abgänge des Karossenspeichers sichergestellt werden, dass die Montage versorgt werden kann. Dies ist die Aufgabe der Fertigungssteuerung. Sollte sich eine Unterdeckung der Bedarfe ergeben, ist die Lacksequenz entsprechend zu verbessern. Zu berücksichtigen ist weiterhin, dass die optimierte Lack-Sequenz während des Prozesses verloren geht, da immer mit einem gewissen Anteil Nacharbeit zu rechnen ist. Daher hat die Sortierfunktion des Karossenspeichers schon bei der Push-Produktion mit technologieübergreifend identischen Fertigungsvorgaben seine Berechtigung.

Die Erstellung der Sequenz im Hochregallager kann ebenfalls als Auslöser für die werksinternen Kommisioniervorgänge dienen, sollte die Verweildauer der lackierten Karosse im Förderband zur Montage dazu ausreichend sein.

5.5.3 Durchgängiges Produktionssystem

Die Auswirkungen der kundenindividuellen Massenfertigung auf die *Montageprozesse* sind im Vergleich zu den logistischen Herausforderungen gering. Die Bereitstellung unterschiedlicher Komponenten an den Fertigungsstationen beschränkt das Raumangebot und führt gegebenenfalls zu Strukturanpassungen hinsichtlich der Auslagerung bestimmter (Vor-)Montageprozesse, in denen Module kundenindividuell vormontiert werden, bevor sie an die Linie gebracht werden. Das grundlegende Prinzip des Fahrzeugbaus ändert sich durch die kundenindividuellen Anforderungen nicht.

ERP-Systeme bilden softwaretechnisch die Funktionen entlang der Wertschöpfungskette ab. Für den durchgängigen Einsatz einer MC-Lösung ist es notwendig, dass das ERP-System ein Produktions-Planungs-System (PPS) und die Verwaltung von Produktstrukturdaten per Produktdatenmanagementsystem (PDM) enthält.

Das Produktionsplanungssystem hat die Funktion, das Fertigungsprogramm entsprechend der verfügbaren Kapazitäten des Werks zu entwickeln. Eine wichtige Anforderung ist die Glättung der Bedarfe, um eine konstante Kapazitätsauslastung über einen möglichst langen Zeithorizont zu gewährleisten. Diese Glättung ist vorteilhaft, da Kundenaufträge nicht immer regelmäßig eingehen und somit zu Bedarfsspitzen führen würden, welche wiederum die Logistik- und Fertigungsprozessen instabilisieren. Durch die Glättung ähnelt die Darstellung des Produktionsprogramms über ein Balkendiagramm der Form eines Kammes. Ein optimal ausgeplantes Fertigungsprogramm weist daher eine sog. „Kammlinie" auf.

Die Glättung hat zur Folge, dass manche Aufträge schneller ausgeliefert werden können als andere. Gründe für Perioden mit hohem oder niedrigem Auftragseingang sind verschiedenartig. So führen Lohnzahlungen zu höheren Auftragseingängen am Monatsende als Mitte des Monats, oder im Frühjahr werden naturgemäß mehr Cabrios bestellt als im Winter. Zu den Absatzspitzenzeiten in der Volksrepublik China gehören auch die Feiertage. Vor allem während des chinesischen Neujahrfestes im Frühjahr erhöht sich der Absatz von Fahrzeugen aus den Vertriebslägern. Der Grund dafür, das Unternehmen ihre Mitarbeiter zu dieser Zeit oftmals mit Bonuszahlungen am Erfolg des Unternehmens beteiligen.

Aufgabe des Produktionsprogrammsystems ist es, den Auftrag frühestmöglich in die Fertigung einzusteuern, damit der Kunde so kurzfristig wie möglich beliefert werden kann. Die Erfahrung westlicher Hersteller hat hier gezeigt, dass der Kunde besser mit einer langen Lieferzeit leben kann, wenn er dafür bereits zum Zeitpunkt der Bestellung einen fixen Liefertermin genannt bekommt.[243] Die Einplanung darf aber auch nicht zu kurzfristig erfolgen. Der kürzeste Zeitraum zwischen Auftrag und Fertigung hängt davon ab, wie schnell die benötigten Anbauteile beschafft werden können. Dieser Faktor ist von Produktionsplanungssystem bei der Belegung der Kapazitäten zu berücksichtigen. Daher hat beim Aufbau des Systems ein intensiver Austausch zwischen Logistik- und Materialplanung- und Steuerung zu erfolgen. Die Funktion der Programmplanung ist aus diesem Grund üblicherweise auch im Bereich Logistik angesiedelt.

Zwischen den beiden Parteien ist ebenfalls abzustimmen, ob dieser Zeitraum zudem als Kriterium für die Zulassung von Änderungen durch den Kunden herangezogen wird. Grundsätzlich gilt es, den Kunden darüber zu informieren, wann für ihn die letzte Möglichkeit besteht, Änderungen an seiner Bestellung vorzunehmen.

---

243 Quelle: interne Marketingdaten der BMW Group.

Der erste Parameter des Produktionssteuerungssystems ist die Anlage freier Kapazitäten. Die Planung freier Kapazitäten umfasst verschiedene Zeiträume und erfüllt damit verschiedenartige Aufgaben:

- Die Strategische Kapazitätsplanung erfolgt über einen Zeitraum von mehr als zwei Jahren.
- Die mittelfristige Kapazitätsplanung dient als Grundlage der Werkerplanung und der Abrufinformationsübermittlung an die Lieferanten. Sie erstreckt sich über einen Zeitraum von drei Monaten bis zwei Jahren.
- Die kurzfristige Kapazitätsplanung ist die Basis der Abrufübermittlung zur Teieversorgune. Sie umfasst den Zeitraum der nächsten drei Monate.

Die Kapazitätsgrenzen werden unmittelbar von den Technologien vorgegeben. Das schwächste Glied bestimmt dabei den maximal möglichen Output. Ziel ist es, diese Kapazität mit Aufträgen auszulasten.

Das Controlling trägt hier dazu bei, die Bandbreite und Prämissen für eine optimale Auslastung zu bestimmen. So wird transparent, ab welchem Volumen ein zusätzlicher Wochenendproduktionstag, eine weitere Schicht, oder eine Strukturänderung zur Kapazitätserweiterung sinnvoll ist. Diese Szenarien stellen sich für den Fall einer positiven Auftragsentwicklung. Für den umgekehrten Fall, ausbleibender oder rückläufiger Ordereingänge, entsteht das Problem unausgelasteter Kapazitäten. Der Umgang mit diesem Problem ist ebenfalls Aufgabe der Programmsteuerung. Die generelle Abbildung der Programmplanung über das Steuerungssystem lässt sich wie folgt gliedern:

- Anlage freier Kapazitäten basierend auf technologischen Restriktionen und Marktprognosen,
- Beplanung der Kapazitäten mit einem prognostizierten Modellmix als Grundlage der Bedarfsübermittlung an die Lieferanten,
- Überschreibung freier Kapazitäten mit realen Kundenauftragsdaten,
- Übertragung und Aktualisierung der Aufträge in den angebundenen Systemen in Echtzeit oder als Stapelverarbeitung.

Das Ziel der Mass Customization-Strategie ist die Auslastung freier Kapazitäten mit Kundenaufträgen. Sollte dies nicht möglich sein, können freie Kapazitäten beispielsweise mit folgenden Konfigurationen ausgeplant werden:

- Die am meisten nachgefragten Varianten,
- Aufbrauch obsoletkritisch bewerteter Teile in der Variante,
- Variante mit der höchsten Rendite,
- Behördenfahrzeug oder Fahrzeuge für Großabnehmer,
- Dienstwagen.

Die Ausplanung freier Kapazitäten erfolgt anhand eines im System hinterlegten Regelkataloges. Dieser beinhaltet nicht nur die frühestmögliche Verbaubarkeit, basierend auf dem Teilebezug, sondern auch einen möglicherweise zu berücksichtigenden Derivatmix. So kann eine weitere Prämisse sein, dass die Kapazität eines Tages mit 60 Prozent des Modells A und mit 40 Prozent des Modells B aufgefüllt werden muss. Insgesamt gilt es, sämtliche Prämissen im Produktionsplanungssystem zu erfassen. Dazu zählen beispielsweise der:

- minimale und maximale Anteil eines Modells an der Tageskapazität,
- früheste und späteste Wechsel von einer Modellplattform zu einer anderen.

Zwei weitere Informationssysteme spielen im Rahmen der Programmplanung eine wichtige Rolle und sind über das ERP-Netzwerk am PPS angeschlossen. Ein System hat die Aufgabe, alle montagerelevanten Informationen für die Fertigungsprozesse bereitzustellen. Die Informationen werden in einer Datenbank geführt und bei Verbau an die Montageanlagen übermittelt. Dort werden sie entweder direkt interpretiert und als Anlageparameter verwendet oder dienen den Arbeitern als Arbeitsanweisung für den jeweiligen Prozessschritt (Werkerinformationssystem). Das System übernimmt zusätzlich die Funktion zur Dokumentation der technischen Verbaudaten zum Zweck der Rückverfolgbarkeit.

Ein weiteres System, das an die Programmplanung angeschlossen ist, ist die Materialversorgung. Das System wird online oder per Stapelverarbeitung mit den Auftragsdaten versorgt und hat die Aufgabe, alle benötigten Komponenten zum Bau der Aufträge zu ermitteln und als Bedarf auszuweisen.

Basis dieses Vorgangs ist die Stückliste einer jeweiligen Konfiguration. Diese wird während des MRP-Laufs in ihre einzelnen Bestandteile aufgelöst und mit den jeweiligen Beständen oder vorhandenen Bestellungen der Komponenten abgeglichen. Gegebenenfalls wird ein neuer Bedarf erzeugt, der als Bestellung an den jeweiligen Lieferanten übermittelt wird. Dies geschieht im günstigsten Fall durch die Anbindung des Kunden an das System oder die – in China noch weit verbreitete Übermittlung per Fax, eMail oder Telefon.

Bei der Losfertigung weniger Varianten, existiert nur eine Stückliste pro Variante.[244] Für eine variantenreiche Fertigung mit Orderbezug, ist dieser Vorgang grundsätzlich möglich (siehe Kapitel 4), dennoch wird empfohlen, eine systemgestützte, flexible Stücklistengenerierung zu implementieren, anstatt für jede Ausprägung eine eigene Stückliste anzulegen und zu verwalten. So wird vermieden, dass bei Änderungen eine große Anzahl von Daten in den Stücklisten aktualisiert werden muss. „Die Kalkulation und Produktion wird durch automatisch generierte Stücklisten und Arbeitspläne erheblich sicherer und ver-

---

244 Eine Stückliste ist eine strukturierte, mehrstufige Aufstellung aller Baugruppen und Teile eines Produktes mit Angabe der benötigten Mengen und eventuellen Abmessungen.

einfacht. Die Mitarbeiter in Kalkulation, Arbeitsplanung und Fertigung werden stark entlastet".[245]

Anhand der Merkmale der konfigurierten Produkte werden Stücklisten und Arbeitspläne generiert. Bei der Generierung wird jeder Stückliste ein Variantenschlüssel zugeordnet. Je nach dem theoretischen Ausmaß möglicher Varianten, besteht dieser aus unterschiedlich vielen Stellen, die mit Buchstaben oder Zahlen belegt werden können. Die Generierung von Fertigungsstücklisten basierend auf spezifischen Produktmerkmalen, wird von vielen ERP und PPS-Systemen bereits unterstützt (z.b. KMAT bei SAP). Zur Generierung von Stücklisten können, je nach der abzubildenden Flexibilität der Konfiguration, verschiedene Methoden herangezogen werden.

Für unsere Problemstellung empfiehlt sich die Festlegung einer neutralen Stücklistenstruktur (Strukturbaum) in der feste, d.h. konfigurationsunabhängige Bauteile und konfigurationsabhängige Bauteile strukturgerecht eingetragen werden. Ein konfigurationsabhängiges Bauteil (Einzelteil oder Baugruppe) führt bei der Generierung ein Regelwerk aus, das folgende Entscheidungen trifft:[246]

- Auswahl eines konkreten Bauteils in Abhängigkeit von Parametern.
- Wenn Bauteil „A" gewählt, dann nehme auch Bauteil „B".
- Wenn Bauteil „C" gewählt, dann entferne Bauteil „D" aus der Stückliste.
- Wenn ......<Regel>, dann ändere die Menge auf „x".

Die Generierung von Stücklisten kann bereits in der Angebotsphase genutzt werden, um eine kalkulationsfähige Produktstruktur zu erhalten. „In diesen Fällen wird die Stückliste generiert und eine Materialkalkulation durchgeführt".[247]

Abbildung 52 zeigt die informationstechnische Konzeption einer flexiblen Stücklistenerzeugung.

245 O.V.: Technische Leistungsbeschreibung für den CAP-Produktkonfigurator (2007), online.
246 Vgl. o.V.: Generierung von Stücklisten/Fertigungsstücklisten (2007), online.
247 O.V.: Generierung von Stücklisten/Fertigungsstücklisten (2007), online.

Abb. 52: Informationstechnische Konzeption einer flexiblen Stücklistengenerierung

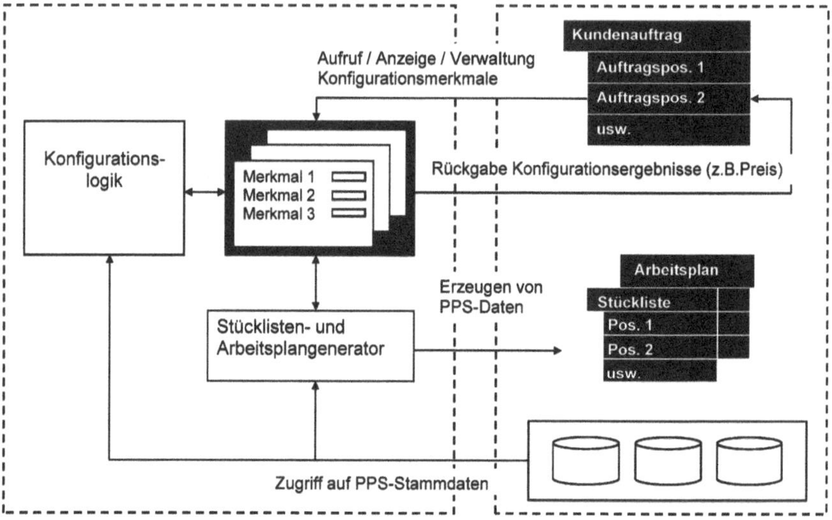

5.5.4 Vereinzelungsfähigkeit von Teilen bestimmen

Ein wesentliches Problem der kundenindividuellen Massenfertigung ist die exakte Prognose der Teilebedarfe. Die Hersteller besitzen dafür in China oftmals noch nicht die notwendige Erfahrung. Zudem befindet sich der Automobilmarkt in der Volksrepublik China weiterhin in einer Wachstumsphase und kann daher keineswegs als stabil bezeichnet werden. Die Aufgabe der Logistiker ist es, vor diesem dynamischen Hintergrund, ein Versorgungskonzept für das gesamte Teilespektrum darzustellen, welches die Risiken eines Abrisses minimiert, gleichzeitig aber wirtschaftlich ist. Für die Vereinzelungsfähigkeit von Teilen ist es notwendig, dass die Bedarfsstruktur nach Art, Menge und Zeit mit hinreichender Genauigkeit festgestellt werden kann.[248]

So ist zu untersuchen, inwieweit diese Genauigkeit bei den jeweils einzelnen Komponenten gegeben ist und wie daraus ein versorgungssicheres Logistikkonzept entwickelt werden kann. Dabei lassen sich zunächst folgende Formen der Bedarfsvarianz unterscheiden:

- Mengenvarianzen im Sinne einer unregelmäßigen Orderanzahl,
- Zeitvarianz im Sinne eines unregelmäßigen Ordereingangs,
- Artvarianz im Sinne der Verschiedenartigkeit von Aufträgen (Varianten).

---

248 Vgl. Krüger: Das Just-in-Time-Konzept für globale Logistikprozesse (2004), S. 100.

Diese Formen beziehen sich auf den Primärbedarf am Markt verwertbarer Produkte und werden als äußere Varianz bezeichnet. Abgeleitet von den Primärbedarfsfaktoren, ergibt sich der Sekundärbedarf, der als innere Varianz bezeichnet wird. Für die Teile des Sekundärbedarfs können sich deutliche Unterschiede in der Bedarfsstruktur ergeben, welche die Vereinzelungsfähigkeit des einzelnen Teils beeinflussen.[249]

Die ABC-XYZ-Analyse dient der wertmäßigen Klassifizierung und gleichzeitig der Differenzierung der Artikel im Hinblick auf die Regelmäßigkeit des Verbrauchs. A-Teile haben einen sehr hohen Wert, C-Teile nur einen sehr geringen. X-Teile werden stetig verbraucht und sind bedarfsmäßig einfach zu planen. Z-Teile schwanken stark im Verbrauch und können nur schwer prognostiziert werden. Die ABC-XYZ-Analyse kann zur Bewertung der Vereinzelungsfähigkeit von Teilen herangezogen werden. In der (chinesischen) Automobilindustrie spielen zudem weitere Bewertungsfaktoren eine Rolle:

- Einfluss der Teile auf den gesamten Umfang lokaler Komponenten. Dieser darf wegen Import- und Steuervorteilen nicht unter 40 Prozent fallen,
- Einfluss der Teile auf den Kabelbaum,
- Einfluss der Teile auf die Programmierung und Codierung des Fahrzeugs,
- Einfluss der Teile auf den CKD-Fahrzeugpreis,
- Mehrfache Abhängigkeiten von Teilen mit anderen Sonderausstattungen.

Die ABC-XYZ-Analyse ist grundsätzlich geeignet zur:[250]

- Organisation von logistischen und fertigungsbezogenen Prozessen,
- Auswahl der Distributions- und Prognoseverfahren,
- Bestandsplanung,
- Lagerverwaltung.

Die ABC-Analyse und die XYZ-Analyse ist zunächst getrennt durchzuführen. Anschließend werden die Teile in einer Matrix mit neuen Zellen eingetragen (siehe Abb. 53)

---

249 Vgl. ebd. (2004), S. 101.
250 Vgl. Heiserich: Logistik (2002), S. 62-67.

Abb. 53: ABC-Matrix

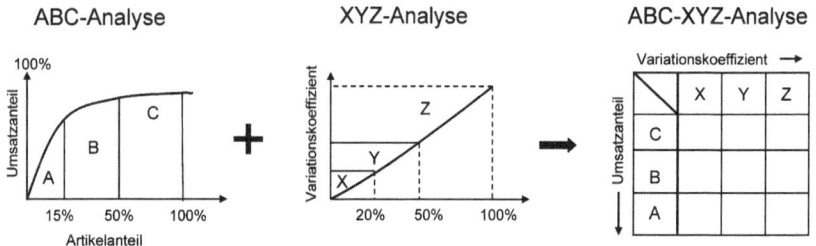

Die Teile, aus denen die Standardplattform des Fahrzeugs besteht, fallen in die X-Klasse. Sie sind einfach zu prognostizieren. Die kundenindividuell anwählbaren Teile des Fahrzeugs (Sonderausstattungen) fallen in die Klassen Y und Z und sind mittel bis kaum prognostizierbar. Mit Hilfe der ABC-XYZ-Analyse kann für jedes Teil die passende Nachschubstrategie entworfen werden (siehe Abb. 54):

- AX-Teile der Standardplattform sind zwar gut zu prognostizieren, sollten jedoch wegen des Bestellmengenrisikos und der damit verbundenen Kosten für gebundenes Kapital (bei zu hohem Bestand) oder teurer Wiederbeschaffungskosten (bei zu niedrigem Bestand) lokal bezogen werden. Ferner tragen sie maßgeblich zur Erreichung der LC-Anforderungen bei.

- AY- und AZ-Teile unterliegen einem Kundenauftrag und sind daher schwer prognostizierbar. Zur Vermeidung von Risiken (siehe AX-Teile) und zur Erreichung der LC Ziele sollte dieses Teilespektrum lokalisiert werden.

- BX-Teile der Standardplattform mit einer guten Prognostizierbarkeit eignen sich am besten für den weiteren Bezug per Seefracht.

- BY- und BZ-Teile sind schwieriger zu prognostizieren. Wegen der geringeren Werthaltigkeit im Vergleich zu den A-Teilen, kann das Fehlmengenrisiko durch eine höhere Vorratshaltung ausgeglichen werden. Sie können daher per Seefracht bezogen werden.

- Sämtliche C-Teile sind sowohl für Seefracht-, als auch lokalen Bezug geeignet. Da die Werthaltigkeit sehr gering ist, ist der Verlust im Falle von Obsoletteilen marginal im Vergleich zu A- oder B-Teilen. Wegen der geringen Werthaltigkeit ist davon auszugehen, dass C-Teile keine technische Komplexität vorweisen, so dass sie auch für den lokalen Bezug gut geeignet sind.

Abb. 54: Teilespektrum-Versorgungsmatrix

	A-Teil	B-Teil	C-Teil	
X-Teil	hochwertig; einfach zu prognostizieren	mittlerer Wert; einfach zu prognostizieren	geringwertig; einfach zu prognostizieren	Standard-plattform
Y-Teil	hochwertig; mittlere Prognostizierbarkeit	mittlerer Wert; mittlere Prognostizierbarkeit	geringwertig; mittlere Prognostizierbarkeit	Aus-stattungs-module
Z-Teil	hochwertig; geringe Prognostizierbarkeit	mittlerer Wert; geringe Prognostizierbarkeit	geringwertig; geringe Prognostizierbarkeit	

⇩ ⇩ ⇩

lokaler Bezug	Seefracht	gemischt

Die ABC-XYZ-Analyse ist ein Mittel zur Grobanalyse für die Materialversorgung. Für die Feinplanung sind weitere Kriterien heranzuziehen, die vor allem bei den B-Teilen zu einer Änderung des Versorgungsweges führen können. So ist die Wahrscheinlichkeit, dass ein Teil häufig *technischen Änderungen* unterliegt ein Kriterium, das für die Lokalisierung spricht. Es kann dadurch eher verhindert werden, dass es auf Grund unterschiedlicher Bedarfe zu Obsoletteilen kommt, sollte der Änderungseinsatz zu einem bestimmten Zeitpunkt und nicht nach Aufbrauch vorhandener Teile erfolgen. In diesem Rahmen sind auch die *Kosten eines Obsoletteils* ein Kriterium, das für die Lokalisierung spricht.

Eine weitere Eigenschaft die es zu berücksichtigen gilt, ist die *Wiederbeschaffungszeit*. Lässt man die Möglichkeit der teueren Luftfrachtversorgung aus dem Heimatland außer acht, ist der lokale Bezug von Teilen im Vergleich zum Seeweg wesentlich schneller.

Ebenfalls spielt die *Teilegröße* eine Rolle. Je größer ein Teil ist, desto schwieriger ist es, bei schwankenden Bedarfen, die Volumen für den Versand effizient auszufüllen. Dies spricht ebenfalls für die Lokalisierung eines Teils.

Die *Behälterkosten* wiederum können ein Kriterium für den Import darstellen, da bei geringen Volumen die Anschaffung neuer Behälter die Investition in die Höhe treiben kann. Andererseits braucht die Verpackung bei lokalem Bezug unter Umständen aber nicht so umfangreich (mit Trockenmittel, Folien, etc.) und teuer wie bei dem Importteil sein. Generell gilt es, die Kriterien teilespezifisch zu beurteilen und in einem Gesamtkonzept zu berücksichtigen.

5.5.5 Flexibilisierung der Supply Pipeline

Zur Stabilisierung der kundenindividuellen Massenfertigung ist eine Flexibilisierung der Teileversorgung notwendig. Wie bereits beschrieben, sind die Prämissen der Seefrachtversorgung nicht geeignet, um den flexiblen Teilebedarf abzudecken. Daher macht es Sinn, Komponenten aus dem CKD-Teilesatz zu entnehmen und sie zu lokalisieren. Durch den lokalen Bezug von Teilen entstehen folgende Vorteile:

- Es kann kurzfristiger auf Bedarfsvarianzen reagiert werden, da die gesamte „frozen period", d.h. die Zeit, in der sich Teile auf dem Seeweg, in der Verzollung oder einem sonstigen Transportstatus befinden auf den kein Einfluss ausgeübt werden kann, entfällt.
- Das Risiko von Fehlmengen oder Obsoleten wird bei auftragsspezifischen Komponenten signifikant gesenkt, da die Teile (im Idealfall) bei Abruf bereits einem Kundenauftrag zugeordnet werden können.
- Das Lagerrisiko kann auf den Lieferanten übertragen werden.

Die Lokalisierung von Teilen in der Volksrepublik China ist jedoch auch mit teils erheblichen Schwierigkeiten verbunden:

- Mit dem Lieferanten wird üblicherweise vereinbart, dass die Investition, welche er in Anlagen, Werkzeuge und Ersatzteile tätigen muss, über den Teilepreis verrechnet wird. Bei geringen Produktionsvolumen führt dies zu Preisen, die unter Umständen nicht mit den Importpreisen konkurrieren können.
- Um die notwendigen Standards durchzusetzen, ist ein umfassendes und langfristig ausgelegtes Lieferantenqualitätsmanagement notwendig.
- Technisches Know-how ist in der Volksrepublik China relativ ungeschützt. Innovative Produkte oder Produktionsprozesse sind vor Spionage zu schützen.

Die Voraussetzungen in China einen Zulieferer für die Automobilindustrie zu finden, sind gut, da sich vor allem in Gegenden, wo sich die großen Automobilhersteller befinden, auch eine ausgeprägte Lieferantenstruktur entwickelt hat. Trotzdem ist es nicht einfach, in China den passenden Geschäftspartner zu finden. Teilweise liegt das Designrecht von Zukaufteilen beim Lieferanten, oder man hat sich aus strategischen Gründen an eine bestimmte Firma zu binden. In diesem Fall ist local sourcing nur möglich, wenn der Lieferant bereit ist, eine Produktion in der Volksrepublik China aufzubauen.

Ebenfalls ist trotz der hohen Anzahl potentieller Zulieferer der tatsächliche Kreis, infragekommender Partner sehr eingeschränkt, da die hohen Qualitätsstandards ausländischer Automobilproduzenten von vielen Lieferanten nicht prozesssicher eingehalten werden können. Zudem spielt die schiere Größe des Landes eine Rolle bei den Logistikkosten und den Transportrisiken.

So gilt es trotz der marktseitigen Flexibilisierungsanforderung zu untersuchen, welche SA-Komponenten in ein lokales Bezugsszenario integrierbar sind. Basierend darauf erfolgt ein Abgleich mit den Versorgungsprämissen des vorangegangenen Kapitels, in dem aus Logistiksicht beschrieben wurde, welche Teile sich für Seefracht oder den lokalen Bezug eignen. Abbildung 55 stellt diesen

Abgleich grafisch dar. Es wird ersichtlich, dass für zwei Materialgruppen Maßnahmen zu ergreifen sind.

Die erste Gruppe bilden die Teile der YA- und ZA-Klassen, die unter die Prämisse „lokaler Bezug nicht unmittelbar möglich" fallen. Diese Teile weisen aus Logistiksicht einen hohen Wert aus und sind nur eingeschränkt prognostizierbar. Daher sollten sie lokal bezogen werden. Es sind daher Maßnahmen zu ergreifen, durch die der lokale Bezug sichergestellt werden kann.

Die zweite Gruppe bildet die Schnittmenge der bereits genannten Teileklassen mit der Prämisse „lokaler Bezug nicht möglich". Da bei der Alternative Seefracht nicht sichergestellt werden kann, dass die Versorgung der flexiblen Nachfrage entsprechen kann, sollte zur Vermeidung von Risiken eine momentane Ausgliederung aus dem flexiblen Leistungsspektrum erfolgen. Durch diese Vorgehensweise findet ein Abgleich zwischen den marktseitigen Anforderungen und den logistischen Prämissen statt.

Abb. 55: Sourcing-Analyse und Strategieabgleich

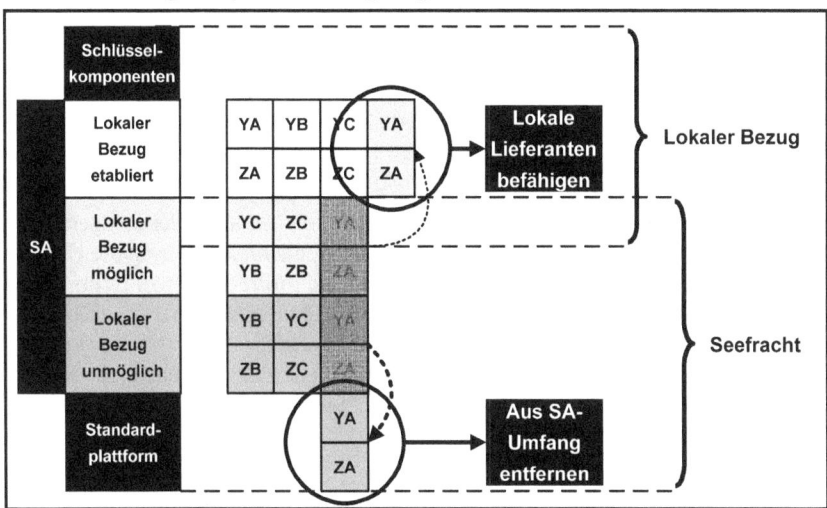

Nach der Wahl eines geeigneten Lieferanten spielen für das Mass Customization Konzept zwei Aspekte eine wichtige Rolle. Zum einen sind dies die Gewährleistung der Qualitätsstandards und zum anderen die bedarfsgerechte Versorgung des Fahrzeugwerks.

Zur Sicherstellung konstant guter Qualitätszahlen ist ein Qualitätsmanagement notwendig. Neben Systemen, welche die Anlieferqualität monitoren ist vor Ort, zusammen mit dem Lieferanten, die Basis für Qualität sicherzustellen. Dies ist Aufgabe eines „Supplier Quality Engineers". Seine Arbeit beginnt bereits in der

Projektphase und verbindet ihn mit dem Lieferanten bis zum Auslauf des Teils. In der Praxis hat sich gezeigt, dass die Erfahrungen, welche deutsche OEMs in ihren Werken mit europäischen Zulieferern gesammelt haben, nur bedingt auf China übertragbar sind. Wichtig ist, dass eine Beziehung zum Lieferanten entsteht, in der Fehler nicht verheimlicht, sondern konsequent angegangen werden. Es ist intensiv zu analysieren, wo Fehlerpotential liegt. Dabei sollte vor allem auf Risiken, wie die Verwechslungsgefahr von Teilen oder die Möglichkeit, dass ein Fremdkörper in das Bauteil gelangt, geachtet werden.

Vor dem Beginn der Serienproduktion sollten die Prozesse beim Lieferanten soweit ausgereift sein, dass sie das notwendige Volumen und die notwendige Güte hervorbringen. Werden lokale Lieferanten in das Versorgungsnetzwerk integriert, ist es ebenfalls erforderlich, ein lieferanten- und teilespezifisches Logistikkonzept zu entwickeln, welches ebenfalls den Behälterrücklauf regelt.

Standardmäßig bietet sich die Anlieferung an ein zentrales Konsolidierungslager an, von dem aus die Ware kommissioniert und JIT oder JIS in das Fahrzeugwerk geliefert wird. Die Anlieferung vom Lieferanten kann direkt oder als Milkrun konzipiert werden. Dieses Versorgungsprinzip bietet die Möglichkeit, Bestände zu puffern und dadurch die Versorgungssicherheit des Werks zu erhöhen. Außerdem wird die Kommissionierung und Anlieferung der Teile an das Band in Sequenz oder als Warenkorb, in dem die Teile für eine komplette Operation enthalten sind, ermöglicht. Die dazu notwendige Sequenzinformation basiert auf dem Fertigungsprogramm und den dazugehörigen Teileabrufen.

Die Outbound-Logistik beschäftigt sich mit der Bereitstellung der fertigen Fahrzeuge an den Kunden. Ziel ist, den Versand der Kundenfahrzeuge an die Händler effizient zu organisieren. Die Transportkosten sind im Vergleich zu Deutschland gering, dennoch muss bei einem umfassenden Händlernetzwerk ein effizienter Weg zur Auslieferung der Fahrzeuge gefunden werden. Als erster Schritt empfiehlt sich die Aufteilung des Landes in verschiedene Zonen (siehe Abb. 56) und die Definition möglicher Versorgungsrouten. Diese sind bereits aus der CKD-Fahrzeugversorgung bekannt.

Da die Zuteilung der Fahrzeuge nun nicht mehr basierend auf dem Push-Prinzip gesteuert erfolgt, sondern basierend auf realen Kundenaufträgen erfolgt, wird ebenfalls eine Konsolidierung von Aufträgen notwendig. So ist eine effiziente Auslieferung an die Händler durch die Schaffung eines Konsolidierungszentrums pro definierter Vertriebsregion möglich. An dieses werden alle Kundenfahrzeuge z.B. einer Provinz versandt, um zunächst eine (effiziente und kostengünstige) hohe Auslastung der Transporte zu gewährleisten und anschließend per flexiblem Einzeltransportauftrag an den spezifischen Händler weitergeleitet zu werden.

Abbildung 56: Konsolidierungszentren in der Distributionslogistik

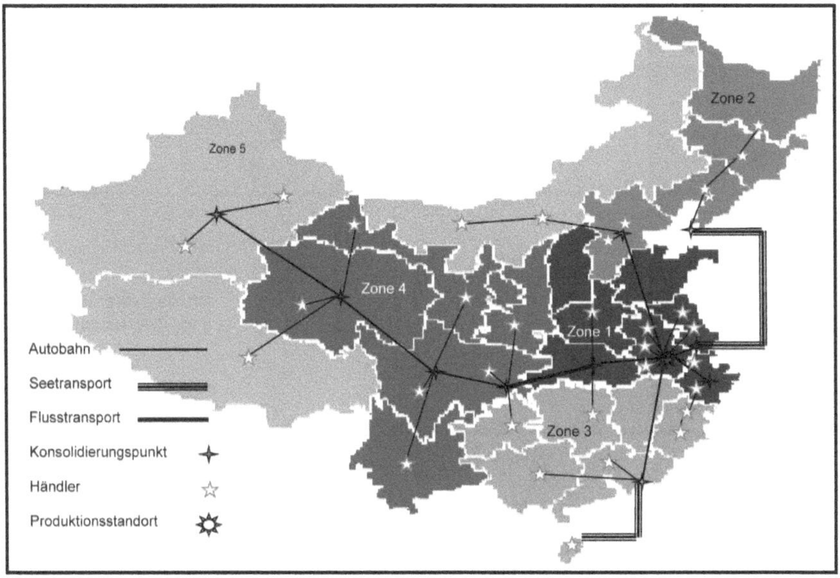

5.5.6 Management der Komplexitätsrisiken

Bei der kundenindividuellen Massenfertigung wird Komplexität durch die Nähe zum Kunden im Leistungsprogramm getrieben. Diese Komplexität indiziert diverse Risiken, mit denen sich das Unternehmen auseinandersetzen muss. Das Ziel ist, den negativen Einfluss aller Risiken so gering wie möglich zu halten. Bekannte Maßnahmen des Risikomanagements können angewandt werden, um die gestiegene Komplexität in den Griff zu bekommen. Abbildung 57 zeigt die Prozessstruktur eines Risikomanagementsystems (RMS).[251]

Es ist zunächst notwendig, die organisatorischen Voraussetzungen für ein strategisches Risikomanagement zu schaffen. Wichtig dabei ist es, einen Regelkreislauf in der Organisation zu erzeugen, der den Informationsfluss und den permanenten Verbesserungsprozess des RMS gewährleistet. Der Aufbau eines Kennzahlensystems, kann sich dabei direkt an die Ziele der Balanced Scorecard anlehnen. Risikomanagement ist effizienter, wenn es als Teil der Unternehmenskultur verstanden wird.

---

251 Vgl. Romeike: Risiko-Management als Grundlage einer wertorientierten Unternehmenssteuerung (2002), S. 14.

Abb. 57: Management von Komplexitätsrisiken

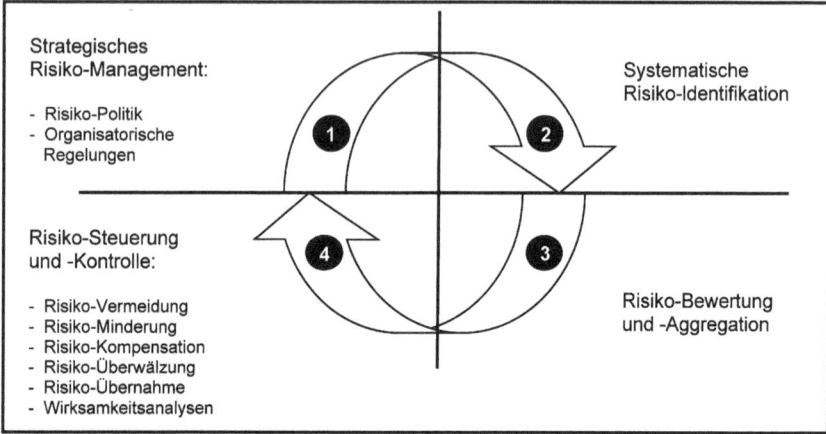

Anschließend sind potentielle Risiken zu identifizieren. Komplexität wirkt sich bei der kundenindividuellen Massenfertigung auf viele Bereiche aus. So entstehen Risiken bei:

- der Materialsteuerung durch die Disposition zusätzlicher Teile und der Verwaltung von technischen Änderungsständen,
- der Versorgung über verschiedene Bezugswege,
- der Lagerung von Teilen durch Bedarfsprognosen,
- der Kommissionierung und Bereitstellung von Teilen an der Montagelinie durch die gestiegene Dynamik der Montageprozesse, die von der Logistik abzubilden ist,
- dem Verbau der Teile durch die höhere Komplexität der Montageschritte,
- Änderungswünschen des Kunden kurz vor dem geplanten Montagebeginn.

Konkret drohen dem Unternehmen folgende Gefahren:

- Fehlen einer benötigten Komponente,
- Obsolete Teile durch den Einsatz technischer Änderungen,
- Lagerbedingte Disqualifizierung von Teilen durch Qualitätsverlust,
- Hohe Bindung von Kapital im Teilelager,
- Verspätete Auslieferung an den Kunden,
- Bereitstellung eins falschen Teils an der Linie,
- Falschverbau an der Linie.

Nachdem die Risiken identifiziert wurden, ist die potentielle Gefahr für das Unternehmen zu bewerten. Dabei hilft eine Einordnung der Risiken nach ihrer Eintrittswahrscheinlichkeit und der Schadensfolge.

Abbildung 58 zeigt ein Risikoportfolio, in dem zuerkennen ist, dass obsolete Teile und hohe Kapitalbindung zu den größten Risiken der kundenindividuellen Massenfertigung gehören. Aber auch das Risiko von Fehlteilen und der fehlerhaften Bereitstellung an der Montagestation sind kritisch.

Unterschiedlich hoch fallen die Schadenskosten im Eintrittsfall aus. Die Anlieferung falscher Teile an die Montagestation ist im Einzelfall nicht mit so hohen Kosten verbunden, wie beispielsweise die Luftfracht im Fall eines Fehlteils. Am höchsten sind die Kosten für Teile, die mit einer sehr geringen Umschlagshäufigkeit im Lager liegen und Kapital binden und im schlimmsten Fall am Ende technisch überholt oder qualitativ schlecht sind und verschrottet werden müssen.

Die Bestimmung einer Akzeptanzlinie priorisiert die Handlungsnotwendigkeit zur Risikosteuerung. Transparenter und messbarer wird diese durch die Aufnahme der Risiken in eine Fehler-Möglichkeits- und Einflussanalyse (FMEA) und der allg. bekannten Ermittlung einer Risikoprioritätszahl (RPZ). Diese berücksichtigt neben der Fehlerfolge und der Eintrittswahrscheinlichkeit zusätzlich die Entdeckungswahrscheinlichkeit.[252]

---

252 Das Risiko eines Falschverbaus wurde innerhalb der Akzeptanzlinie angesiedelt, da im Beispiel ausschließlich von einem Fehler ausgegangen wird, der noch im Montageprozess erkannt und behoben wird.

Abb. 58: Risikoportfolio

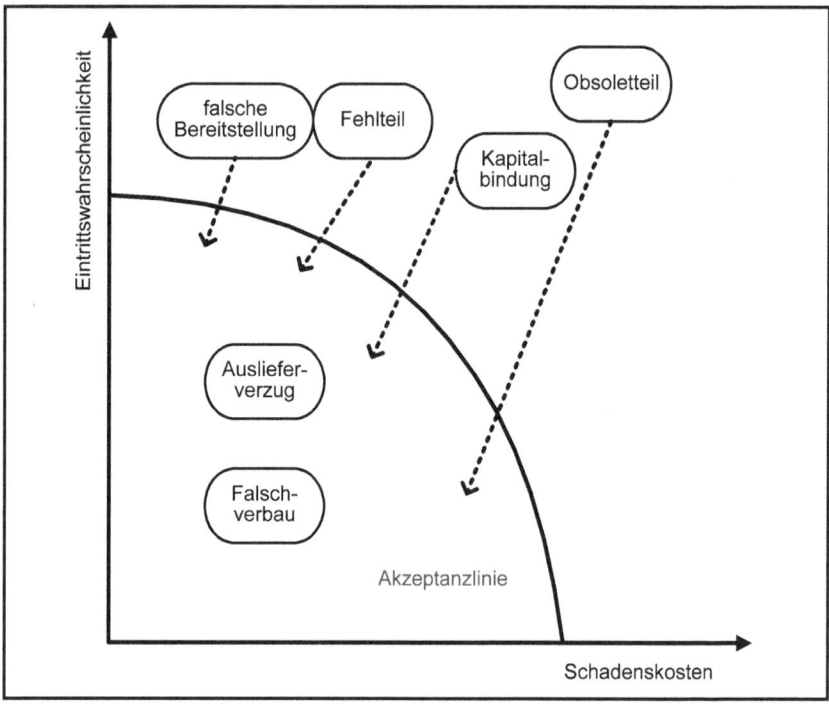

Als Maßnahmen der Risikosteuerung kommen die Vermeidung, Verminderung, Abwälzung und Verantwortung in Frage. Abbildung 59 zeigt konkrete Maßnahmen der Risikosteuerung und -kontrolle für die zuvor identifizierten Risiken.

Abb. 59: Maßnahmendefinition zur Risikokontrolle

Risiko	1. Vermeiden	2. Vermindern	3. Überwälzen	4. Selbst tragen
Obsoletteil	– technisches Änderungs-management	– Bestellzyklen erhöhen und -mengen reduzieren – Beschaffungsdauer reduzieren – richtig lagern – Bedarfs- und Bestandsabgleiche – FIFO Prinzip	– Lagerhaltung outsourcen – Abrufrisiken auf Lieferant abwälzen	– Restrisiko
Kapitalbindung		– CKD-Pipeline ver-küRzen – ABC-Teile-Klassi-fizierung – Bestellzyklen er-höhen und -mengen reduzieren – Beschaffungsdauer reduzieren – richtig lagern – Bedarfs- und Bestandsabgleiche	– Lagerhaltung outsourcen – JIS/JIT Anliefe-rungen	
falsche Bereitstellung	– Kommissionier-systeme	– Mitarbeitertraining	– JIS/JIT Anlieferungen	
Fehlteil	– Bedarfs- und Bestandsabgleiche	– Mindestbestand	– Kaufteil mit Versorgungsrisiko beim Lieferanten	
Auslieferverzug	– Bedarfs- und Bestandsabgleiche	– Montagesequenz über mehrere Tage fix		
Falschverbau	– Kontrollsysteme	– Mitarbeitertraining		

Ähnlich der Balanced Scorecard ist festzustellen, dass sich die Erreichung einer Maßnahme positiv auf weitere Maßnahmen auswirken kann. Beispielsweise minimiert das Überwälzen des Risikos von Obsoletteilen auf den Lieferanten auch das Risiko einer überdurchschnittlich hohen Kapitalbindung im Lager. Oder die Verminderung des Risikos einer falschen Bereitstellung am Band senkt auch das Risiko eines Falschverbaus. Ebenfalls ist festzustellen, dass sich identische Maßnahmen für die Steuerung mehrerer Risiken eignen. Basierend auf diesen Kenntnissen, sind Maßnahmen zu priorisieren, die sich auf mehrere Risiken direkt oder indirekt (Steuerung eines Risikos wirkt sich auf ein anderes Risiko aus) auswirken. Die Steuerung der Risiken und die Umsetzung der geplanten Maßnahmen kann auf Mitarbeiter übertragen werden (Risk-Owner), die an eine zentrale Risiko-Managementstelle berichten, in der Teile der Unternehmensleitung vertreten sind.

5.6 Maßnahmenplan: Wissensmanagement

5.6.1 Absicherung der Montageprozesse

In der Montage ist bei der Erzeugung unterschiedlicher Varianten durch den Einsatz von *Systemen* sicherzustellen, dass der Falschverbau von Teilen ausgeschlossen ist. Zudem sind Maßnahmen der *Mitarbeiterqualifizierung* notwendig, damit die Arbeiter an der Linie selbstständig in der Lage sind, jede mögliche Komponente an ihrer Station zu verbauen.

Die Vorgabe für die jeweiligen Systeme zur Absicherung des Montageprozesses stammt aus dem Fahrzeugauftrag, der die kundenauftragsrelevanten Daten enthält. An jeder Station müssen dem Auftrag entsprechend, die richtigen Teile mit den richtigen Werkzeugen und den richtigen Produktionsparametern verbaut werden.

Der Fahrzeugauftrag kann z.B. in Papierform der Karosse mitgegeben und über einen Scan-Vorgang von den jeweiligen Stationen erfasst werden. Es ist jedoch aber auch möglich, einen Transponder an der Karosse anzubringen und per Funksignal automatisch die verbaurelevanten Informationen an die Arbeitsstationen zu senden.

Ein System, das die Auftragsinformation erfassen und das Fehlerpotential minimieren kann, ist die *Barcodeprüfung* des Fahrzeugauftrags an den Stationen. Dabei erfolgt per Handscanner ein Abgleich zwischen der Information aus dem Fahrzeugauftrag und dem Strichcode der zu verbauenden Komponente. Passen die Daten nicht zusammen, so hat der Mitarbeiter das falsche Teil entnommen oder bereitgestellt bekommen. Es ist durch ergänzende Maßnahmen sicherzustellen, dass der Mitarbeiter nicht in der Lage ist, oder zumindest daran gehindert wird, das Teil physisch zu verbauen. Eine Möglichkeit dazu ist die Blockierung der Werkzeuge an der Station, die erst nach Klärung des Sachverhaltes von einem Vorgesetzten wieder aufgehoben werden kann.

Ein *Mitarbeiterinformationssystem* kann dem Mitarbeiter das zu verbauende Teil und die spezifischen Arbeitsschritte als Unterstützung visuell darstellen. Der Prozess wird dadurch abgesichert. Die Informationen werden auf Bildschirmen an der Linie dargestellt (s. Abb. 60).

Abb. 60: Bildschirmdarstellung der Auftragsinformation

Ein weiteres System kann durch den Einsatz von *Kameras* aufgebaut werden (s. Abb. 61). So kann ein optischer Abgleich zwischen der geforderten und der verbauten Variante erfolgen. Dazu muss für jede notwendige Variante ein Masterbild zum Vergleich vorhanden sein.

Abb. 61: Einsatz von Kameras im Montageprozess

Sollte es aus produktions- oder logistischen Gründen notwendig sein, mehrere Teile oder Komponenten, von denen nur eine oder einige verbaut werden, an der Linie gemeinsam bereitzustellen, wird dem Mitarbeiter die Aufgabe der richtigen Entnahme übertragen. *Pick-to-light*-Systeme können den Bandarbeiter hier vor Fehlern schützen. Sie deuten durch ein optisches Signal an, aus welchem Behälter das nächste Teil entnommen werden muss. Eine weitere Absicherung dieses Systems kann durch Sensoren erfolgen, die durch Signalunterbrechung messen, ob der Mitarbeiter in die jeweilige Box gegriffen hat. Abbildung 62 zeigt die Ausstattung eines Behälterregals mit optischen Signalen. Durch das Signal erkennt der Arbeiter, aus welchem Behälter das nächste Teil zu entnehmen ist. Durch eine Sensorabfrage (Signalunterbrechung) kann sichergestellt werden, dass der Mitarbeiter auch tatsächlich in die entsprechende Box gegriffen hat.

Damit der Verbau entsprechend den technischen Spezifikationen erfolgt, ist bei einer Massenfertigung der Einsatz von *speicherprogrammierbaren Steuerungen* (SPS) für die Werkzeuge unabdingbar geworden. Dadurch kann beispielsweise ein Verschraubungswerkzeug automatisch auf das benötigte Drehmoment eingestellt werden. Die benötigten Informationen dazu stammen ebenfalls aus dem Fahrzeugauftrag. SPS-Steuerungen können zudem die Abfolge von Montageschritten sicherstellen, indem sie wegeüberwacht arbeiten. Die Funktion der SPS-Steuerung sollte durch Maßnahmen, die in einem Kontrollplan festgelegt werden, regelmäßig überprüft werden.

Abb. 62: Pick-by-Light-Systeme zur Teileentnahme

5.6.2 Mitarbeiterqualifizierung

Mitarbeiterqualifizierung ist der Schlüssel, um die Ziele der Prozessperspektive zu fördern. Sie trägt zu einer Reduzierung von Fehlern bei und kann dadurch Falschverbau an der Linie vermeiden helfen und die bedarfsgerechte Bereitstellung von Teilen gewährleisten. Die Maßnahmen sollten möglichst individuell mit dem jeweiligen Mitarbeiter, basierend auf den Zielen seines Fachbereichs im Rahmen der Balanced Scorecard, abgestimmt werden.

Grundsätzlich ist die Organisation von Mitarbeitertrainings in China mit denen in Deutschland vergleichbar. Es gibt Know-how-Anforderungen, einen Trainingsplan, einen Trainer und das neu erworbene Wissen wird dokumentiert. Ein wesentliches Problem ist, in China den richtigen Trainer zu finden. Oftmals müssen OEMs auf Know-how-Träger aus den Heimatwerken zurückgreifen. Dies ist eine teure Maßnahme, wenn man die Kosten für den Flug, Hotel und Spesen berücksichtigt. Es ist daher wichtig, den Know-how-Transfer effizient zu organisieren.

Hier steht man vor einem zweiten wesentlichen Unterschied. Erfahrungsgemäß sind Chinesen zwar sehr wissbegierig, als Trainer aus dem Ausland ist es aber sehr schwer abzuschätzen, wie erfolgreich der Know-how-Transfer verlaufen ist. Dies liegt zum einen an der allgemeinen Passivität der Mitarbeiter. Es ist sehr schwer, Chinesen zur aktiven Teilnahme und Fragen zu ermuntern. Zum anderen, wird nur sehr selten ausgesprochen, wenn etwas nicht verstanden wurde. Damit die Qualifizierung unter diesen Prämissen erfolgreich verläuft sind zwei Punkte besonders wichtig. Erstens sollte vom Worst Case ausgegangen werden: der MA ist von Grunde auf für die Tätigkeit zu qualifizieren. Dies hilft zum einen, vorhandene Lücken zu schließen, und gibt dem Mitarbeiter Sicherheit, wenn er sich durch bekanntes Wissen in das Training einbringen kann.

Zweitens ist es wichtig, vor den Trainings vor allem jene Punkte zu identifizieren, die im Prozess nicht durch Poka-Yoke Maßnahmen abgesichert sind und in denen Fehlerpotentiale ruhen. Das Training sollte hier insofern ausgedehnt werden, als dass nicht nur das richtige Wissen vermittelt wird, sondern auch Maßnahmen, wie z.B. die Markierung einer Verschraubung, beschlossen werden, um den Prozess entprechend abzusichern. Sollten Trainer aus dem Ausland kommen, ist es auch wichtig, dass sie sich an der Anlage ein Bild der Lage machen. In den meisten Fällen ist der Prozess nicht so hochgradig automatisiert, wie z.B. im Heimatwerk. Daher lauern neue Gefahren, die unter Umständen auch dem Trainer so noch nicht bekannt waren. Diese gilt es zu finden und abzusichern.

Natürlich soll ein Training nicht dort aufhören, wo der richtige Arbeitsschritt vermittelt wurde. Es sollte ebenfalls darauf eingegangen werden, wie und wann sich ein Fehler in den Folgeprozessen bemerkbar macht und wie er behoben werden kann.

5.6.3 Leistungsabhängige Bezahlung

Um den Ansprüchen der kundenindividuellen Massenfertigung gerecht zu werden, sind der Einsatz und das Ergebnis eines jeden Mitarbeiters gefragt. Anreize zu mehr Leistung schafft ein leistungsabhängiges Entgeltsystem. Momentan ist in vielen Fabriken Chinas zu beobachten, dass Fehler bestraft werden und zu Abzügen beim Gehalt führen. Dies verleitet dazu Fehler zu verheimlichen, u.U. auch dann wenn diese nicht selbst zu verantworten wären.

In Kapitel vier wurden bereits einige chinaspezifische Verhaltensweisen der Mitarbeiter beschrieben. Sollte ein Unternehmen nicht bereit sein, in diesem Umfeld von Sanktionen für Fehler abzusehen, besteht die Gefahr, Prozessverbesserungen zu verhindern, da diese sind oftmals von Ideen der Mitarbeiterebene getrieben und zum Teil eben auch auf einem gemachten Fehler oder einem erkannten Fehlerpotential basieren.

Ein leistungsabhängiges Entgeltsystem alleine ist nicht ausreichend, um auf der Wissensperspektive Verbesserungen zu erzielen. Dieses wird nur funktionieren, wenn Unternehmen ihren Mitarbeitern klar machen, wie wichtig ihre Arbeit für das Unternehmen ist. Den Mitarbeitern soll bewusst werden, welche Folgen es hat, wenn ihnen ein Fehler unterläuft. Diese Folgen werden sich durch den wesentlich höheren Druck, der bei einer orderbezogenen Fertigung in den Prozessen liegt, verstärkt. Bei einer Lagerfertigung geht vielleicht kein Kunde leer aus. Passieren Fehler in der pull-getriebenen Pipeline, haben diese unmittelbare Auswirkungen auf den Kunden.

Dieses neue Verständnis soll *allen* Mitarbeitern vermittelt werden, bevor man sich auf Ziele für ein entgeltabhängiges Lohnsystem festlegt. Wichtig dabei ist auch, dass der variable Lohnzuschlag nicht ausschließlich auf Umsatzwachstum oder Gewinn beruht, sondern direkt mit dem zusätzlichen Leistungsspektrum, dass die Mass Customization vom Mitarbeiter fordert, verknüpft ist. Wenn ein Fertigungsmitarbeiter künftig in der Lage sein muss, aus verschiedenen Komponenten, die jeweils richtige zu verbauen und dabei die entsprechenden Produktionsparameter anzuwenden, so kann sein Bonus an seiner individuellen Fehlerquote bemessen werden. Sanktionen, wie einleitend beschrieben, sind nicht zielführend um die Motivation des Mitarbeiters zu erhöhen und seine Fehlerquote zu senken.

6. Kritische Zusammenfassung

Kerngedanken

Der Automobilmarkt in China befindet sich weiterhin in einer Wachstums- und Veränderungsphase. Deutsche Hersteller haben sich am Markt etabliert und versuchen, ihre Position zu festigen und auszubauen. Dabei konkurrieren sie mit einer Vielzahl chinesischer und anderer internationaler Hersteller, von denen viele in China den Automarkt der Zukunft sehen. Entsprechend wurden die Investitionen in den vergangenen Jahren erhöht und Kapazitäten aufgebaut. Sollte der Markt die hohen Erwartungen nicht erfüllen, ist eine ähnliche Situation wie in 2004 denkbar. In diesem Jahr waren die Hersteller auf Grund rückläufiger Nachfrage zu Preisnachlässen gezwungen und konnten ihre wirtschaftlichen Ziele nicht erreichen. In einer solchen Situation stellen die allgemein vorgehaltenen Bestände an Fertigfahrzeugen, ein hohes Risiko dar. Diese sind das zwangsläufige Ergebnis der Fertigungsstrategie, die momentan in China zum Einsatz kommt. Anders als beispielsweise in Deutschland, wo sich die Hersteller auf eine orderbezogene Fertigung spezialisiert haben, verfolgt man in China derzeit eine Push-Produktion. Das bedeutet, die Fahrzeuge werden noch vor dem Vorliegen einer Kundenbestellung erzeugt und müssen anschließend einen Käufer finden.

Es wurden verschiedene Marktsignale vorgestellt, die darauf hindeuten, dass ein Strategiewechsel zur kundenindividuellen Fertigung, die Chancen für die Unternehmen im künftigen Wettbewerb erhöhen, und Risiken minimieren kann. Zu diesen Signalen zählen der gegenwärtige Aufbau von Überkapazitäten und der damit verbundene Wechsel vom Verkäufer- zum Käufermarkt. Dieser Übergang verläuft parallel mit einer Zunahme der Leistungsansprüche der Kunden, die auf einer immer reiferen Produktkenntnis beruht.

Deutsche Hersteller fertigen in China derzeit nach dem CKD-Prinzip. Das bedeutet, es werden Teilesätze aus dem Heimatland per Seefracht nach China transportiert und dort zum fertigen Fahrzeug verbunden. Auf Grund von Regierungsvorgaben haben Hersteller, die sich über den Import mit Teilen versorgen, einen großen Anreiz, Komponenten zu lokalisieren. Dies bedeutet, dass ein lokaler Zulieferer in China die Teile beisteuert (sog. Local Content) und diese somit aus dem Importteilesatz gelöscht werden können. Mit Erreichen eines bestimmten Local Content-Anteils unterliegen Einfuhren einer deutlich günstigeren Versteuerung.

Die effiziente Umsetzung einer orderbezogenen Fertigung ist in Kombination mit einer CKD-Versorgung per Seefracht schwer zu realisieren, da sämtliche Komponenten des Fahrzeugs erst nach Vorliegen eines Kundenauftrags beschafft werden. Auch eine Bevorratung der Teile ist wegen der enormen Varietät, die sich aus der freien Kombination der sogenannten Module ergibt, nicht möglich bzw. unwirtschaftlich. Zudem wäre das Risiko von Obsoletteilen auf Grund permanenter Verbesserungen und der daraus resultierenden technischen Änderungen am Teil, sehr hoch. Ausländische CKD-Hersteller sind somit gezwungen, einen anderen Weg hin zu mehr Kundenindividualität einzuschlagen.

Die kundenindividuelle Massenfertigung ist eine geeignete Möglichkeit, der Marktentwicklung mit einer orderbezogenen Fertigungsstrategie zu begegnen. Das Konzept beruht dabei auf der – laut *Porter* – scheinbaren Unvereinbarkeit zwischen Kostenführerschaft und Differenzierung. Es beschreibt, wie unter Anwendung kostengünstiger Massenfertigungsprinzipien die Erzeugung eines individuellen Fahrzeugs bewerkstelligt werden kann.

Kerngedanke ist die Vermeidung von Komplexität durch den Wegfall von Freiheiten, die vom Kunden entweder nicht bemerkt oder wertgeschätzt werden. Fokussiert wird auf diejenigen Optionen, denen der Kunde einen hohen, individuellen Nutzen beimisst. Durch die individuelle Konfiguration dieser sogenannten Module kommt der Kunde nahe an sein imaginäres Idealpunktmodell heran und ist bereit, einen entsprechend hohen Kaufpreis für sein persönliches Produkt zu bezahlen.

Das Konzept setzt ein umfangreiches Markt- und Kundenverständnis voraus, um zunächst zu beurteilen, welche Auswahlmöglichkeiten einen starken Einfluss auf die Kaufentscheidung des Kunden haben. Vor allem ausländischen Unternehmen fehlt jedoch teilweise das Verständnis, wie chinesische Kunden denken, und wo genau ihre Präferenzen liegen. Marketingarbeit wurde zu Zeiten, in denen die Nachfrage noch das Angebot überstieg, vernachlässigt. Unternehmensinterne Daten sind auf Grund der Push-Produktion anzuzweifeln, da sie nicht exakt den Kundenwillen widerspiegeln. Unter Umständen wurden schlecht nachgefragte Produkte mit Rabatt am Markt veräußert. Letztendlich könnte das trügerische Fazit lauten, dass der Markt das Volumen und seine Varianten wie geplant nachgefragt hat.

Erstmals wurden daher empirische Daten aus einer selbst erstellten Internetumfrage verwendet, um unter anderem auszuwerten, welche Sonderausstattungen für Chinesen, bei gegebener Wahlfreiheit, wichtig sind. Das Ergebnis war, dass eine große Anzahl verfügbarer Optionen für den chinesischen Markt irrelevant ist, da sie kaum nachgefragt werden. Anhand der restlichen Sonderausstattungen, die stark bis normal abgerufen wurden, konnte die These beantwortet werden, dass *CKD-Automobilhersteller in der Volksrepublik China ohne einen dramatischen Komplexitätsanstieg 80 Prozent der Kundenwünsche erfüllen können.*

Es zeigte sich, dass durch den Einsatz einer Mass Customization-Strategie die Komplexität einer kundenindividuellen Fertigung durch den Fokus auf tatsächlich markt- oder kundenrelevanter Optionen soweit eingeschränkt werden kann, dass eine wirtschaftliche Abbildung auch in Kombination mit einer Seefrachtversorgung möglich ist. Aus den Ergebnissen der Umfrage wurde unter anderem ein Konzept erarbeitet, das beschreibt, wie für den chinesischen Markt eine Fahrzeugstandardkonfiguration und ein sinnvoller Umfang flexibler Komponenten, ermittelt werden kann. Ergänzend wurde ein Produktions- und Logistikkonzept erstellt, das beschreibt, welche Prozesse vom Auftragseingang bis zur Auslieferung an den Kunden modifiziert bzw. neu implementiert werden sollten.

Das erstmals für den chinesischen Automobilmarkt vorgestellte Konzept verbindet die Philosophie CKD-Fertigung mit den Prämissen der kundenindividuellen Massenfertigung. So kann etwa der Teil am Fahrzeug, welcher die Standardkonfiguration ausmacht, weiterhin durch eine unflexible Seefrachtversorgung bezogen werden. Damit wurde gezeigt, dass es durch diese Kombination möglich wird, eine marktlich angepasste Mass Customization auf dem chinesischen Automobilmarkt mit beherrschbaren logistischen und produktionswirtschaftlichen Zusammenhängen für ausländische Automobilhersteller zu realisieren.

Als wissenschaftliche Anforderung an das Marketing kam heraus, dass der marktrelevante Umfang individualisierbarer Bestandteile durch ergänzende Marktforschung zu definieren ist und dass der Aufbau eines Kundenbeziehungsmanagements notwendig ist, um die Kunden langfristig an das Produkt bzw. das Unternehmen zu binden.

Das Ergebnis für den produktionswirtschaftlichen Bereich war, dass die Fertigungsprogrammplanung nicht mehr auf Vertriebsprognosen, sondern auf Kundenaufträgen aufbaut. Dies hat zur Folge, dass die Montageprozesse, in denen die kundenspezifische Veredelung stattfindet, auf die Losgröße eins ausgelegt werden. Da in den vorgelagerten Technologien lediglich eine Farbparametrisierung erfolgt, besteht auf Grund des Zeitversatzes und des Karossenspeichers vor der Montage die Möglichkeit, aus den Einzelaufträgen eine technologieoptimierte Sequenz zu bilden. Weitere notwendige Anpassungen im Montagebereich betreffen vor allem Maßnahmen, die das Risiko des falschen Verbaus von Teilen minimieren oder bestenfalls ausschließen.

Es wurde ebenfalls gezeigt, dass der Bereich Logistik am intensivsten von der Umstellung auf eine kundenindividuelle Massenfertigung betroffen ist. Mit dem Übergang von Push- zu Pull-Prozessen, wird die Planungssicherheit erheblich reduziert. Zur Vermeidung von Versorgungsrisiken ist daher – ergänzend zur Seefrachtversorgung – ein lokales Lieferantennetzwerk in die Versorgungskette zu integrieren. Hierzu wurden verschiedene Möglichkeiten zur Bestimmung der Lokalisierungseignung von Fahrzeugkomponenten präsentiert. Es wurde dargestellt, dass die Vereinzelungsfähigkeit und damit die Versorgungssicherheit durch die Kombination der Importversorgung mit lokalen Teilen erheblich höher ist. Somit konnte aufgezeigt werden, wie die Supply Chain den Kundenanforderungen entsprechend flexibilisiert werden kann. In diesem Rahmen wurden auch JIS-Anlieferungen, Bandversorgungsprämissen und die Distributionslogistik behandelt. Dabei kam heraus, dass sich sog. Milk-run-Konzepte gut für die Anlieferung von lokalen Teilen an ein Kommissionierlager eignen, dass aber auch die Möglichkeit einer direkten Sequenzanlieferung vom lokalen Lieferanten zum Hersteller besteht. Ebenfalls wurde beschrieben, dass sich auf Grund der Landesgröße die Gründung von Vertriebsregionen und die Anlieferung an dortige Konsolidierungszentren eignen, um die Wirtschaftlichkeit bei der Fahrzeugdistribution zu sichern.

Weiterhin wurden verschiedene Risiken präsentiert, denen das Unternehmen durch die erhöhte Komplexität ausgesetzt ist. Es wurde gezeigt, wie sich Risiken in ein Portfolio einordnen lassen und welche Möglichkeiten bestehen, Risiken in diesem Zusammenhang zu vermeiden, vermindern oder abzuwälzen.

Eine generelle Erkenntnis war, dass der Einsatz von Systemen für die kundenindividuelle Massenfertigung unabdingbar ist. Diese werden für den Aufbau und das Management der Beziehung zum Kunden benötigt, vor allem aber ist die durchgängige Systemunterstützung entlang der Wertschöpfungskette notwendig, um Informationen schnell, zielgerichtet und sicher zu verteilen. Der Produktkonfigurator stellt die Schnittstelle zum Kunden dar. Basierend auf den Auftragsdaten, generieren die nachgelagerten Systeme u.a. auftragsspezifische Stücklisten und leiten dementsprechende Teileabrufe an die angebundenen Supply Chain-Partner weiter. Im Bereich Montage tragen Systeme dazu bei, die Risiken eines Falschverbaus zu minimieren oder auszuschließen. Als mögliche Mittel dafür wurden u.a. die Gegenprüfung von Barcodes oder der Abgleich mit Kamerasystemen präsentiert.

Der Bereich Kostenmanagement der Mass Customization brachte hervor, dass die Prozesskostenrechnung und das Target Costing geeignete Methoden sind, um die individuelle Fertigung einer Wirtschaftlichkeitsanalyse zu unterziehen. Es wurde festgestellt, dass eine gesamtwirtschaftliche Betrachtung über einen Zeitraum notwendig ist, um die Rentabilität der Strategie zu bewerten. Allerdings sind in die Investitionsentscheidung auch schwer quantifizierbare Wettbewerbsvorteile der Strategie einzubeziehen. Genannt wurden u.a. die Reduzierung von Absatzrisiken oder die Anreicherung marktspezifischen Wissens.

Der ebenfalls entwickelte strategische Handlungsrahmen für ausländische Fahrzeugproduzenten in China stellt die notwendigen Schritte zum Übergang von der CKD-Push-Produktion zu einer kundenindividuellen Massenfertigung dar. Dazu zählen die Verankerung der Strategie auf höchster Führungsebene sowie die Definition der Ziele und die Findung geeigneter Maßnahmen, die dazu beitragen, diese Ziele zu erreichen. Es wurde präsentiert, wie sich die Ziele im Rahmen einer Balanced Scorecard auf die bekannten Perspektiven aufteilen lassen und wie sich diese gegenseitig befördern. Als wesentliche Strategieziele wurden u.a. hervorgehoben:

1. Überdurchschnittlicher Return on Capital employed,
2. Steigerung des Anteils Wiederkäufer,
3. Zeitgerechte Komponentenbereitstellung,
4. Vermeidung von Fehlern beim Verbau,
5. Reduzierung des manuellen Aufwands durch den Einsatz von Systemen,
6. Erhöhung der Leistungsfähigkeit der Mitarbeiter.

Ergebnisse aus Sicht des Automobilproduzenten

Als wesentliche Ergebnisse aus Sicht des Automobilproduzenten lassen sich festhalten:

1. Der Automobilmarkt wandelt sich vom Verkäufer- zum Käufermarkt

Das rasante Wachstum der letzten Jahre auf dem chinesischen Automobilmarkt und die allgemeine Einschätzung, dass sich die Volksrepublik zu einem der weltweit wichtigsten Märkte entwickelt, haben einheimische, als auch ausländische Fahrzeugproduzenten, zum Aufbau lokaler Fertigungskapazitäten veranlasst. Während der Markt bis zu Beginn des Jahrtausends noch alle gefertigten Volumen absorbierte, zeigte das Krisenjahr 2004 mit welchen Konsequenzen bei einer Überproduktion zu rechnen ist:

- Kaufzurückhaltung,
- Preisnachlässe,
- Rückläufige Renditen.

Prognosen lassen darauf schließen, dass sich der Konkurrenzkampf durch den Aufbau weiterer Produktionskapazitäten verstärken wird. Geraten die Unternehmen unter Druck, werden vor allem chinesische Hersteller mit Staatsbeteiligung zu Preisnachlässen bereit sein, um ihre Kapazitäten weiterhin auszulasten und für Beschäftigung zu sorgen. Der Kunde gewinnt an Verhandlungsmacht und die Margen schrumpfen.

2. Die Push-Produktion ist mit erheblichen Risiken verbunden

Das Dilemma des Wandels vom Verkäufer- zum Käufermarkt wird weiter verschärft durch das Prinzip der Push-Fertigung. Das bedeutet, dass Fahrzeuge ohne Kundenauftrag auf Halde gebaut werden und anschließend über das Händlernetz in den Markt „gepusht" werden. Die übliche Bevorratungsmenge hat das Volumen einer Monatsproduktion. Dadurch sind hohe Summen an Kapital in den Vertriebslägern gebunden.

Ein weiterer Nachteil entsteht beim Verkauf, wenn der Kunde nicht seine gewünschte Konfiguration vorfindet. Fehlt eine Option, ist der Kunde unzufrieden. Sind unnötige oder nicht gewünschte Sonderausstattungen enthalten, so ist der Kunde nicht bereit, diese entsprechend zu vergelten. In beiden Fällen werden oftmals vom Händler Rabatte gewährt, um den Kunden nicht zu verlieren. Dies kann besonders dann der Fall sein, wenn die Absätze rückläufig sind, und die Händler von den Herstellern unter Druck gesetzt werden.

Was zudem oftmals untergeht, ist eine Rückmeldung über die Händler, welche Ausstattungen der Markt tatsächlich fordert. So gehen die Hersteller unter Umständen davon aus, dass sich eine neue Variante wie geplant verkauft hat und es Potential für mehr Volumen am Markt gibt. Dass diese Variante vielleicht schwer und nur durch die Gewährung von Rabatten verkauft werden konnte, bleibt möglicherweise verborgen oder dringt nur verzögert durch.

3. *Eine CDK-Fertigung ist ungeeignet, um flexibel auf Kundenwünsche zu reagieren*

Selbst wenn ausländischen CKD-Herstellern das Feedback der Händler unmittelbar zuteil wird, so sind sie durch ihre Versorgung per Seefracht gehemmt, flexibel auf die Anforderungen zu reagieren. Im günstigsten Fall dauert es ein viertel Jahr, bis beim Händler Fahrzeuge mit den vom Markt geforderten Änderungen auftauchen. Dies liegt an der Zeit, die notwendig ist zur:

- Änderung der Bestellung im Heimatwerk,
- Produktion und Verpackung der Teile im Heimatwerk,
- Transport zum Hafen und Verschiffung nach China,
- Verzollung in China und Transport zum Hersteller,
- Produktion und Transport zum Händler.

In Zeiten des allgemeinen Aufschwungs und Wandels, ist es nicht auszuschließen, dass sich ein Trend innerhalb von drei Monaten wieder umkehrt. Als Auslöser dazu kann bereits eine gelungene Kampagne genügen, welche die Vorteile einer bestimmten Ausstattung bewirbt. Der Handlungsrahmen der Hersteller ist beschränkt. Sie können durch Änderungen am Produktionsprogramm kurzfristig Schwankungen in der Nachfrage ausgleichen, gewinnen dadurch aber lediglich etwas Zeit. Da jedoch nur Varianten vorgezogen werden können, deren Komponenten sich bereits in der Supply Chain befinden, handelt es sich letztendlich um ein Nullsummenspiel, da sich an der nominalen Aufteilung der Varianten nichts ändert. Als weitere kurzfristige Alternative stellt sich die Versorgung per Luftfracht dar. Auf Grund der hohen Kosten, die damit verbunden sind, greift sie jedoch auch nur in sehr beschränktem Maße. Insgesamt erhöht sich für die Hersteller durch die CKD-Versorgung in Kombination mit der Push-Fertigung das Risiko einer nicht marktgerechten Versorgung.

4. *Lokalisierung bietet Chancen für die Hersteller um flexibler zu werden*

Für die Hersteller besteht durch Aussicht auf Vergünstigungen bei der Verzollung ein Anreiz, Komponenten zu lokalisieren. Das bedeutet, die Teile werden aus dem CKD-Satz entfernt und stattdessen in China von einem lokal ansässigen Lieferanten erzeugt und beigestellt. Somit ist für die lokalen Teile keine lange Versorgungsplanung, wie für den CKD-Satz, der per Seefracht angeliefert wird, notwendig. Daraus entsteht viel Potential für die

OEMs, kundenindividuelle Ansprüche flexibler zu erfüllen. Sie können zum einen Änderungswünsche an den Lieferanten weitergeben und kurzfristig auf Schwankungen reagieren. Zum anderen eröffnen sich neue Wege, was die Art der Anlieferung ins Werk betrifft. Bei einer Umstellung auf JIT/JIS beispielsweise könnten Kosten für die Warenlagerung eingespart werden.

5. *Hersteller lokalisieren werthaltige Komponenten eher als kundenrelevante*

Die staatlichen Vorgaben zur Erreichung des notwendigen Anteils lokaler Komponenten, der zur Vermeidung von Zöllen notwendig ist, richten sich zunächst an sog. Schlüsselkomponenten und danach an den Anteil im Inland gefertigter Teile am Gesamtfahrzeug insgesamt. Berechnet wird der „Local Content" aus dem wertmäßigen Anteil einer Komponente an den gesamten Fahrzeugkosten. Somit entsteht ein Anreiz für die Hersteller, zunächst werthaltige Komponenten zu lokalisieren, um sich so schnell von den Zollkosten zu befreien. Dadurch vergeben die Hersteller unter Umständen die Chance, kundenrelevante Komponenten zu lokalisieren, um sich damit flexibler gegenüber sich ändernden Kundenanforderungen aufzustellen. Kundenrelevant sind Komponenten, deren Existenz, Fehlen oder spezifische Eigenschaften, maßgeblich zur Erreichung des kundenindividuellen Idealpunktmodells beitragen.

6. *80 Prozent der Kundenwünsche verteilen sich auf 50 Prozent aller Sonderausstattungen*

Als Reaktion auf dem Wandel zum Käufermarkt versuchen Hersteller, durch die Aufnahme zusätzlicher Varianten, die Kundenwünsche besser abzudecken. Ein Ziel der vorliegenden Arbeit war, herauszufinden, welche Sonderausstattungen für den chinesischen Markt relevant sind. Das Ergebnis der dafür durchgeführten Umfrage war, dass sich 80 Prozent der Kundenwünsche auf 50 Prozent der zur Auswahl gestellten Sonderausstattungen verteilen.

Daher besteht auch die Gefahr, dass Unternehmen Ausstattungen, denen der Kunde keinen Wert beimisst, mit in ihr Angebot aufnehmen. Dadurch wird die zu beherrschende Komplexität für das Unternehmen unnötig aufgebläht. Die Zuteilung einer benötigten Variante auf den Händler beansprucht ebenfalls Zeit, die der Kunde bereit sein muss, zu warten.

7. *Kundenindividuelle Fertigung wie in Deutschland ist in China wegen der CKD Versorgung nicht machbar – sie ist aber auch nicht notwendig*

Die Fahrzeugproduktion in China erfolgt bisher kundenauftragsneutral. Produziert werden lediglich Varianten, von denen eine dem jeweiligen

Kundenwunsch am nächsten kommt. Alle wichtigen Produzenten bauen dabei Volumen, die einer Massenfertigung entsprechen. Vor allem im Automobilland Deutschland ist der Gedanke und die Umsetzung einer kundenindividuellen Fahrzeugproduktion sehr weit vorangeschritten. Dort stehen dem Kunden hunderte Ausstattungsmerkmale zur Verfügung, die er nach individuellem Belieben frei wählen und kombinieren kann. Dadurch entstehen rechnerisch millionenfache Variationsmöglichkeiten eines Fahrzeugtyps, die von den Produzenten beherrscht werden müssen. Diese Komplexität verursacht Kosten, aber auch Wettbewerbsvorteile. Für ausländische CKD-Produzenten in China wäre dieser Ansatz auf Grund des Versorgungskonzeptes nicht möglich. Deutet man die Ergebnisse der Umfrage, so lässt sich jedoch auch schlussfolgern, dass er nicht notwendig, bzw. auch bei einer problemlosen Versorgung, unwirtschaftlich ist, da 50 Prozent aller Sonderausstattungen kaum nachgefragt werden.

8. Mass Customization-Strategie schafft Wettbewerbsvorteile, auch in China

Die Strategie der kundenindividuellen Massenfertigung vereint die Kostenvorteile der Massenproduktion mit den Vorteilen einer Differenzierungsstrategie. Machbar ist dieser scheinbare Widerspruch durch die Aufteilung des Produkts in eine Standardplattform, welche durch sogenannte Module ergänzt und somit individuell gestaltet werden kann. Den Unterschied zur Einzelfertigung macht dabei die ausschließliche Konzentration auf Module, die wesentlichen Einfluss auf das Idealpunktmodell des potentiellen Kunden haben, aus. Dadurch fühlt sich der Kunde in seiner Wahlfreiheit nicht beschränkt und die zu beherrschende Komplexität wird gleichzeitig erheblich reduziert. Das Konzept setzt ein umfassendes Markt- und Kundenverständnis voraus, um zu wissen, oder zu prognostizieren, welche Module für die Käufer relevant sind. Vor allem aber bindet das Konzept den Kunden an die Supply Chain an und bedeutet damit einen Wandel von der Push- zur Pull-Fertigung:

- Der Kunde konfiguriert die Module seines Fahrzeugs nach eigenen Vorstellungen und erteilt dem Hersteller eine entsprechende Bestellung.
- Der Hersteller prüft die notwendigen Komponenten zur Produktion des Fahrzeugs, bestellt diese bei den Lieferanten und legt einen Produktionstermin für das Fahrzeug fest.
- Das Fahrzeug wird entsprechend dem Kundenwunsch gebaut und über den Händler an den Kunden ausgeliefert.

Mit einer orderbezogenen Fertigung kann der Hersteller Nachteile, wie den Aufbau großer Läger mit einer hohen Kapitalbindung, vermeiden. Dadurch kann er wesentlich flexibler auf Markttrends reagieren und er senkt das Risiko, bestimmte Varianten nur durch Gewährung von Rabatten veräußern zu können. Durch die kundenindividuelle Fertigung schafft sich der Hersteller weitere Wettbewerbsvorteile. Der Kunde findet sich in seinem Produkt wieder und ist zufrieden. Dadurch fühlt er sich auch an das Unternehmen gebunden. Die Chance, dass der Kunde als Wiederkäufer auftritt, ist hoch.

9. Mass Customization ist mit der CKD-Versorgung vereinbar

Die kundenindividuelle Massenfertigung beruht auf einem gewissen Anteil an Standardkomponenten, deren Stabilität bei der Planung, Beschaffung und in den Prozessen der Fertigung überwiegend die angestrebten Kostenvorteile realisiert. Die Prämisse einer langen CKD-Versorgungspipeline ist ebenfalls eine gewisse Ruhe und Stabilität in den Prozessen, da der Eingriffsrahmen zeitlich weit in der Zukunft liegt. Mit einer Verkleinerung des CKD-Umfangs und einer ergänzenden lokalen Versorgung, wird das CKD-Fertigungsprinzip mit den Anforderungen der Mass Customization vereinbar. Der CKD-Umfang beschränkt sich dabei auf die Standardkomponenten mit einer hohen Planungssicherheit. Der lokale Umfang schafft die notwendige Flexibilität zur Generierung des kundenindividuellen Umfangs.

Als Kernaussage der Umfrage ließ sich ableiten, dass die Hälfte der angebotenen Optionen für die überwiegende Mehrheit der Teilnehmer nicht relevant ist. Da ein Grundgedanke der Mass Customization die Vermeidung von Komplexität ist, und diese Anforderung im speziellen für den behandelten Rahmen gilt, sind diese Umfänge zu vernachlässigen.

Ein weiteres Ergebnis der Umfrage war, dass sich 50 Prozent aller geäußerten Wünsche auf 26 Prozent der Optionen verteilten. Diese Optionen sollten in der Fahrzeugbasiskonfiguration enthalten sein und können auf Grund der stabilen Nachfrage weiterhin als CKD-Komponenten angeliefert werden.

Alle Ausstattungen, die zwischen den oben genannten liegen, werden teilweise von Kunden nachgefragt und teilweise nicht. Durch das kundenindividuelle Angebot dieser Optionen kann die Strategie der kundenindividuellen Massenfertigung realisiert werden. Der Kunde kann sich wahlfrei seinem Idealpunktmodell annähern. Zudem beschränkt sich die für das Unternehmen zu beherrschende Komplexität auf ein Viertel des Gesamtumfangs.

Diese kundenindividuellen Umfänge können mangels ausreichender Prognostizierbarkeit nicht in das Seefrachtkonzept integriert werden, sondern müssen wesentlich flexibler beziehbar sein. Eine Lokalisierung dieser Umfänge kann für die notwendige Flexibilität sorgen und zugleich zollmindernd wirken.

10. Umdenken erforderlich

Zur Umsetzung einer Mass Customization-Strategie in einem ausländischen CKD-Fahrzeugwerk in China ist eine Reihe von Maßnahmen notwendig. Neben der generell notwendigen strategischen Verankerung des Konzepts in der Unternehmensphilosophie stellt die kundenindividuelle Massenfertigung vor allem Anforderungen an die IT-Landschaft. Die strategische Verankerung ist notwendig, um einen Wandel in den Köpfen der Mitarbeiter zu erzeugen: der Pull-Gedanke soll verinnerlicht werden.

IT-Systeme sind in verschiedenen Bereichen notwendig. Wichtig sind sie zur Unterstützung der Fahrzeugkonfiguration, des Kundenbeziehungsmanagements und vor allem für die logistischen Prozesse der Materialwirtschaft.

Das Management der Kundenbeziehungen wird zur Kernaufgabe des Marketings. Es gilt, durch die Auswertung historischer Daten, die potentiellen Kunden transparent zu machen. So können Kundenprofile genutzt werden, um Neukunden mit einer wahrscheinlich passenden Anfangskonfiguration zu konfrontieren, oder ihnen Optionen vorzuschlagen, die ihnen gefallen könnten. Auch die Beziehung zum Kunden über den Kauf hinaus ist ein elementarer Bestandteil einer Mass Customization-Strategie und wird mit Hilfe von Systemen gesteuert.

Der Fahrzeugkonfigurator ist das Werkzeug zur Aufnahme des Kundenauftrags. Er ist verlinkt mit den logistischen Systemen und leitet die Anforderungen zur Prüfung der terminlichen Verbaubarkeit weiter. Der Übergang von der reinen CKD-Fertigung zur kundenindividuellen Massenherstellung ist hier mit sehr umfangreichen Änderungen verbunden.

Ein essentieller Schritt ist die Aufhebung des „1-Stücklisten Prinzips" der CKD-Variantenfertigung. Das bedeutet, dass künftig pro Variante nicht mehr jeweils nur eine einzige Stückliste geführt wird, sondern die Systeme in der Lage sein müssen, aus dem Kundenauftrag den spezifischen Teileumfang zu ermitteln und daraus eine „individuelle Stückliste" zu generieren.

Für die Logistik bedeutet dies den Übergang von der Losversorgung zur Einzelteilversorgung. Die systemtechnische Komplexität bildet sich hier in der Realität ab und muss beherrscht werden.

Der Übergang hin zur kundenindividuellen Herstellung für ausländische Fahrzeughersteller in China kann dabei eine Mischung aus markt- und technologiegetrieben sein. Dies bedeutet, dass zum einen natürlich Priorität hat, was für den Kunden ausschlaggebend ist. Zum anderen stellt der komplexe Wechsel aber auch Anforderungen an die Systeme, beziehungsweise die Produktionstechnologien. Es ist zu bewerten, was das Unternehmen am ehesten kundenindividuell anbieten kann und nach was der Kunde am meisten verlangt. Dieses ist der Ansatzpunkt für die Bildung einer Balanced Score-card zur Implementierung der kundenindividuellen Massenfertigung.

Ergebnisse aus Sicht des Kunden

Die kundenindividuelle Massenfertigung ist für den Kunden mit vielen Vorteilen verbunden. Chinesen werden aber auch Nachteile an der Strategie entdecken. Zu den Nachteilen zählt die Notwendigkeit, Lieferzeiten für ein individuelles Produkt in Kauf zu nehmen und das Risiko am Bildschirm eine Konfiguration zu wählen, deren Defizite sie erst bei der Übergabe am realen Produkt erkennen.

Es wurde dargestellt, dass der Kunde nicht mehr wie bisher den Ausstellungsraum des Händlers betritt und eine verfügbare Variante kauft, sondern dass er im Vorfeld, mit Hilfe eines Konfigurationswerkzeugs das Produkt seinen persönlichen Präferenzen anpasst und eine dementsprechende Bestellung aufgibt. Damit sich der Kunde nicht im Konfigurationsprozess verliert, wurde ein intuitiver Prozess der Produktzusammenstellung aufgezeigt. Dazu zählen u.a. die Definition von Ausstattungsgruppen und die klare Übersetzung der Ausstattungsnamen in chinesische Schriftzeichen. Ein Regelkatalog, der im Hintergrund des Konfigurators abläuft, verhindert zudem, dass der Kunde mit unnötiger Komplexität konfrontiert wird.

Durch die Möglichkeit der Fahrzeugkonfiguration entstehen auch für den Kunden wirtschaftliche Vorteile, da er nicht mehr gezwungen ist, Geld für Ausstattungen zu bezahlen, die er nicht benötigt. Durch die im Modulbaukasten hinterlegten Preisangaben, erhält er zudem eine umfassende Kostentransparenz.

Ein wesentliches Ergebnis aus Sicht des Kunden ist also die Verwirklichung seiner individuellen Präferenzen während des Konfigurationsprozesses.

Weitere positive Aspekte für den Kunden entstehen durch Maßnahmen zum Aufbau und den Erhalt von Kundenbeziehungen. Es wurde gezeigt, dass Unternehmen durch die Speicherung und Auswertung von Daten künftig in der Lage sein werden, Personen individueller anzusprechen. Das Management von Kundenbeziehungen muss für Chinesen nicht neu erfunden werden. Es wurde jedoch eine kulturspezifische Anpassung der Maßnahmen empfohlen – beispielsweise die beschriebene Wartung nach 8.888 Kilometern – ein Wert, der in China als Glückszahl betrachtet wird. Durch ein erfolgreiches CRM empfinden Kunden mehr Loyalität der Marke gegenüber.

Ergebnisse aus Sicht der Wissenschaft

Es wurde beschrieben, wie die Strategie der Mass Customization auf Fahrzeugwerke in China, die an eine Seefrachtversorgung angeschlossen sind, übertragen werden kann. *Piller* sagt, dass ein Mass Customization Konzept stets auf eine vorhandene Produktspezifikation aufbaut und dass an wenigen Komponenten, die aus

Kundensicht aber den wesentlichen individuellen Produktnutzen ausmachen, eine Gestaltungs- bzw. Auswahlmöglichkeit zur Verfügung zu stellen ist.[253] Es wurde gezeigt, wie durch Marktforschung die relevanten Komponenten identifiziert werden können und wie unter Zuhilfenahme einer ABC-Analyse die MC-Strategie fokussiert werden kann.

Somit findet eine marktliche Anpassung des Individualisierungsumfangs statt und keine direkte Strategieübertragung auf das Ausland.

Piller schreibt weiterhin, dass Komplexitätsvermeidung grundsätzlich nur während der Produkt- und Prozessentwicklung umgesetzt werden kann und dass die Komplexitätsreduktion versucht, einen bereits erreichten Komplexitätsgrad nachträglich abzubauen.[254] Im vorliegenden Beispiel wurde gezeigt, dass Komplexitätsvermeidung auch durch die marktspezifische Anpassung der kundenindividuellen Massenfertigung erfolgen kann. Dabei wurde das MC-Länderkonzept erstmals in Kombination mit globalen, logistischen Versorgungsprämissen erstellt. Der außerordentliche Zeitversatz zwischen Teilebestellung und -verbau, welcher sich durch die Versorgung per Seefracht ergibt, wurde in dem Konzept berücksichtigt. Es konnte gezeigt werden, dass durch die Aufteilung der Versorgungskette in flexible und starre Elemente, die effiziente Erstellung kundenindividueller Leistungen in einem Auslandswerk möglich ist.

*Pischinger*s Gedanke, dass die jeweils geeignete Ausprägungsform von Standardisierung und Individualisierung durch einen Kompromiss aus (Kunden-)Nutzen, Kosten und Entwicklungszeit bestimmt wird, wurde dadurch um die Versorgungslogistik ergänzt.[255] So konnte die erfolgversprechende Grundidee der Mass Customization bestätigt und gleichzeitig ergänzt werden, dass länderspezifische Prämissen bei der Ausarbeitung der Strategie berücksichtigt werden müssen.

Gräßler identifiziert u.a. Führung, Kommunikation, Veränderungsprozessmanagement als erfolgsentscheidende Handlungsfelder für ein professionelles Veränderungsmanagement zum kundenindividuellen Massenhersteller. Diese Sichtweise wurde um die Integration weiterer Maßnahmen, zur Umsetzung der MC-Strategie, im Rahmen einer Balanced Scorecard, erweitert.[256]

Zusammenfassend lässt sich sagen, dass die Implementierung der sehr weit ausgereiften und anspruchsvollen Mass Customization-Strategie in einem sich entwickelnden Niedriglohnland, wie die Volksrepublik China, länderspezifisch zu betrachten ist. Dies betrifft sowohl den Umfang als auch den Inhalt kundenindividueller Leistungen. Folgende chinaspezifischen Faktoren wurden in der vorliegenden Arbeit identifiziert:

---

253 Vgl. Piller: Mass Customization (2003), S. 206.

254 Vgl. ebenda, S. 225.

255 Vgl. Pischinger: Spezifische Fahrzeugantriebe für Kunde, Markt und Marke (2000), S. 57-76.

256 Vgl. Gräßler: Kundenindividuelle Massenproduktion (2004), S. 253.

- Das Logistikkonzept ist global zu betrachten und auszulegen. Die marktseitigen Anforderungen sind mit dem Teilecharakter und den damit verbundenen Versorgungsprämissen zu filtern. Darauf basierend kann eine abschließende Einteilung des Individualisierungsumfangs stattfinden.
- Gesetzliche Local Content Vorgaben befördern und erschweren zugleich die Umsetzung der kundenindividuellen Massenfertigung in der Volksrepublik China. Durch die Anreizgebung zur Teilelokalisierung wird Potential für Flexibilität geschaffen. Allerdings berücksichtigen die Vorgaben nicht direkt die Kundenrelevanz der Komponenten. Zudem besteht die Gefahr, dass ein Mass Customizer, der sich an der Grenze der Local Content-Erfüllung befindet, die Vorgaben bei einer individuell konfigurierten Variante verfehlt.
- Entscheidungsprozesse laufen in China kulturbedingt anders ab. Zudem ist der Pull-Gedanke keinesfalls ausgeprägt. Unternehmen im Land orientieren sich in vielen Bereichen an Planvorgaben und fokussieren auf die Produktion, zur Schaffung und Erhaltung von Arbeitsplätzen, nicht auf Absatz.

Das Fazit lautet, dass der wissenschaftlich belegte Effekt der Mass Customization, auch bei einer Fertigung im Ausland, die an eine starre Versorgung per Seefracht angeschlossen ist, durch eine marktspezifische Anpassung der Strategie realisiert werden kann. Es wurde gezeigt, dass die Erzielung der angestrebten Wettbewerbsvorteile auch durch eine noch stärkere Konzentration marktrelevanter Individualisierungsumfänge, auf Grund logistischer Versorgungsprämissen möglich ist. Der dargestellte Individualisierungsumfang wurde im Vergleich zu der Fahrzeugproduktion in Deutschland nochmals deutlich reduziert. Das Ergebnis kann als eine *marktlich angepasste Mass Customization „Light-Version"* bezeichnet werden. Auf Grund logistischer und kultureller Unterschiede ist diese Art der kundenindividuellen Massenfertigung einfacher und erfolgversprechender umzusetzen.

Künftige Fragestellungen und Übertragbarkeit

Die dargestellten Ergebnisse sind nicht nur ausschließlich für die chinesische Automobilindustrie anwendbar, sondern lassen sich auch auf weitere Wirtschaftsbereiche Chinas übertragen. Ein möglicher Anwendungsbereich ist die kundenindividuelle Massenproduktion von Mobilfunktelefonen. Dies lässt sich dadurch begründen, dass das Produkt Bausteine enthält, aus denen sich ohne nennenswerte Auswirkungen auf das Fertigungsprinzip, Individualisierungsmöglichkeiten ergeben. Dazu zählen:

- Farben der Oberschale,
- Materialien der Oberschale,
- Hintergrundbeleuchtung der Tastatur,
- Wegfall der Kamera,
- Softwareabhängige Funktionen (z.B. WiFi-Freischaltung).

Ebenfalls könnten die parametriesierbaren Eigenschaften in einem Produktkonfigurator hinterlegt werden. Dieser ermöglichte es dem Kunden in wenigen Schritten sein individuelles Handy zusammenzustellen. Dieses Beispiel wurde auch gewählt, weil das Handy in China eine außerordentlich wichtige Stellung in der Gesellschaft einnimmt. Die Volksrepublik China ist mit einer halben Milliarde Nutzern der größte Mobilfunkmarkt der Welt und die Menschen wollen sich mit ihrem Mobilfunktelefon auch nach außen darstellen. Insofern ist für dieses Produkt Kundenindividualität wichtig. Risiken bestehen auf dem oligopolistisch geprägten Markt durch die immer stärkere Annäherung des Leistungspaketes. Die Telefone werden nach Massenfertigungsprinzipien gebaut und differenzieren sich fast ausschließlich durch das Modeldesign.

Die kundenindividuelle Massenfertigung als Unternehmensstrategie macht auch auf Grund der breiten Käuferschicht über alle Einkommensklassen hinweg Sinn. Es ist vor allem von reichen Einkommensschichten zu erwarten, dass durch den Snob-Effekt aus exklusiven Leistungen höhere Gewinne erwirtschaftet werden können.

Weitere MC-Anwendungsmöglichkeiten sind vor allem in Sektoren zu finden, in denen der Aufbau von Fertigbeständen, bei rückläufigem Absatz mit hohen, wirtschaftlichen Risiken verbunden ist. Dazu zählt u.a. die industrielle Anlagenfertigung (Maschinenbau).

Auf Grund der fortschreitenden Modernisierung der chinesischen Automobilindustrie eröffnen sich *weitere Forschungsfelder* aus der behandelten Thematik. Ein Ansatzpunkt ist die OEM-übergreifende Kooperation im Bereich Logistik, um weitere Potentiale im Bereich der kundenindividuellen Massenfertigung auszuschöpfen. Dazu zählen Verbundeffekte, die sich aus der Zusammenlegung von Transporten erzielen ließen. Möglichkeiten bestünden hier beinahe entlang der kompletten Supply Chain.

Ein konkretes Beispiel ergibt sich aus der gegenwärtigen Konstellation aus relativ geringen Produktionsvolumen und einem relativ breit gestreutem Lieferantennetzwerk. Wegen der hohen Investitionen in neue Anlagen und Werkzeuge ist der Einkaufspreis für lokale Teile im Vergleich zum importierten Teil kaum günstiger. Da in diesem Lieferantennetzwerk Hersteller existieren, die in der Lage sind, eine Komponente für verschiedene Abnehmer zu produzieren, bestünde die Möglichkeit, herstellerübergreifend von einem Lieferanten zu beziehen und die Transporte als Milkrun zu arrangieren. Einspareffekte ergäben sich aus der Verteilung der Investition auf eine wesentlich höhere Ausbringungsmenge. Ebenfalls kann durch eine fachliche Zusammenarbeit in den Bereichen Logistik- und Teilequalität gespart werden, falls sich die OEMs zu einer werksübergreifenden Kooperation bereit erklärten.

Ein weiteres Forschungsfeld, das sich anschließt, ist die Vision, Produktionsstandorte in Fernost in einen „Produktionsverbund Asien" zu integrieren. Darin könnten kleinere CKD-Werke – beispielsweise in den Tigerstaaten – mit Komponenten aus der Volksrepublik China versorgt werden und es ergäben sich Wege, die Erreichung der Local Content-Ziele durch die Gegenrechnung der Exporte „Made in China", zu beschleunigen. Die behandelte Thematik leitet ferner in folgende Fragestellungen über:

1. Welche Möglichkeiten für eine kundenindividuelle Produktion ergeben sich auf Grund kürzerer Entfernungen auch für die angeschlossenen Werke?

2. Wie lässt sich lokale Entwicklungsarbeit in das Konzept der kundenindividuellen Massenfertigung integrieren? Welche Module sollten chinaspezifisch entwickelt werden?

3. Wie kann Mass Customization von den niedrigen Löhnen in der Volksrepublik China profitieren? In welchen Bereichen wird dadurch chinaspezifischer Service möglich?

4. Wie erfolgt der Aufbau eines angepassten Logistiknetzwerks im Detail?

5. Welche Vorteile bringt die kundenindividuelle Massenfertigung im Zusammenhang mit der Local Content-Gesetzgebung?

Abschließend betrachtet, bietet die Strategie der Mass Customization viel Potential, den Wachstumsmarkt China in einer nachhaltigen Weise positiv zu beeinflussen. Die Beantwortung landesspezifischer Problemstellungen kann dazu betragen, den gegenwärtigen Stand der Wissenschaft um neue Erkenntnisse zu erweitern.

Literaturverzeichnis

Adam, Dietrich: Produktions-Management, 9. Auflage, Wiesbaden: Dr. Th. Gabler Verlag, 1998

Agrawal Mani / Kumaresh, T.V. / Mercer, Glenn A.: The false promise of mass customization, in: The McKinsey Quaterly, 38(3), 2001

Albers, Sönke: Besonderheiten des Marketing für Interaktive Medien, in: Albers, S. et al. (Hrsg.): Marketing mit Interaktiven Medien, 3. Aufl., Frankfurt 2001

Anderson, David M.: Agile Product Development for Mass Customization: How to Develop and Deliver Products for Mass Customization, Niche Markets, JIT, Build-to-order and Flexible Manufacturing, Chicago: Irwin Professional, 1997

Anderson, David M.: Build-to-Order & Mass Customization: The Ultimate Supply Chain Management and Lean Manufacturing Strategy for Low-Cost On-Demand Production without Forecast or Inventory, Third Printing, Cambria, California (USA): CIM Press, 2004

Balazova, Maria: Methode zur Leistungsbewertung und Leistungssteigerung der Mechatronikentwicklung, Dissertationsschrift an der der Fakultät für Maschinenbau der Universität Paderborn, 2004

Baldwin, Carliss / Clark, Kim: Managing in the age of modularity, in: Harvard Business Review, 75. Jg., H. 5, 1997

Bates, Kimberly, A. / Flynn, Barbara, B. / Flynn, James, E. / Sakakibara, Sadao / Schroeder, Roger, G.: Empirical Research Methods in Operations Management, in: Journal of Operations Management, Vol. 9, No. 2, April 1990

Becker, Lutz: Integrales Informationsmanagement als Funktion einer marktorientierten Unternehmensführung, Bergisch Gladbach 1992

Bliss, Christoph: Integriertes Komplexitätsmanagement, Arbeitspapier Nr. 115 der wissenschaftlichen Gesellschaft für Marketing und Unternehmensführung e.V., Münster 1998

Boutellier, Roman / Schuh, Günther / Seghezzi, Hans Dieter: Industrielle Produktion und Kundennähe – ein Widerspruch?, in: Günther Schuh / Hans Wiendahl (Hg.): Komplexität und Agilität, Steckt die Produktion in der Sackgasse?, Berlin et al., 1997

Brockhoff, Klaus: Produktpolitik, Stuttgart: UTB, 1988

Bundesministerium des Inneren: Handbuch für Organisationsuntersuchungen und Personalbedarfsermittlung, Herausgeber: Bundesministerium des Innern (BMI) – Gesamtredaktion: Bundesverwaltungsamt, 31.07.2007

Büttgen, Marion / Ludwig, Marc: Mass Customization von Dienstleistungen, Arbeitspapier des Instituts für Markt und Distributionsforschung der Universität zu Köln, 1997

Ceynowa, Klaus / Coners, André: Balanced Scorecard für Wissenschaftliche Bibliotheken. Zeitschrift für Bibliothekswesen und Bibliographie Sonderheft 82, 2002

Chan, Mike / Stanley, Thomas: Driving Ahead: China's Automotive Sector, in: Business Forum China, Karlsruhe: gic Deutschland Verlag, 1/07

Child, Paul et al.: The management of complexity, in: McKinsey Quaterly, 28/ 1991

Coenenberg, Adolf G. / Fischer, Thomas M. (1991): Prozeßkostenrechnung – Strategische Neuorientierung in der Kostenrechnung, in: DBW 1991

Coia, Anthony: Changing step in China, in: Automotive Logistics, May/June 2006

Compton, Dale / Guo, Konghui: Personal Cars and China, Veröffentlichung der Chinese Academy of Engineering, National Research Council of the National Academies, Washington, D.C.: The National Academies Press, 2003

Corsten, Hans: Grundlagen der Wettbewerbsstrategie, Stuttgart / Leipzig: Teubner Verlag, 1998

Corsten, Hans / Will, Thomas: Wettbewerbsvorteile durch strategiegerechte Produktionsorganisation: Vor der Alternativ- zur Simultaneitätshypothese, in: Hans Corsten (Hg.): Produktion als Wettbewerbsfaktor, Wiesbaden: Gabler, 1995

Dörflinger, Markus / Marxt, Christian: Mass Customization – neue Potentiale durch kundenindividuelle Massenproduktion (I), in: iomanagement, Nr. 3, 2001

Dudenhöffer, Ferdinand: Outsourcing, Plattform-Strategien und Badge Engineering, in: Wirtschaftswissenschaftliches Studium (WiSt), H.3, 1997

Duray, Rebecca et al.: Approaches to mass customization: configurations and empirical validation, in: Journal of Operations Management, 18. Jg., 2000

Düsch, Elke / Platzköster, Clemens / Steinbach, Thomas: Kostenträgerrechnung als Steuerungsinstrument im Krankenhaus – eine mögliche Weiterführung der Kosten- und Leistungsrechnung, in: Betriebswirtschaftliche Forschung und Praxis (BFuP), 2/2002

Ebbes, Alexander / Reifenhäuser, Bernd: Ansätze zur Behandlung der Komplexität automatisierter Geschäftsprozesse in der Telekommunikation, in: Research Note vom GIP AG Research Institute, 30. August 2005

Eversheim, Walter / Schenke, Franz / Warnke, Luka: Komplexität im Unternehmen verringern und beherrschen – optimale Gestaltung von Produkten und Produktionssystemen, in: Dietrich Adam (Hg.): Komplexitätsmanagement, Wiesbaden: Gabler Verlags GmbH, 1998

Fleck, Andree: Hybride Wettbewerbsstrategien, Wiesbaden 1995

Flynn, Matthew: Corridor of power, in: FTB Asia, Vol. 8, No.7, September 2006

Fong, Kevin: Accidental Damage: The Chinese Road Safety Campain, in: Business Forum China, Karlsruhe: gic Deutschland Verlag, 1/07

Franke, Nikolaus / Piller, Frank T: Key research issues in user interaction with user toolkits in a mass customisation system, in: International Journal of Technology Management, Volume 26, Numbers 5-6 / 2003

Freitag, Michael: Rote Front, in: Manager Magazin vom 01.01.2007

Friedli, Thomas: Technologiemanagement: Modelle zur Sicherung der Wettbewerbsfähigkeit, 1. Auflage, Berlin: Springer Verlag, 2005

Fung, Nelson / Thomson, Andrew: Automotive Dealerships in China: Accelerating Performance; KPMG/TNS report, Huazhen, April 2007

Gerberich, Claus W. / Schäfer, Thomas / Teuber, Julia: Integrierte Lean balanced Scorecard: Methoden, Instrumente, Fallbeispiele, Wiesbaden: Gabler Verlag, 2006

Grassmugg, Stefan / Schoder, Detlef: Mass Customization im Kontext des Electronic Business: Empirische Untersuchung der Erfolgswirksamkeit, Proceedings of Multi-Konferenz Wirtschaftsinformatik 2002, in: Weinhardt, C. Holtmann (Hrsg.): E-Commerce, Netze, Märkte, Technologien, Physica Verlag, Heidelberg, 2002

Gräßler, Iris: Kundenindividuelle Massenproduktion: Entwicklung, Vorbereitung der Herstellung, Veränderungsmanagement, Berlin, Heidelberg, New York: Springer Verlag, 2004

Haasis, Hans-Dietrich: Produktions- und Logistikmanagement: Planung und Gestaltung von Wertschöpfungsprozessen, 1. Auflage, Wiesbaden: Gabler Verlag, 2008

Haasis, Hans-Dietrich / Kriwald, Torsten: Wissensmanagement in Produktion und Umweltschutz, 1. Auflage, Berlin: Springer Verlag, 2007

Heiserich, Otto-Ernst: Logistik: Eine praxisorientierte Einführung, 3. Auflage, Wiesbaden: Gabler Verlag, 2002

Heymann, Eric: Volkswirtschaftliche Perspektiven und Trends in der Automobilindustrie, Deutsche Bank Research, Branchenanalyse April 2007

Hildebrand, Volker: Individualisierung als strategische Option der Marktbearbeitung, 1. Auflage, Wiesbaden: Gabler Verlag, 1997

Holweg, Matthias / Pil, Fritz K.: The Second Century: Reconnecting Customer and Value Chain through Build-to-Order, Cambridge, Massachusetts, London, England, The MIT Press, 2004

Homburg, Christian: Kundennähe als Management-Herausforderung, Arbeitspapier am Lehrstuhl für Marketing, Wissenschaftliche Hochschule für Unternehmensführung, Koblenz 1995

Homburg, Christian / Weber, Jürgen: Individualisierte Produktion, in Werner Kern et al. (Hg.): Handwörterbuch der Produktionswirtschaft, 2. Aufl., Stuttgart, 1996

Huffman, Cynthia / Kahn, Barbara E.: Variety for Sale: Mass Customization or Mass Confusion, in: Journal of Retailing, Vol.74, 1998

Ihme, Joachim: Logistik im Automobilbau: Logistikkomponenten und Logistiksysteme im Fahrzeugbau, München: Carl Hanser Verlag, 2006

Jacob, Frank: Produktindividualisierung: Ein Ansatz zur innovativen Leistungsgestaltung im Business-to-Business-Bereich, Wiesbaden: Gabler, 1995

Jäger, Stephan: Absatzsysteme für Mass Customization – Am Beispiel individualisierter Lebensmittelprodukte, 1. Auflage, Wiesbaden: Gabler Verlag, 2004

Jiang, Kai / Lee, Hau L. / Seifert, Ralf W.: Satisfying customer preferences via mass customization and mass production, IIE Transactions, Journal from the Institute of Industrial Engineers, No.38, 2006

Jiao, Jianxin: Design for mass customization by developing product family architectures, Diss., The Hong Kong University of Science and Technology, 1998

Jin, Jing: Custom-made cars drive sales in China, Rubrik Auto Insight in Shanghai Daily vom 26.9.2007

Kaplan, Robert S. / Norton, David P.: Balanced Scorecard – Strategien erfolgreich umsetzen, Stuttgart: Schäffer-Poeschel Verlag, 1997

Kloock, Josef: Kostenrechnung mit integrierter Umweltschutzpolitik als Umweltkostenrechnung in: Handbuch Kostenrechnung, 1992

Kloock, Josef / Sieben, Günter / Schildbach, Thomas / Homburg, Carsten: Kosten- und Leistungsrechnung, 9. Aufl., Köln: Lucius & Lucius, 2005

Knöbel, Ulf: Was kostet ein Kunde? Kundenorientiertes Prozeßmanagement, in: Kostenrechnungspraxis, 39. Jg. (1995)

Köster, Oliver: Strategische Disposition: Konzept zur Bewältigung des Span- nungsfeldes Kundennähe, Komplexität und Effizienz in Leistungserstellungs- prozessen, Diss., Universität St. Gallen, 1998

Krokowski, Wilfried: Logistikkosten nicht geringer ansetzen als in Europa, Interview mit der Zeitschrift Logistik inside, in: Logistik inside, H. 9, 2006

Krüger, Alexander / Hergeth, Helmut: Target Costing and Mass Customization, in: Journal of Textile and Apparel, Technology and Management, Volume 5, Issue 1, 2006

Krüger, Rolf: Das Just-in-Time-Konzept für globale Logisitkprozesse, 1. Aufl., Wiesbaden: Deutscher Universitäts-Verlag, 2004

Kwoka, Ingo: Fehlervermeidung mit einfachen Mitteln – Poka Yoke, Fachbeitrag der der Syncro Consult GmbH & Co. KG, 2005

Lehne, Henner: Wachstum ja, aber gebremst, in: Automobil-Produktion, Mai 2006

Liang, Xi: Strategische Analyse der kundenindividuellen Massenfertigung innerhalb der chinesischen Automobilindustrie, Artikel-Nr.: 1005-6033 (2007) 32-0098-03, ausleihbar an der Bibliothek der Shanghai Fremdsprachen Hoch- schule (Shanghai, 200083)

Lösch, Jan: Controlling der Variantenvielfalt: Eine koordinationsorientierte Konzeption zur Steuerung von Produktvarianten, Aachen: Shaker, 2001

Maier, George / Schuhmacher-Voelker, Emma: Brand Awareness, in: Business Forum China, Karlsruhe: gic Deutschland Verlag, 1/07

Margetts, Nick: Im Land der einfachen Träume, in: Süddeutsche Zeitung vom 16.12.2006

Mayer, Rainer: Strategien erfolgreicher Produktgestaltung: Individualisierung und Standardisierung, Wiesbaden, 1993

McCutcheon, David et al.: The customization-responsiveness squeeze, in: Sloan Management Review, 35. Jg., H.4, 1994

Miller, Tom: Blueprints for express transport, in: FTB Asia, Vol. 8 No. 7, Septem- ber 2006

Müller, Stefan / Kaiser, Andreas: Was kostet eine Produktvariante? – Varianten-management als Kostenoptimierung in Entwicklung und Produktion, in: Technische Rundschau, Nr. 40, 1995

Olfert, Klaus: Kostenrechnung, Kiehl: Friedrich Verlag G, 11. Aufl. (1999)

o.V.: Expansion plans for expressways mean higher costs for transportation, in: Shanghai Daily, 28. Februar 2007

– Gezündet, in: Automobil-Produktion, H. 11, 2006

– Gut gebrüllt, Roewe! in: Business News DE, 23.10.2006

Pepels, Werner: Produkt- und Preismanagement im Firmenkundengeschäft, Wien: Oldenbourg Lehrbücher für Ingenieure, 2006

Peppers, Don / Rogers, Martha: Enterprise one to one: Tools for competing in the interactive age, New York: Currency, 1999

Pfaff, Dietmar: Kunden verstehen, gewinnen und begeistern: Ihr Praxiswissen für ein erfolgreiches Marketing, 1. Auflage, in: IMPULSE – Campus für Unternehmer Band 1-12, Frankfurt a.M.: Campus Verlag, 2006

Piller, Frank Thomas: Mass Customization: Ein wettbewerbsstrategisches Konzept im Informationszeitalter, 3. Auflage, Wiesbaden: Deutscher Universitätsverlag, 2003

Piller, Frank Thomas / Tseng, Mitchel: New Directions: Future challenges for mass customization, in: Mitchel Tseng / Frank Piller (Hg.): The Customer Centric Enterprise: Advances in Mass Customization and Personalization, New York/Berlin: Springer, 2003, S. 519-533

Pine, B. Joseph II: Mass Customization, Harvard Business School Press, Boston, 1993

Pine, B. Joseph II: Mass Customization – Die Wettbewerbsstrategie der Zukunft, Einführung zu: Frank Piller: Kundenindividuelle Massenproduktion, München / Wien: Hanser Fachbuch , 1998

Pine, B. Joseph II: Paradigm shift: From mass production to mass customization, Master Thesis, Massachusetts Institute of Technology (1991)

Pischinger, Stefan: Spezifische Fahrzeugantriebe für Kunde, Markt und Marke, ein Erfolgsfaktor für die Zukunft der Automobilhersteller, AVL Engine and Environment 2000, Tomorrow's powertrain, soul of the vehicle or simply a subsystem?, Model differentiation and increased vehicle market appeal despite platform strategies and stingent environmental requirements, Graz, 2000

Porter, Michael E.: Wettbewerbsstrategie, 10. Auflage, Frankfurt a.M.: Campus Verlag GmbH, 1999

Raffee, Hans / Wiedmann, Klaus-Peter: Neurobasiertes Informationsmanagement als Erfolgsbasis zukunftsgerichteter Zielkundenbearbeitung, in: Manfred Bruhn / Hartwig Steffenhage (Hg.): Marktorientierte Unternehmensführung, Wiesbaden, 1997

Rao, Ke: Das Geld sitzt locker, in: Automobil-Produktion, H. 9, 2006

Rao, Ke / Rao, Da: 90 Euro Gewinn pro Auto, in: Automobil-Produktion, H. 11, 2006

– Erwartungshaltung der Kunden nicht enttäuschen, in: Automobil-Produktion, H. 8, 2006

– Sommerfrische, in: Automobil-Produktion, H. 9, 2006

Reiß, Michael / Beck, Thilo C.: Fertigung jenseits des Kosten-Flexibilitäts-Dilemmas, in: VDI-Zeitung, Integrierte Produktion, 136. Jg., H.11/12, 1994

Ringlstetter, Max / Kirsch Werner: Varianten einer Differenzierungsstrategie, Kirsch, Werner (Hrsg.): Beiträge zum Management strategischer Programme, Barbara Kirsch, München, 1991

Robertson, David / Ulrich, Karl: Planning for product platforms, in: Sloan Management Review, 39. Jg., H.4, 1998

Romeike, Frank: Risiko-Management als Grundlage einer wertorientierten Unternehmenssteuerung, in: RATINGaktuell 02/2002

Rommel, Günther et al.: Einfach überlegen: Das Unternehmenskonzept, das die Schlanken schlank und die Schnellen schnell macht, Stuttgart: Schäffer-Poeschel Verlag, 1992

Schaller, Christian / Stotko, Christof / Piller, Frank T.: Mit Mass Customization basiertem CRM zu loyalen Kundenbeziehungen, in: Hajo Hippner und Klaus D. Wilde (Hg.): Grundlagen des CRM: Konzepte und Gestaltung, Wiesbaden: Gabler 2004

Scheibeler, Alexander: Balanced Scorecard für KMU: Kennzahlenermittlung mit ISO 9001:2000 leicht gemacht, 3. Aufl., Berlin: Springer-Verlag GmbH, 2004

Schlott, Stefan: Mit olympischen Elan aus der Krise, in: Automobil-Produktion, Mai 2006

Schmitt, Erich: Top-down am Image feilen (Interview mit Audi Vorstand Erich Schmitt, geführt von Stefan Schlott), in: Automobil-Produktion, Mai 2006

Schmitt, Steffanie: VR China: Kfz-Industrie und Kfz-Teile, in: Branche kompakt, Bundesministerium für Außenwirtschaft, Oktober 2006

Schnäbele, Peter: Mass Customized Marketing – effiziente Individualisierung von Vermarktungsobjekten und -prozessen, Wiesbaden: Gabler Verlags GmbH, 1997

Schonberger Richard, J.: Japanese Manufaturing Tequnices: Nine Hidden Lessons in Simplicity, London, New York: Free Press,1982

Schweitzer, Marcell / Küpper, Hans-Ulrich: Systeme der Kosten- und Erlös-rechnung, München: Vahlen, 1995

Seidenstücker, Hans: Wachstum am Limit, in: Global Markets: Neues Magazin für Industrie-Entscheider , Jg. 2, Ausgabe 1/b 30470, September 2006

Soellner, F. Nikolaus: Zwei Klassen Gesellschaft, in: Automobil-Produktion, Oktober 2006

Song, Hong: The Boom Factor: Development Post WTO Accession, in: Business Forum China, Karlsruhe: gic Deutschland Verlag, 1/07

Stahel, Werner: Statistische Datenanalyse: Eine Einführung für Naturwissen-schaftler, 5. Aufl., Wiesbaden: Vieweg Verlag, 2007

Teresko, John: Mass Customization or Mass Confusion, in: Industrie Week, Vol. 243, No. 12, 1994

Thomke, Stefan / von Hippel, Eric: Customers As Innovators: A New Way to Create Value, Harvard Business Review 80, no. 4, April 2002

Tischendorf, Jens: Weniger ist mehr, in: Automobil-Produktion, H. 10, 2006

Tønjum, Trond: Opportunities abound for LSPs, in: Automotive Logistics, H. July / August, 2006

Tseng, Mitchell et al.: Mass customization technology, Arbeitspapier am Department of Industrial Engineering and Engineering Management, Hong Kong University of Science and Technology, September 1998

Ulrich, Karl T., / Tung, Karen: Fundamentals of product modularity, Arbeits-papier Nr. 3335-91 MSA, Sloan School of Management, MIT, September 1991, abgedruckt in: Andie Sharon et a;. (Hrsg.): Issues in design manufacture integration, New York, 1991

Van Hoek, Remko / Peelen, Ed / Commandeur, Harry: Achieving Mass Custom-ization through postponement, in: Journal of Market Focused Management, 3. Jg., H.3, 1999

Victor, Bart / Boynton, Andrew C.: Invented here, Boston, 1998

Voigt, Serge: Skoda eröffnet neues CKD-Zentrum in der Tschechischen Republik, in: Logistik inside, H. 6, 2006

Voigt, Serge / Wilfried Krokowski: Logistik auf Chinesisch, in: Logistik inside, H. 9, 2006

Wagner, Reinhard: Standards setzen, in: Automobil Industrie, 51. Jg., H. 11, 2006

Wannenwetsch, Helmut / Nicolai, Sascha: E-Supply-Chain-Management: Grundlagen – Praxisanwendungen – Strategien, 2. Auflage, Wiesbaden: Gabler Verlag, 2004

Warnecke, Hans-Jörg: Die fraktale Fabrik: Revolution der Unternehmenskultur, 2. Aufl., Berlin: Springer-Verlag GmbH, 1995

Weiber, Rolf: Handbuch Electronic Business. Informationstechnologien – Electronic Commerce – Geschäftsprozesse, 2. Auflage, Wiesbaden: Gabler Verlag, 2002

Werner, Hartmut: Supply Chain Management. Grundlagen, Strategien, Instrumente und Controlling, 3. vollst. üb. u. erw. Auflage, Wiesbaden: Gabler, 2008

Westbrook, Roy / Williamson, Peter: Mass Customization: Japan's new frontier, in: European Management Journal, Vol. 11, No. 1, März 1993

Wildemann, Horst: Komplexitätsmanagement durch Prozess- und Produktgestaltung, in: Dietrich Adam (Hrsg.): Komplexitätsmanagement, Wiesbaden 1998

Wirtz, Bernd: Electronic Business, 2. Auflage, Wiesbaden: Gabler Verlag, 2001

Wirtz, Bernd: Integriertes Direktmarketing: Grundlagen – Instrumente – Prozesse, 1. Auflage, Wiesbaden: Gabler Verlag, 2005

Wüpping, Josef: Produktkonfiguratoren für die kundenindividuelle Serienfertigung, in: Industrie Management, 15. Jg., H.1, 1999

Zipkin, Paul: The limits of mass customization, in: Sloan Management Review, 42. Jg., Heft 3, 2001

Zirah, Alexis: Automotive Dealerships in China: Accelerating Performance, KPMG Bericht, April 2007

Zobel, Alexander: Agilität im dynamischen Wettbewerb. Basisfähigkeit zur Bewältigung ökonomischer Turbulenzen, 1. Auflage, Wiesbaden: Gabler Verlag, 2005

Online

Autobild: *Huoyun HY B-22* (autobild.de); 01.06.2008 Bilddatei:
http://www.autobild.de/ir_img/2449871_060f63ee08.jpg

Berger, Dirk: *Prozesskostenmanagement für den Mittelstand* (ixwin.de);
22.05.2008 Website: http://www.ixwin.de/taetigkeitsanalyse.html

BMW: *X3* (BMW.de); 01.06.2008 Bilddatei: http://www.bmw.de/

Chery: *QQ* (cheryglobal.com); 01.06.2008 Bilddatei:
http://www.cheryglobal.com/modelsshow/download.jsp?id=11842282540001

Hybrid Car News: *Mercedes CLK* (hybridcarnews.org); 04.03.2008 Bilddatei:
http://www.hybridcarnews.org/entry/12-best-cloned-cars-of-china/

Jórasz, William: *Target Costing* (fh-wuerzburg.de); 26.04.2008 Website:
http://www.fh-wuerzburg.de/fh/fb/bwl/offiziel/bwt/ALT_12_2005/PAGES/pp/
2/jorasz.htm

Küchlin, Wolfgang: *Maßgeschneiderte Autos aus der Massenproduktion*: Tübinger Informatiker machen Bereich des automatischen Beweisens für Hersteller nutzbar (uni-tuebingen.de); 10.04.2008 Website:
http://www.uni-tuebingen.de/ uni/qvo/pd/pd2005/pd-2005-08.html

Lindemann-Carter, Bimini: *Theorie und Fragestellung in der Qualitative Forschung* (uni-hamburg.de); 01.05.2006 Onlinedokument:
http://www1.uni-hamburg.de/psych-3/homepages/krebs/060424_Lindemann-Carter_Fragestellungen.pdf

Motortrend: *BYD F8* (motortrend.com); 01.12.2008
http://image.motortrend.com/f/auto-shows/seeing-double-chinas-automotive-copycats/9753453+cr1+re0+ar1/ 2008-byd-f8.jpg

o.V.: *ABC-Analyse* (fml.mw.tum.de), 06.03.2008 Website:
http://www.fml.mw.tum.de/fml/index.php?Set_ID=320

– *AUDI im Reich der Mitte*: Wachstumsmarkt China (audi.de); 05.03.2008
Website:http://www.audi.de/audi/de/de2/unternehmen/investor_relations/fuer_investoren/ beteiligungen/faw-volkswagen_automotive.html

– *Beijing's 11th Five-Year Plan*: *Outline* (mwcog.com); 29.03.2006 Onlinedokument: http://www.mwcog.org/uploads/committee-documents/sFpX
VlY20060405143955.pdf

– *BMW Brilliance Automotive*: Company information (bmw-brilliance.cn);
05.03.2008 Website: http://www.bmw-brilliance.cn/bba/en/com_waw_bba.html

– *China Automobile Industry Association* (caam.org.cn); 08.01.2008 Website:
http://www.caam.org.cn

– *Chinese New Car Buyers Becoming More Discerning about Brands* (tns-global.com); 05.03.2008 Onlinedokument:
http://www.tns-global.com/corporate/Doc/0/OHL6Q3TM74L494BFPCV2KS LLFB/ ChinaBrandStudy 2004.doc

– *Deutsche Rekordbeteiligung auf der ,Auto Shanghai 2005' –* Deutsche Automobilindustrie engagiert sich in China langfristig (export.nrw.de); 21.04.2005 Website: http://www.export.nrw.de/export/2962.asp

– *Generierung von Stücklisten/Fertigungsstücklisten* (acbis.de); 17.03.2008 Website: http://www.acbis.de/html/stucklistengenerierung.html

– *Grenzen und Chancen von Internetbefragungen* (kfunigraz.ac.at); 07.03.2008 Onlinedokument:
http://psyserver.kfunigraz.ac.at/aou/jimenez/uf_i_02w/ea_scheucher_internetb efragungen.doc

– *Mass Customization in China*: China as a market and manufacturing place for customized goods. The example of Youngor (mass-customization.de); 18.03.2008 Website: http://www.mass-customization.de/news/news05_03.htm#h

– *Mercedes darf in China fertigen* (welt.de); 20.11.2006 Website:
http://www.welt.de/ data/2005/08/31/768059.html

– *State Information Center* (sic.gov.cn); 08.01.2007 Website:
http://www.sic.gov.cn

– *Statistical Survey Report on the Internet Development in China* (cnnic.net.cn), 06.03.2008 Onlinedokument:
http://www.cnnic.net.cn/download/2007/20th CNNIC report-en.pdf

– *Technische Leistungsbeschreibung für den CAP-Produktkonfigurator* (Koldt.de); 10.10.2007 Onlinedokument:
http://www.koldt.de/download/ leistungsbeschreibungen/ lb_produktkonfigurator.pdf

– *Volkswagen Standorte Asien* (volkswagen-umwelt.de); 20.12.2006 Website: http://www.volkswagen-umwelt.de/buster/buster.asp?i=_content/standorte_409. asp

Pesch, Michael: *Target Costing* (uni-karlsruhe.de); 26.04.2008 Website:
http://marketing.wiwi.uni-karlsruhe.de/institut/pubs/briefe/brief1/thema.jsp

Sander, Stephanie: *Chinesischer Pkw-Markt wächst* (autobild.de); 16.08.2006 Website:
http://www.autobild.de/artikel/chinesischer-pkw-markt-waechst_56947.html

Schweiger, Stefan: *Mit professionellem Komplexitätsmanagement profitabel wachsen* (managementletter.ch); 10.05.2006 Website:
http://www.managementletter.ch/content/view/49/92/

Schwolgin, Armin: China heute – aus der Sicht des Praktikers und des Akademikers (propellerclub-bsl.ch); 06.04.2006 Onlinedolument: http://propeller-club-bsl.ch/downloadnew/Vortrag_Schwolgin.pdf

SMART: Smart Fortwo (smart.com); 01.06.2008 Bilddatei: http://www.smart.com-is-bin-intershop.static-WFS-root-----smart-images-carconfigurator-image-db-2007-v2-def-def-mcc-ext-wheels-a01_eb1u_eayo_iaya_r48_default.jpg

Weyers, Stefan: Methoden empirischer Sozialforschung (uni-frankfurt.de); 20.06.2006 Onlinedokument: http://www.uni-frankfurt.de/fb/fb04/personen/weyerss/16_Einzelfall.pdf

Wyman, Oliver: Automobilmarkt China 2010: Marke, Vertrieb und Service entscheiden den Wettbewerb um die Kundenloyalität (mercermc.de); 24.11.2004 Onlinedokument: http://www.oliverwyman.com/de/pdf_files/041124_Automo-bilmarkt_China_2010.pdf

Wertschöpfungsmanagement

Herausgegeben von Hans-Dietrich Haasis

www.peterlang.de

Zeitfracht Medien GmbH
Ferdinand-Jühlke-Straße 7
99095 Erfurt, Deutschland
produktsicherheit@kolibri360.de